煤层气开发基础理论

汪志明　曾泉树　张　健　著

石油工业出版社

内 容 提 要

本书主要以煤层气开发过程中涉及的储层渗流、层间窜流和井筒管流为研究对象,综合运用理论建模、实验研究和格子 Boltzmann 方法,从多场作用下煤储层气水吸附/解吸特征和孔渗特征、储层组合开发评价,以及储层煤粉运移和井筒气水携煤粉流动等多个角度,揭示煤层气开发过程中不同流动空间、不同开发阶段的多尺度耦合流动规律,并提出一种基于井底流压自动控制的煤层气井全过程控压排采方法。

本书可作为从事非常规天然气开发理论与技术研究人员的参考书,也可作为石油天然气工程学科相关专业研究生教材和本科生选修课教材。

图书在版编目(CIP)数据

煤层气开发基础理论 / 汪志明,曾泉树,张健著.
—北京:石油工业出版社,2021.9
ISBN 978 - 7 - 5183 - 4784 - 1

Ⅰ. ①煤… Ⅱ. ①汪… ②曾… ③张… Ⅲ. ①煤层 –
地下气化煤气 – 资源开发 Ⅳ. ①P618.11

中国版本图书馆 CIP 数据核字(2021)第 150672 号

出版发行:石油工业出版社
　　　　(北京安定门外安华里 2 区 1 号楼　　100011)
　　　　网　　址:www.petropub.com
　　　　编辑部:(010)64523537　　图书营销中心:(010)64523633
经　　销:全国新华书店
印　　刷:北京中石油彩色印刷有限责任公司

2021 年 9 月第 1 版　　2021 年 9 月第 1 次印刷
787 毫米 × 1092 毫米　开本:1/16　印张:14.75
字数:360 千字

定价:120.00 元
(如出现印装质量问题,我社图书营销中心负责调换)

前　言

2020年,我国一次能源结构中化石能源占比84.3%,其中石油和天然气占比分别为19.1%和8.5%,对外依存度分别高达73%和43%,油气供应安全面临严峻挑战。页岩气、煤层气、致密气等非常规天然气资源潜力巨大,是我国战略性接替能源。

全世界煤层气地质资源量达268万亿立方米,其中90%的煤层气地质资源量分布在俄罗斯、美国、中国、加拿大、澳大利亚等国。中国埋深2000m以浅的煤层气地质资源量达30万亿立方米,居世界第三位。全国含气量大于1万亿立方米的盆地有10个,依次为:鄂尔多斯、沁水、滇东黔西、准噶尔、天山、川南黔北、塔里木、海拉尔、二连、吐哈盆地,十大盆地煤层气地质资源量占全国煤层气地质资源总量的85%。截至2019年底,全国已探明煤层气田25个,煤层气累积探明地质储量6445亿立方米,累计产气量402亿立方米,其中2019年煤层气产量为59亿立方米。煤层气主产区位于沁水盆地南部,煤层埋深位于1000米以浅,开发井型以直井为主,潘庄、樊庄—郑庄部分地区水平井钻探取得了良好效果,单井最高日产气量为7万立方米。

与国外主要煤层气产区相比,我国煤层气资源具有"三多三低"的地质特征,即:多期生气、多期改造、多源叠加、低渗透、低储层压力、低含气饱和度。造成煤层气资源开采难度大,勘探开发研究中普遍存在对复杂地质条件下煤层气成藏机理认识不清、对煤层气高产富集区的预测缺乏成熟理论指导等问题。随着埋深增加,煤层的孔渗参数、含气量和地应力等出现拐点变化,缺乏针对性的基础理论研究和应用分析。此外,不同区域煤层气赋存条件差异大,单一技术在不同盆地、不同煤阶储层中难以取得相同的应用效果,亟须对现有煤层气开发技术的地质适用性开展深入研究。

煤层气主要以吸附态赋存于煤层中,"排水—降压—解吸"是煤层气开发的通用模式,煤储层孔渗特征、压力扩展和煤粉运移是影响煤层气井高产稳产的关键因素,煤层气生产过程中流动通道的畅通性(基质孔缝渗透性、改造裂缝导流能力和气井生产连续性)是确保高产稳产的根本所在。煤储层流体运移是一个多场(温度场、压力场、应力场)、多相(气相、液相、固相)、多尺度(微观尺度、宏观尺度)的复杂耦合力学问题。排采过程中,储层压实、基质收缩和煤粉运移在不同生产阶段、不同流动区域动态变化,进而影响储层孔渗特征,因此基于煤储层多尺度耦合流动规律,创新发展精细化、智能化控压排采理论和技术是目前亟须解决的科学问题和关键技术。

国外已进入商业化开发阶段的煤层气区块先后建立了裸眼洞穴完井、泡沫压裂、羽状多分支水平井和 U 型水平井等多项煤层气井增产改造技术体系,实现了煤层气规模开发。我国煤层气直井、丛式井数量占总开发井数的 96%,煤层气井普遍依赖于常规水力压裂改造技术提高单井产量,压裂工艺理念从"大液量、大排量、大砂比"逐步优化为"适度液量、合理排量、适度砂比",增产改造效果参差不齐,尚未形成针对性强的区域增产改造工艺。此外,间接压裂、洞穴完井和多分支水平井等技术在我国均有成功运用的先例,但是可推广性不强,因此迫切需要研发适用性强、效果显著的增产技术。

目前,我国煤层气资源动用率不足 1%,工程成功率不足 60%、产能转化率不足 50%,加强深部储层气水赋存特征和产出机理研究,加快理论创新、技术突破,实现智能排采具有重要理论意义和重大工程价值。

这部著作主要是在总结近 15 年以来的研究成果的基础上撰写而成。同时,也对国内外煤层气开发基础理论的最新研究进展做了相应介绍。为此感谢我的博士生张健、魏建光、王小秋、杨刚、曾泉树、赵岩龙、郭肖、王东营、黄天昊、蔡先璐等作出的贡献,他们承担了大量的资料整理、图表制作等工作。

由于作者水平有限,书中如有不当之处,恳切欢迎同仁及读者批评指正。

汪志明
2021 年 1 月于中国石油大学(北京)

目　　录

第1章　煤储层多尺度孔隙特征

与常规砂岩气藏相比,煤层气藏具有以下特殊性[1-3]:气(甲烷)、液(水)、固(煤)三相共存,气液固界面现象复杂,基质微孔、基质大孔、裂隙网络多尺度孔隙连通,气水在不同尺度孔隙上的传质特征不同,且互为源汇,相互影响显著。根据煤储层中的孔隙分布和气水赋存特征,通常采用排水降压采气方式开发,与常规砂岩气藏的开发方式截然不同。正确认识和理解煤储层多尺度孔隙特征对于煤层气的微观渗流机理的研究和煤层气高效开发都具有极为重要的意义。

第1节　煤岩微观孔隙结构测定方法

目前,国内外学者针对煤岩微观孔隙结构开展了大量的研究,针对煤岩孔隙多尺度特征,依据尺度应用范围,孔隙结构测定方法主要包括低温液氮吸附测定、压汞实验、场发射扫描电子显微镜、X 射线计算机断层成像和核磁共振等。如图 1 - 1 所示,每种测定方法都有一定的尺度应用范围,为了较为全面细致地描述煤岩微观孔隙结构,通常需要运用多种测定方法。

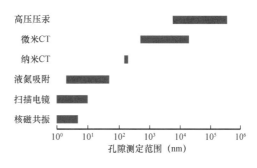

图 1 - 1　微观孔隙结构测定方法比较

一、低温液氮吸附法

低温液氮吸附法主要是指采用比表面积及孔径分析仪,对煤岩孔隙的比表面、吸附和脱附等温线和孔隙体积分布等进行测试,广泛应用于石油、化工领域催化剂表征。

1. 测试原理

比表面积是指 1g 固体物质的总表面积,即物质晶格内部的内表面积和晶格外部的外表面积之和。低温吸附法测定固体比表面和孔径分布基于气体在固体表面的吸附规律,在平衡状态时,恒定温度下,一定的气体压力对应于固体表面一定的气体吸附量,改变压力可以改变吸附量。平衡吸附量随压力而变化的曲线称为吸附等温线,对吸附等温线的研究与测定不仅可以获取有关吸附剂和吸附质性质的信息,还可以计算固体的比表面和孔径分布。

2. 测试流程

首先称取一定质量的样品,将样品管装入脱气口,旋紧,放入对应的加热孔洞,经过充分脱气后,将温度调节至室温,停止加热,将样品管放入对应的冷却孔洞中,待降至室温后进行充气,40s 后取下样品管称重。将样品管与控制装置相连,输入相关信息,设定好实验温度,测试氮气在不同相对压力下的吸附量和解吸量。

3. 测试结果

低温液氮等温吸附曲线如图 1 - 2 所示。可以观察到,吸附量随相对压力增大先呈线性增加趋势,当相对压力达到一定数值后,吸附滞后现象明显,这主要是由于中孔和大孔中发生了毛细管凝聚现象。基于低温液氮吸附测试结果,采用 BJH(Barrett - Joiner - Halenda)法可得孔径分布曲线,如图 1 - 3 所示。由孔径分布曲线可以得到孔隙尺寸的主要分布范围以及平均孔径等数据,见表 1 - 1。

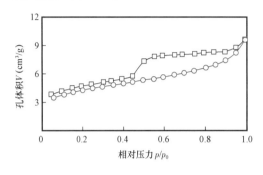

图 1 - 2　低温液氮等温吸附曲线　　　图 1 - 3　液氮吸附法测得的孔径分布

表 1 - 1　低温液氮吸附测得的煤岩孔隙结构参数

比表面积(m^2/g)	孔体积(cm^3/g)	平均孔径(nm)
8.246	0.010	18.973

二、恒速压汞实验

压汞实验主要指使用压汞仪检测岩石、混凝土、砂浆等的孔隙率,用以表征多孔介质内部的气孔体积等指标。在油藏的物理模拟试验中用于绘制毛细管压力曲线,来描述多项储层的特征,特别是多孔介质的孔隙吼道大小分布。

1. 测试原理

压汞法(Mercury intrusion porosimetry,简称 MIP),又称汞孔隙率法,是测定部分中孔和大孔孔径分布的方法。基本原理是,汞对一般固体不润湿,欲使汞进入孔需施加外压,外压越大,汞能进入的孔半径越小。测量不同外压下进入孔中汞的量即可知相应大小孔的体积。

2. 测试流程

将样品装入恒速压汞仪,在非常低的恒定速度下使汞进入岩石孔隙,通过监测进汞端弯月面在经过不同的微观孔隙形状时发生的自然压力涨落来确定孔隙的微观结构。汞的前缘所经历的每一处孔隙形状的变化,都会引起弯月面形状的改变,从而引起系统毛细管压力的改变。在准静态过程中,界面张力和接触角保持不变。

3. 测试结果

由图 1 - 4 可以观察到,煤岩样品的孔径集中在 $50 \sim 160\mu m$,有效渗透区为 $83 \sim 160\mu m$。

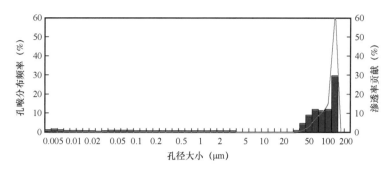

图1-4 恒速压汞实验测得的孔径分布直方图

三、场发射扫描电子显微镜观测

采用场发射扫描电子显微镜(FEG-SEM),可以实现矿物岩石、金属陶瓷等多种材料的表面形貌与成分分析。

1. 测试原理

由电子枪发射出来的电子束在加速电压的作用下,经过2~3个电磁透镜所组成的电子光学系统,汇聚成一个细的电子束聚焦在样品表面。通过末级透镜上的扫描线圈,使电子束在样品表面进行扫描。由于高能电子束与样品物质的交互作用,产生了各种信息:二次电子、背反射电子、吸收电子、X射线、俄歇电子、阴极发光和透射电子等。这些信号被相应的接收器接收,经放大后发送到显像管的栅极上,调制显像管的亮度。由于经过扫描线圈上的电流与显像管相应的亮度一一对应,也就是说,电子束打到样品上一点时,在显像管荧光屏上就出现一个亮点。扫描电镜就是这样采用逐点成像的方法,把样品表面不同的特征,按顺序、成比例地转换为视频信号,完成一帧图像,从而使研究人员在荧光屏上观察到样品表面的各种特征图像。

2. 测试流程

实验需对样品进行预处理,微米级孔隙观测样采用常规制样方法,并采用二次电子成像方式进行观测;纳米级孔隙观测样采用氩离子抛光制样方法,并采用背散射电子成像方式进行观测。

3. 测试结果

在纳米尺度观测条件下,取自松河矿区12#煤层的4个样品的扫描电镜图像如图1-5所示。可以观测到,SEM-SH-12-1、SEM-SH-12-2样品微裂隙发育,裂隙开度介于10~100nm,迂曲度小,连通性好;SEM-SH-12-3、SEM-SH-12-4样品基质孔隙发育,孔径介于10~100nm,连通性较差。这表明滇东黔西盆地松河矿区12#煤层纳米尺度孔隙发育,同时发育有微裂隙和基质孔隙。

调整扫描电镜分辨率,进一步观察煤样的微—纳米尺度孔隙特征,取自松河矿区12#煤层的污染样品的扫描电镜图像如图1-6所示。可以观察到,该地区煤岩样品微—纳米尺度孔隙发育,基质孔隙尺寸介于100nm~2μm之间,发育有胞腔孔、矿物铸模、粒间孔、气孔窝等不同类型的孔隙;裂隙开度为1μm左右,具有良好的连通性,部分裂隙中有少量矿物填充。

(a) SEM-SH-12-1样品纳米级孔隙观测

(b) SEM-SH-12-2样品纳米级孔隙观测

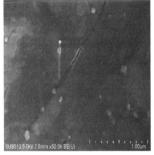
(c) SEM-SH-12-3样品纳米级孔隙观测

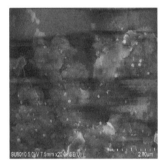
(d) SEM-SH-12-4样品纳米级孔隙观测

图 1 – 5　松河矿区 12# 煤层样品在纳米尺度条件下的扫描电镜图像

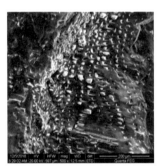
(a) SEM-SH-12-5样品微—纳米级孔隙观测

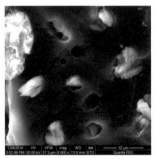
(b) SEM-SH-12-6样品微—纳米级孔隙观测

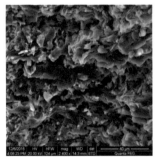
(c) SEM-SH-12-7样品微—纳米级孔隙观测

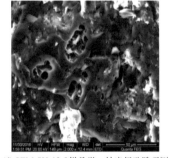
(d) SEM-SH-12-8样品微—纳米级孔隙观测

图 1 – 6　松河矿区 12# 煤层样品在微—纳米尺度条件下的扫描电镜图像

四、X 射线计算机断层成像观测

X 射线计算机断层成像观测主要是指采用 CT 扫描仪对多孔介质孔隙结构进行扫描、重建和分析,从而建立孔隙网络模型和连通性模型,为数字煤心的建立提供基础数据。

X 射线源和探测器分别置于转台两侧,锥形 X 射线穿透放置在转台上的样本后被探测器接收,样本可进行横向、纵向平移和垂直升降运动,以改变扫描分辨率,放置岩心样本的转台本身是可以旋转的。在进行 CT 扫描时,转台带动样本转动,每转动一个微小的角度后,由 X 射线照射样本获得投影图,将旋转 360°后所获得的一系列的投影图进行图像重构后得到岩心样本的三维图像,如图 1 - 7 所示。

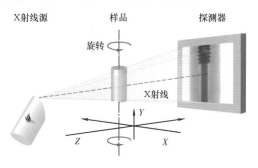

图 1 - 7 X 射线布局系统示意图

1. 微纳米 CT 扫描及三维重构

对煤岩样品进行全直径扫描,可以获取二维灰度 CT 扫描典型切片,如图 1 - 8 所示。其中深黑色区域代表样品内的孔隙,灰色和白色区域代表岩石的基质(白色为较高密度物质)。

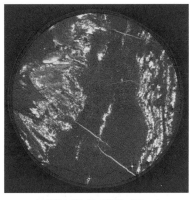 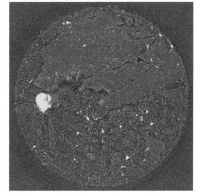

(a) XCT-SH-12-1样品 (25mm) 　　　(b) XCT-SH-12-3样品 (2mm)

图 1 - 8 典型二维灰度 CT 扫描切片

2. 二维图像处理

通过 CT 扫描获得的灰度图像中存在着系统噪声,这样会降低图像质量不利于后续图像分割以及定量分析。首先利用 Avizo 软件的滤波算法功能增强信噪比;然后利用 Avizo 软件的图像分割技术,对重构的三维微米级 CT 灰度图像进行二值化分割,划分出孔隙与颗粒基质,将孔隙区域用蓝色渲染,进一步得到可用于孔隙网络建模与渗流模拟的二值化分割图像,其中黑色区域代表样本内的孔隙,灰色和白色区域代表岩石的基质(白色为较高密度物质),如图 1 - 9 和图 1 - 10 所示。

3. 三维孔隙网络模型建立

三维孔隙网络模型建立是指通过某种特定的算法,从二值化的三维岩心图像中提取出结

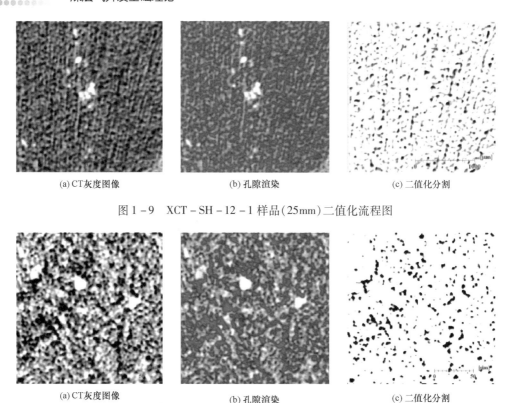

(a)CT灰度图像 (b) 孔隙渲染 (c) 二值化分割

图1-9　XCT-SH-12-1样品(25mm)二值化流程图

(a)CT灰度图像 (b) 孔隙渲染 (c) 二值化分割

图1-10　XCT-SH-12-3样品(2mm)二值化流程图

构化的孔隙和喉道模型,同时该孔隙结构模型保持了原三维岩心图像的孔隙分布特征以及连通性特征。在200×200×200像素尺度下,选取典型区域进行三维孔隙网络模型构建,利用Avizo内置模块中的算法构建样品的三维孔隙网络模型及连通性模型,并进行定量化表征,如图1-11、图1-12和表1-2所示,利用Avizo的数据处理功能,不仅可以表现出岩心三维立体的空间结构,同时还可以利用Avizo的数值模拟功能实现岩心内部油藏流动的动态模拟展示。

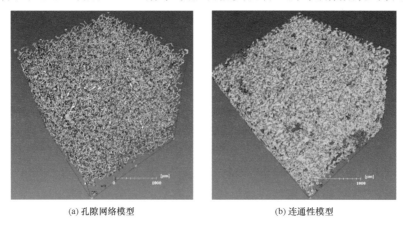

(a)孔隙网络模型 (b) 连通性模型

图1-11　XCT-SH-12-1样品(25mm)

(a) 孔隙网络模型　　　　　　　　　　(b) 连通性模型

图 1 - 12　XCT - SH - 12 - 3 样品(2mm)

表 1 - 2　三维孔隙网络定量表征数据

检测编号	计算孔隙度(%)	平均孔喉大小(μm)	孔喉数量(个)	孔隙体积(μm^3)	孔喉平均长度(μm)
XCT - SH - 12 - 1	19.69	6.338	39386	3076924847	108.92
XCT - SH - 12 - 3	14.58	0.495	16474	1031739	9.05

第 2 节　煤岩孔隙类型及特征

　　煤的孔隙结构与煤层流体的赋存和流动特征密切相关,为了研究煤储层气水赋存特征和运移机理,首先需正确认识其孔隙分布特征。国内外许多学者[4-9]基于甲烷在孔隙中的吸附、渗流特征,对其进行分类,如图 1 - 13 所示。其中,Xouor[4]和国际理论与应用化学协会(International Union of Pure and Applied Chemistry, IUPAC)[7]提出的分类方法应用最为广泛。尽管不同学者提出的分类方法略有区别,但不同孔隙界限基本处于同一数量级。为了便于建模,本章将煤岩的孔隙结构简化为基质孔隙和裂隙网络。虽然这种方法做了一定程度的简化,但其在煤层气开发模拟过程中具有很强的适用性。

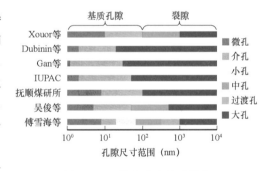

图 1 - 13　煤岩孔隙尺寸划分

一、基质孔隙

　　基质孔隙指的是有机质中形状不规则的孔隙,如图 1 - 14 所示[10]。基质孔隙约占煤岩孔隙空间的 97%,是煤层流体的主要储集场所[11]。根据上述孔隙划分结果,基质孔隙可细分为微孔、介孔和小孔。小孔源自植物遗骸的原始细胞结构或矿物碎屑孔隙[12,13];介孔的来源与小孔十分类似[13];在煤化过程中,大量分子质量不同、结构相似但不完全相同的大分子化合物相互连接形成煤岩有机质,并产生不规则的微孔[13,14]。另外,平均孔隙尺寸越小,壁面与流体分子的相互作用越强,吸附作用越显著[15]。因此,煤层甲烷和水的吸附量通常随煤岩热成熟度的增大而增加[6,16-18]。

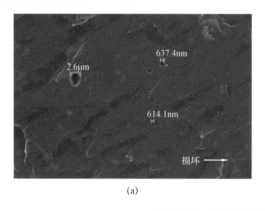
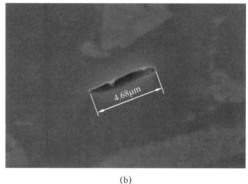

(a)   (b)

图 1-14　煤岩中基质孔隙的扫描电镜图

二、裂隙

　　裂隙是指煤层中发育的两组相互正交且垂直于层理面的天然裂隙,如图 1-15 所示[19]。面割理是主裂隙组,由基本平行的、连续的、发育裂隙组成;端割理为次级裂隙组,也基本平行,连通性弱于面割理,通常在与面割理相交后停止延伸。尽管裂隙孔隙仅占煤岩孔隙空间的3%甚至更少,但裂隙网络具有良好的连通性,是煤层流体的主要流动通道[11]。裂隙主要通过裂隙朝向、裂隙间距、裂隙长度、裂隙高度、裂隙开度等参数进行描述[1]。由于原位煤层条件下的裂隙开度仅 0.0001mm~0.1mm[20],若煤岩所受应力或温度发生变化,都将导致裂隙网络变形,显著影响流体在其中的流动性。

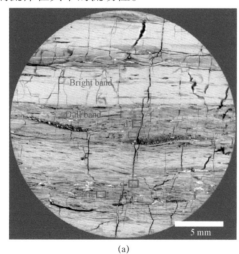
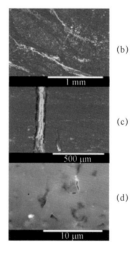

(a)

(b)

(c)

(d)

图 1-15　煤岩中裂隙的扫描电镜图

第3节 煤岩孔隙网络建模

随着计算机技术和图像分析技术的不断发展,数字岩心技术在分析多孔介质孔隙结构、分布、微观流动特征等方面的应用越来越广泛。数字岩心重构方法包括物理实验法和数值重构法两大类。物理实验法以扫描技术为基础,通过将样品的二维切片或三维扫描图像进行处理,直接构建三维数字岩心孔隙网络。这种方法能够得到真实样品的孔隙结构,但所需的扫描图像数量庞大,耗时长,成本高,且对计算机图像处理能力要求高。另外,物理实验法的扫描尺度、范围小,扫描结果受样品非均质性影响较大,对于致密多孔介质,难以重构得到连通性较好的三维数字岩心。对于煤岩这种非均质性极强,孔隙尺寸具有多尺度分布特征的多孔介质,物理实验法适用性较差。

数值重构法基于数理统计学的思想,利用相应算法,将复杂的孔隙空间简化为"孔隙—喉道"网络模型,极大地简化了计算量,提升了孔隙网络建模的计算效率。数值重构法主要包括:高斯场法、模拟退火法、过程法、多点统计法、马尔科夫链—蒙特卡洛方法(MCMC)、四参数随机生长法(QSGS)等。Joshi 等[21]基于高斯场法的思想,重建了随机分布的二维数字岩心。在 Joshi 的研究基础上,经过 Qublier、Adler、Hazlett 等的不断发展,形成了高斯法、随机生长法、模拟退火法等随机方法[22-25]。赵秀才等[24]采用模拟退火法重构得到了三维数字岩心,并分析了该方法的适用性。Bakke 等[25]建立了能够模拟成岩过程的数字岩心重构法——过程法。Okabe 等[26,27]基于地质统计学中两点统计法的思想提出了多点统计法,该方法能够重构出连通性较好的数字岩心。Wu 等[28,29]将马尔科夫链—蒙特卡洛方法(MCMC)应用到了数字岩心的重构上,通过统计几种邻域的转移概率来重构数字岩心。王波[30],王晨晨等[31]分别采用 MCMC 方法对多孔介质内的流动开展了相关分析。通常情况下,MCMC 方法对孔隙均匀分布的岩样重构效果较好,而对于非均质性极强的煤岩重构效果较差。王沫然等[32]基于一定概率的逐点随机模拟方法,建立了四参数随机生长法(Quartet Structure Generation Set,QSGS)。

一、煤岩基质孔隙重构

1. 四参数随机生长法基本原理

四参数随机生长法(QSGS)的本质是基于一定概率的逐点随机模拟方法,构造过程如下:

(1)设定构造区域大小,将整个区域空间初始化为孔隙;

(2)在构造区域以概率 P_{cd} 随机分布固相生长核,P_{cd} 的值应小于最终目标多孔介质中的固相体积分数(即 $1-$ 孔隙度 ϕ),遍历构造区域中每个节点,在区间 $[0,1]$ 内生成平均分布的随机数,当该点随机数不大于 P_{cd} 时,将该节点设置为生长核;

(3)对于每一个生长核,以概率 P_{di} 向第 i 个方向生长,当第 i 个方向生成的随机数大于 P_{di} 时,第 i 个方向的相邻单元由非生长相变为生长相(固相);

(4)重复步骤(3),直到构造出的多孔介质达到给定的孔隙度 ϕ。对于存在多种生长相的多孔介质,如果构造过程需要考虑相之间的相互影响,则需要引入概率密度 $I_{im,n}$,通过 $I_{im,n}$ 可以反映在 i 方向上生长相 n 在 m 相上的生长概率。

QSGS 方法与格子 Boltzmann 方法有着天然的联系,通常生长相的生长方向与格子 Boltz-mann 方法的离散速度方向一致,即二维建模采用 D2Q9 离散模型,三维建模采用 D3Q19 模型。生长相的生长过程通过四个参数(P_{cd}、P_{di}、ϕ 和 $I_{im,n}$)控制,这四个参数可以通过实验以及统计分析方法获得,通过调整参数,即可得到相应的多孔介质。以二维 QSGS 方法为例,利用不同参数可重构得到不同类型的多孔介质,如图 1 - 16 所示,其中蓝色代表孔隙,红色代表骨架。多孔介质大小为 500 × 500,其他参数设置如下:

(1) $\phi = 0.8, P_{cd} = 0.005, P_{d1-4} = 0.004, P_{d5-8} = 0.001$;

(2) $\phi = 0.3, P_{cd} = 0.005, P_{d1-4} = 0.004, P_{d5-8} = 0.001$;

(3) $\phi = 0.5, P_{cd} = 0.0005, P_{d1-4} = 0.004, P_{d5-8} = 0.001$;

(4) $\phi = 0.5, P_{cd} = 0.005, P_{d1-4} = 0.004, P_{d5-8} = 0.001$;

(5) $\phi = 0.5, P_{cd} = 0.001, P_{d1} = P_{d3} = 0.8, P_{d2} = P_{d4} = 0.005, P_{d5-8} = 0.001$;

(6) $\phi = 0.5, P_{cd} = 0.001, P_{d5} = P_{d7} = 0.8, P_{d6} = P_{d8} = 0.005, P_{d1-4} = 0.001$。

本节采用 QSGS 法来构造煤岩基质微观孔隙结构。图 1 - 16(a)、(b)为不同孔隙度的孔隙结构。当 P_{cd} 的值较小时,生成核的个数较少,重构的多孔介质颗粒较大;反之,当 P_{cd} 的值较大时,生成核的个数较多,颗粒与孔隙描述更加精细,如图 1 - 16(c)、(d)所示;生长概率 P_{di} 表示某一格点变为第一个生长相生成核的概率。生长概率 P_{di} 控制着多孔介质的各向异性,通过调整各方向之间的生长概率大小关系,便可得到不同各向异性程度的多孔介质,如图 1 - 16(e)、(f)所示,需要指出的是,各向异性程度仅与不同方向的 P_{di} 的相对比值有关,而与绝对值无关。

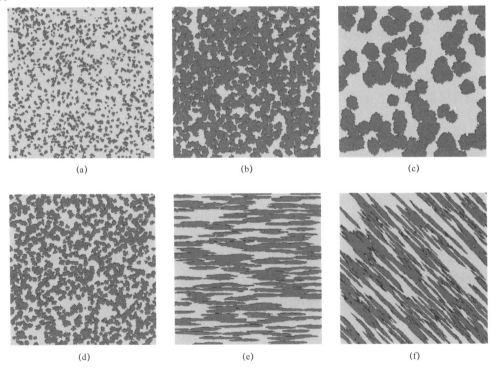

(a)   (b)   (c)

(d)   (e)   (f)

图 1 - 16　基于 QSGS 法重构的多孔介质二维几何模型

2. 基于 QSGS 的基质孔隙重构

由本章第 1 节中扫描电镜图片以及孔径分布曲线可知,煤岩基质孔隙结构复杂,尺寸并非均一分布,而采用传统的 QSGS 方法重构的多孔介质结构单一,与真实煤岩基质孔隙结构存在较大差距。为了重构得到贴近实际情况的煤岩基质孔隙,本节在液氮吸附实验得到的孔径分布的基础上,采用改进的 QSGS 方法[33]对煤岩基质孔隙进行重构,在传统 QSGS 方法的基础上,改进主要体现在以下两个方面:

（1）将整个区域空间初始化为骨架,将固相生长变为孔隙生长,从而更加符合真实煤岩孔隙形成过程;

（2）按照孔隙尺寸分布曲线,将孔隙离散成多个生长相 $\{P_1, P_2, \cdots, P_j\}$,按照不同孔径占总孔径的分布比例（孔隙尺寸分布函数,$P_{sd(r)}$）,分多步（j 步）对不同孔径进行重构,通常情况下孔径分布曲线峰值个数越多,分步数 j 就越大。孔隙结构的重构过程中 j 分为 $1 \sim 5$ 步不等。孔隙相 j 的生长概率为 $P_{jcd} = P_{sd(r)}$,该孔隙相的构建过程中应保证 $P_{jcd} \leqslant P_{sd(r)}$。当 j 相孔隙度达到该相的设计孔隙度 ϕ_j 时,则当前孔隙相的构建完成。P_{di} 和 $I_{im,n}$ 的设定与传统 QSGS 法一致。

通过改变模型参数,可以得到不同孔隙度的多孔介质,如图 1-17 所示。蓝色部分表示孔隙。遍历整个多孔介质空间能够计算出相应模型的平均孔径,通过调整多孔介质空间的尺度或多孔介质的分辨率,能够得到不同平均孔径的几何模型,利用平均孔径和流动压力即可计算出相应流动的平均努森数。至此,三维基质孔隙模型构建完成,在第 4 章中将本节构建的几何模型以点云数据的形式输入到 LBM 程序中即可对不同平均努森数下的流动展开模拟。

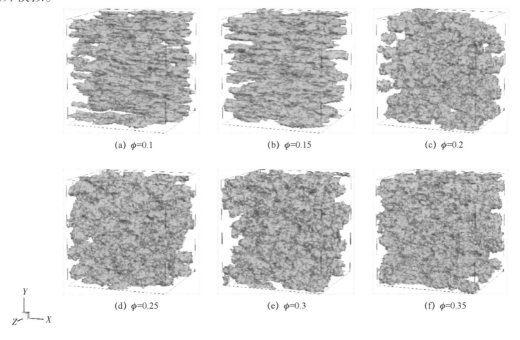

(a) $\phi = 0.1$　　　　　　(b) $\phi = 0.15$　　　　　　(c) $\phi = 0.2$

(d) $\phi = 0.25$　　　　　　(e) $\phi = 0.3$　　　　　　(f) $\phi = 0.35$

图 1-17　基于 QSGS 法重构的不同孔隙度多孔介质三维几何模型

二、煤岩裂隙网络重构

针对煤岩裂隙网络,采用泰森多边形(Voronoi)方法进行重构。泰森多边形是对空间平面的一种剖分,其特点是多边形内的任一节点与该多边形内的随机点(Poisson points)距离最近,离相邻多边形内的随机点距离远,且每个多边形内有且仅有一个随机点。

基于 Voronoi 拓扑结构的概念,采用像素扫描法构建考虑煤岩裂隙密度、粗糙度以及开度的三维裂隙网络模型,构造过程如下[34]:

(1)定义三维空间 R^3,该空间包括 $n_x \times n_y \times n_z$ 个网格(像素)节点;

(2)在空间 R^3 中设置 N 个随机点,$P = \{P_1, P_2, \cdots, P_n\}$;

(3)遍历空间 R^3 中每个网格节点,并计算节点到每个随机点 $P = \{P_1, P_2, \cdots, P_n\}$ 的距离;

(4)将每个节点与随机点的距离排序,选择最短距离 L_{min} 和次短距离 $L_{sec-min}$;

(5)遍历空间 R^3 中每个网格节点,如果 $|L_{sec-min} - L_{min}| < b + \Delta H$,将该节点设置为孔隙(用 0 表示),否则为固体(用 1 表示),ΔH 表示固体节点与参考平面的距离。

真实裂隙表面具有一定粗糙度,由图 1-18 可知,当 ΔH 设为 0 时,可以得到光滑裂隙平面,ΔH 的取值符合高斯分布。

$$y = f(x \mid m, s) = \frac{1}{s\sqrt{2\pi}}e^{\frac{-(x-m)^2}{2s^2}} \qquad (1-1)$$

式中 m——平均值;

s——标准差。

在本章中,m 取 0。通过改变标准差 s 的取值,可以构建出不同粗糙度的裂隙表面。图 1-19 为取不同标准差时裂隙表面的粗糙程度。

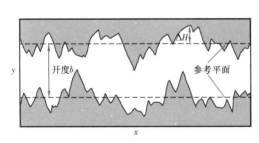

图 1-18 裂隙粗糙度相关参数示意图

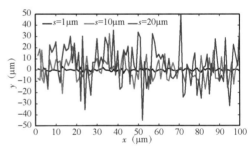

图 1-19 不同标准差条件下 ΔH 变化规律

改变模型参数,可以得到不同几何结构的裂隙网络模型,如图 1-20 所示。至此,三维裂隙网络模型构建完成。

三、应力条件下裂隙网络重构

1. 应力—应变模型

实际情况下,煤岩在地层中受到地应力和孔隙压力的作用。随着煤层气的开采,孔隙压力逐渐降低,煤岩所承受的有效应力逐渐增大,这里认为有效应力导致的煤岩变形为线性应变,由广义胡克定律(Hooke's Law)可知应力与应变之间的关系为:

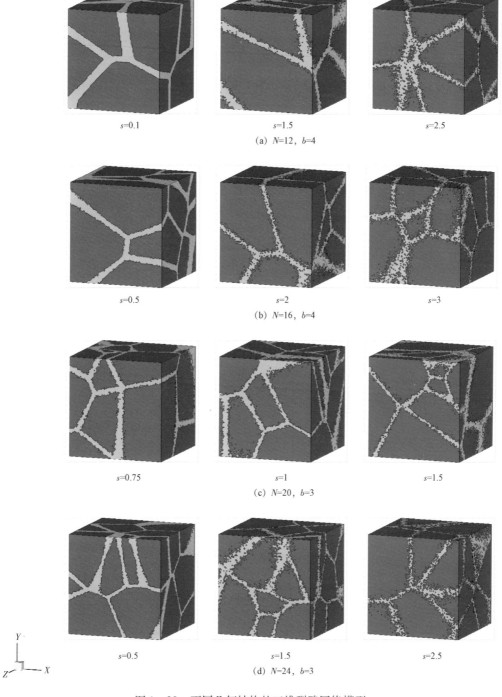

图 1-20　不同几何结构的三维裂隙网络模型

$$\begin{cases} \varepsilon_x = \dfrac{1}{E}[\sigma_x - \lambda(\sigma_y + \sigma_z)] \\[2mm] \varepsilon_y = \dfrac{1}{E}[\sigma_y - \lambda(\sigma_x + \sigma_z)] \\[2mm] \varepsilon_z = \dfrac{1}{E}[\sigma_z - \lambda(\sigma_x + \sigma_y)] \end{cases} \tag{1-2}$$

$$\begin{cases} \gamma_{xy} = \dfrac{2(1+\lambda)}{E}\tau_{xy} \\[2mm] \gamma_{xz} = \dfrac{2(1+\lambda)}{E}\tau_{xz} \\[2mm] \gamma_{yz} = \dfrac{2(1+\lambda)}{E}\tau_{yz} \end{cases} \tag{1-3}$$

应变与位移的关系为:

$$\begin{cases} \varepsilon_x = \dfrac{\partial u}{\partial x} \\[2mm] \varepsilon_y = \dfrac{\partial v}{\partial y} \\[2mm] \varepsilon_z = \dfrac{\partial w}{\partial z} \end{cases} \tag{1-4}$$

$$\begin{cases} \gamma_{xy} = \dfrac{\partial v}{\partial x} + \dfrac{\partial u}{\partial y} \\[2mm] \gamma_{xz} = \dfrac{\partial w}{\partial x} + \dfrac{\partial u}{\partial z} \\[2mm] \gamma_{yz} = \dfrac{\partial v}{\partial z} + \dfrac{\partial w}{\partial y} \end{cases} \tag{1-5}$$

联立公式(1-2)式(1-5),得到位移和应力的关系式:

$$\begin{cases} \dfrac{\partial u}{\partial x} = \dfrac{1}{E}[\sigma_x - \lambda(\sigma_y + \sigma_z)] \\[2mm] \dfrac{\partial v}{\partial y} = \dfrac{1}{E}[\sigma_y - \lambda(\sigma_x + \sigma_z)] \\[2mm] \dfrac{\partial w}{\partial z} = \dfrac{1}{E}[\sigma_z - \lambda(\sigma_x + \sigma_y)] \end{cases} \tag{1-6}$$

每个像素受到的应力是平衡的,不考虑体应力,可得到平衡方程为:

$$\begin{cases} \dfrac{\partial \sigma_x}{\partial x} + \dfrac{\partial \tau_{yx}}{\partial y} + \dfrac{\partial \tau_{zx}}{\partial z} = 0 \\[2mm] \dfrac{\partial \tau_{xy}}{\partial x} + \dfrac{\partial \sigma_y}{\partial y} + \dfrac{\partial \tau_{zy}}{\partial z} = 0 \\[2mm] \dfrac{\partial \tau_{xz}}{\partial x} + \dfrac{\partial \tau_{yz}}{\partial y} + \dfrac{\partial \sigma_z}{\partial z} = 0 \end{cases} \qquad (1-7)$$

岩样的边界条件为：

$$\begin{cases} \sigma \big|_{x=1} = \sigma_X \\[2mm] \sigma \big|_{y=1} = \sigma_Y \\[2mm] \sigma \big|_{z=1} = \sigma_Z \\[2mm] u \big|_{x=NX} = 0 \\[2mm] v \big|_{y=NY} = 0 \\[2mm] w \big|_{y=NZ} = 0 \end{cases} \qquad (1-8)$$

联立公式(1-6)至式(1-8)，可得到以位移为未知量的微分方程：

$$\begin{cases} \dfrac{1-\lambda}{1-\lambda-2\lambda^2}\left[E\dfrac{\partial^2 u}{\partial x^2} + \dfrac{E\lambda}{1-\lambda}\left(\dfrac{\partial^2 v}{\partial y\partial x} + \dfrac{\partial^2 w}{\partial z\partial x}\right)\right] + \dfrac{E}{2(1+\lambda)}\left(\dfrac{\partial^2 v}{\partial y\partial x} + \dfrac{\partial^2 u}{\partial y^2}\right) + \dfrac{E}{2(1+\lambda)}\left(\dfrac{\partial^2 w}{\partial x\partial z} + \dfrac{\partial^2 u}{\partial z^2}\right) = 0 \\[3mm] \dfrac{1-\lambda}{1-\lambda-2\lambda^2}\left[E\dfrac{\partial^2 v}{\partial y^2} + \dfrac{E\lambda}{1-\lambda}\left(\dfrac{\partial^2 u}{\partial x\partial y} + \dfrac{\partial^2 w}{\partial z\partial y}\right)\right] + \dfrac{E}{2(1+\lambda)}\left(\dfrac{\partial^2 u}{\partial y\partial x} + \dfrac{\partial^2 v}{\partial x^2}\right) + \dfrac{E}{2(1+\lambda)}\left(\dfrac{\partial^2 w}{\partial y\partial z} + \dfrac{\partial^2 v}{\partial z^2}\right) = 0 \\[3mm] \dfrac{1-\lambda}{1-\lambda-2\lambda^2}\left[E\dfrac{\partial^2 w}{\partial z^2} + \dfrac{E\lambda}{1-\lambda}\left(\dfrac{\partial^2 u}{\partial x\partial z} + \dfrac{\partial^2 v}{\partial y\partial z}\right)\right] + \dfrac{E}{2(1+\lambda)}\left(\dfrac{\partial^2 u}{\partial z\partial x} + \dfrac{\partial^2 w}{\partial x^2}\right) + \dfrac{E}{2(1+\lambda)}\left(\dfrac{\partial^2 v}{\partial z\partial y} + \dfrac{\partial^2 w}{\partial y^2}\right) = 0 \end{cases}$$

$$(1-9)$$

边界条件的微分方程为：

$$\begin{cases} \dfrac{1-\lambda}{1-\lambda-2\lambda^2}\left[E\dfrac{\partial u}{\partial x} + \dfrac{\lambda E}{1-\lambda}\left(\dfrac{\partial v}{\partial y} + \dfrac{\partial w}{\partial z}\right)\right]_{x=1} = \sigma_X \\[3mm] \dfrac{1-\lambda}{1-\lambda-2\lambda^2}\left[E\dfrac{\partial v}{\partial y} + \dfrac{\lambda E}{1-\lambda}\left(\dfrac{\partial u}{\partial x} + \dfrac{\partial w}{\partial z}\right)\right]_{y=1} = \sigma_Y \\[3mm] \dfrac{1-\lambda}{1-\lambda-2\lambda^2}\left[E\dfrac{\partial w}{\partial z} + \dfrac{\lambda E}{1-\lambda}\left(\dfrac{\partial u}{\partial x} + \dfrac{\partial v}{\partial y}\right)\right]_{z=1} = \sigma_Z \\[3mm] u \big|_{x=NX} = 0 \\[2mm] v \big|_{y=NY} = 0 \\[2mm] w \big|_{z=NZ} = 0 \end{cases} \qquad (1-10)$$

以图像中每个像素点的中心为格子点，利用有限差分方法，可得到公式(1-9)、公

式(1-10)的有限差分格式:

$$
\left\{
\begin{aligned}
&\frac{1-\lambda}{1-\lambda-2\lambda^2}\left[E\frac{u_{i+1,j,k}-2u_{i,j,k}+u_{i-1,j,k}}{\Delta x^2}+\frac{E\lambda}{1-\lambda}\left(\begin{aligned}&\frac{v_{i+1,j+1,k}-v_{i+1,j-1,k}-v_{i-1,j+1,k}+v_{i-1,j-1,k}}{4\Delta x\Delta y}\\&+\frac{w_{i+1,j,k+1}-w_{i+1,j,k-1}-w_{i-1,j,k+1}+w_{i-1,j,k-1}}{4\Delta x\Delta z}\end{aligned}\right)\right]\\
&+\frac{E}{2(1+\lambda)}\left(\frac{v_{i+1,j+1,k}-v_{i+1,j-1,k}-v_{i-1,j+1,k}+v_{i-1,j-1,k}}{4\Delta x\Delta y}+\frac{u_{i,j+1,k}-2u_{i,j,k}+u_{i,j-1,k}}{\Delta y^2}\right)\\
&+\frac{E}{2(1+\lambda)}\left(\frac{w_{i+1,j,k+1}-w_{i+1,j,k-1}-w_{i-1,j,k+1}+w_{i-1,j,k-1}}{4\Delta x\Delta z}+\frac{u_{i,j,k+1}-2u_{i,j,k}+u_{i,j,k-1}}{\Delta z^2}\right)=0\\
&\frac{1-\lambda}{1-\lambda-2\lambda^2}\left[E\frac{v_{i,j+1,k}-2v_{i,j,k}+v_{i,j-1,k}}{\Delta y^2}+\frac{E\lambda}{1-\lambda}\left(\begin{aligned}&\frac{u_{i+1,j+1,k}-u_{i+1,j-1,k}-u_{i-1,j+1,k}+u_{i-1,j-1,k}}{4\Delta x\Delta y}\\&+\frac{w_{i,j+1,k+1}-w_{i,j+1,k-1}-w_{i,j-1,k+1}+w_{i,j-1,k-1}}{4\Delta y\Delta z}\end{aligned}\right)\right]\\
&+\frac{E}{2(1+\lambda)}\left(\frac{u_{i+1,j+1,k}-u_{i+1,j-1,k}-u_{i-1,j+1,k}+u_{i-1,j-1,k}}{4\Delta x\Delta y}+\frac{v_{i+1,j,k}-2v_{i,j,k}+v_{i-1,j,k}}{\Delta x^2}\right)\\
&+\frac{E}{2(1+\lambda)}\left(\frac{w_{i,j+1,k+1}-w_{i,j-1,k+1}-w_{i,j+1,k-1}+w_{i,j-1,k-1}}{4\Delta y\Delta z}+\frac{v_{i,j,k+1}-2v_{i,j,k}+v_{i,j,k-1}}{\Delta z^2}\right)=0\\
&\frac{1-\lambda}{1-\lambda-2\lambda^2}\left[E\frac{w_{i,j,k+1}-2w_{i,j,k}+w_{i,j,k-1}}{\Delta z^2}+\frac{E\lambda}{1-\lambda}\left(\begin{aligned}&\frac{u_{i+1,j,k+1}-u_{i+1,j,k-1}-u_{i-1,j,k+1}+u_{i-1,j,k-1}}{4\Delta x\Delta z}\\&+\frac{v_{i,j+1,k+1}-v_{i,j+1,k-1}-v_{i,j-1,k+1}+v_{i,j-1,k-1}}{4\Delta y\Delta z}\end{aligned}\right)\right]\\
&+\frac{E}{2(1+\lambda)}\left(\frac{u_{i+1,j,k+1}-u_{i+1,j,k-1}-u_{i-1,j,k+1}+u_{i-1,j,k-1}}{4\Delta x\Delta z}+\frac{w_{i+1,j,k}-2w_{i,j,k}+w_{i-1,j,k}}{\Delta x^2}\right)\\
&+\frac{E}{2(1+\lambda)}\left(\frac{v_{i,j+1,k+1}-v_{i,j-1,k+1}-v_{i,j+1,k-1}+v_{i,j-1,k-1}}{4\Delta y\Delta z}+\frac{w_{i,j+1,k}-2w_{i,j,k}+w_{i,j-1,k}}{\Delta y^2}\right)=0
\end{aligned}
\right.
$$

$$(1-11)$$

边界条件为:

$$
\left\{
\begin{aligned}
&\frac{1-\lambda}{1-\lambda-2\lambda^2}\left[E\frac{u_{i+1,j,k}-u_{i-1,j,k}}{2\Delta x}+\frac{\lambda E}{1-\lambda}\left(\frac{v_{i,j+1,k}-v_{i,j-1,k}}{2\Delta y}+\frac{w_{i,j,k+1}-w_{i,j,k-1}}{2\Delta z}\right)\right]_{x=1}=\sigma_X\\
&\frac{1-\lambda}{1-\lambda-2\lambda^2}\left[E\frac{v_{i,j+1,k}-v_{i,j-1,k}}{2\Delta y}+\frac{\lambda E}{1-\lambda}\left(\frac{u_{i+1,j,k}-u_{i-1,j,k}}{2\Delta x}+\frac{w_{i,j,k+1}-w_{i,j,k-1}}{2\Delta z}\right)\right]_{y=1}=\sigma_Y\\
&\frac{1-\lambda}{1-\lambda-2\lambda^2}\left[E\frac{w_{i,j,k+1}-w_{i,j,k-1}}{2\Delta z}+\frac{\lambda E}{1-\lambda}\left(\frac{u_{i+1,j,k}-u_{i-1,j,k}}{2\Delta x}+\frac{v_{i,j+1,k}-v_{i,j-1,k}}{2\Delta y}\right)\right]_{z=1}=\sigma_Z\\
&u\big|_{x=NX}=0\\
&v\big|_{y=NY}=0\\
&w\big|_{z=NZ}=0
\end{aligned}
\right.
$$

$$(1-12)$$

式中　λ——泊松比；

　　　E——杨氏模量，MPa；

　　　σ——轴向应力，MPa；

　　　τ——切向应力，MPa；

　　　ε——轴向应变；

　　　γ——切向应变；

　　　u——各像素点沿 x 方向的位移，m；

　　　v——各像素点沿 y 方向的位移，m；

　　　w——各像素点沿 z 方向的位移，m；

　　　Δx——像素体在 x 方向上的边长，m；

　　　Δy——像素体在 y 方向上的边长，m；

　　　Δz——像素体在 z 方向上的边长，m。

2. 验证分析

下面通过模拟两种不同形状孔隙的应力—应变情况来验证模型的可靠性[35]，图 1-21 分别为长方形裂隙和椭圆形孔隙结构。模拟中，水平应力和垂直应力 $\sigma_x = \sigma_y = 15\text{MPa}$，孔隙压力 $\sigma_p = 5\text{MPa}$，弹性模量 $E = 20000\text{MPa}$，泊松比 $\lambda = 0.2$。

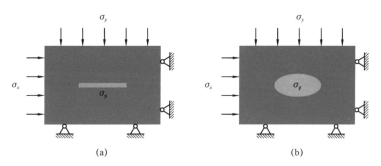

(a)　　　　　　　　　　　(b)

图 1-21　孔隙受力示意图

对于图 1-21(a)所示的长方形裂隙模型，Sneddon[36]给出了裂隙面在有效应力 σ_e 作用下位移量的解析解，表达式如下：

$$s(x) = \frac{4(1-\lambda^2)\sigma_e}{E}\sqrt{L_h^2 - x^2} \qquad (1-13)$$

式中　$s(x)$——在有效应力 σ_e 条件下，不同位置 x 处的位移量；

　　　L_h——裂隙半长。

对于图 1-21(b)所示的椭圆孔隙模型，Bernab[37]通过理论推导得到了椭圆孔隙长轴和短轴随应力的变化关系：

$$\begin{cases} \dfrac{\partial a}{\partial \sigma_x} = -\dfrac{b(1-\lambda)}{G} \\[2mm] \dfrac{\partial a}{\partial \sigma_p} = -\dfrac{\partial a}{\partial \sigma_x} - \dfrac{a(1-2\lambda)}{2G} \\[2mm] \dfrac{\partial b}{\partial \sigma_y} = -\dfrac{a(1-\lambda)}{G} \\[2mm] \dfrac{\partial b}{\partial \sigma_p} = -\dfrac{\partial b}{\partial \sigma_y} - \dfrac{b(1-2\lambda)}{2G} \end{cases} \qquad (1-14)$$

式中　G——剪切模量，$G = E/[2(1+\lambda)]$，MPa；

　　　a——椭圆孔隙长半轴长度，m；

　　　b——椭圆孔隙短半轴长度，m。

通过求解公式(1-14)，即可得到椭圆长轴和短轴的位移量。图1-22和图1-23分别为长方形裂隙和椭圆形孔隙应力作用下的位移云图，由图1-22和图1-23可知，孔隙边界处位移量大小不同，孔隙形状对位移分布影响显著。

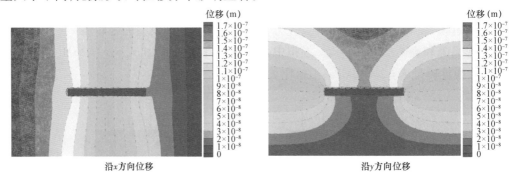

图1-22　长方形裂隙受力位移云图

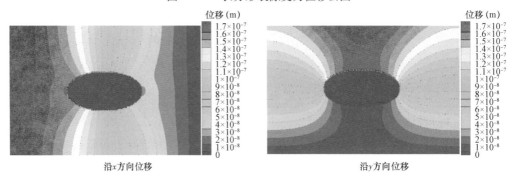

图1-23　椭圆形孔隙受力位移云图

图1-24为通过模拟和理论计算得到的长方形孔隙长边不同位置处的位移量，由图1-24可知，模拟值与理论值基本吻合，在长方形孔两端有较小误差。图1-25为长方形孔隙在不同有效应力条件下模拟值与理论值之间的误差。由图1-25可知，随着有效应力的增加，模拟误差不断增加，当有效应力小于15MPa，模拟误差均保持在1%以内。

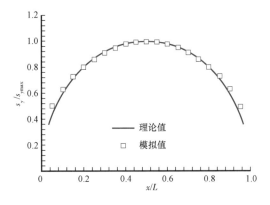

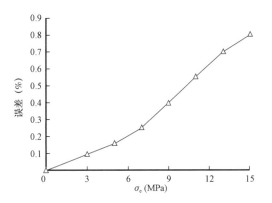

图1-24 长方形孔隙长边不同位置处的位移量　　图1-25 长方形孔隙不同有效应力条件下
　　　　　　　　　　　　　　　　　　　　　　　　　　模拟值与理论值之间的误差

　　图1-26给出了椭圆孔隙在不同有效应力条件下长半轴、短半轴位移量模拟值与理论值之间的误差,观察发现,长半轴和短半轴的模拟误差均随有效应力的增加而增加,在模拟采用的有效应力范围内,模拟误差均保持在0.3%以内,由此证明了应力—应变模型的可靠性。

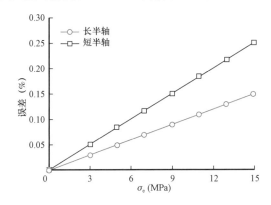

图1-26 椭圆孔隙不同有效应力条件下长半轴、短半轴位移量模拟值与理论值之间的误差

四、多尺度数字岩心重构

　　如本章上述小节内容所述,针对煤储层中不同尺度孔隙网络(纳米/微米尺度基质孔隙和微米/毫米尺度裂隙系统)的提取和表征,国内外学者开展了大量的实验测定和数值重构研究,但这些研究都是针对某一特定孔隙尺度开展的,不同尺度研究之间相对独立。单一的孔隙测定方法只能反映煤储层的部分孔隙特征,不同尺度孔隙结构的相互作用机理认识不清,不能完整表征煤储层中多尺度孔隙之间的连通性。

　　目前,多尺度数字岩心重构方法主要包括两大类。一类通过 CT、Micro-CT、SEM、FIB-SEM、HIM 等技术获得不同尺度下的岩心扫描图像。基于这些岩心扫描图像,通过图像配准技术实现不同尺度间的整合叠加,生成多尺度数字岩心;另一类基于特定岩心扫描图像的统计学特征,通过相应的数值重构方法生成不同尺度的数字岩心,并通过叠加算法实现不同尺度数字岩心的叠加,重构得到多尺度数字岩心。其中,基于数值重构方法与叠加技术的多尺度数字岩心重构方法具有较好的适用性,重构效率高。图1-27给出了这类方法的一般构建思路。

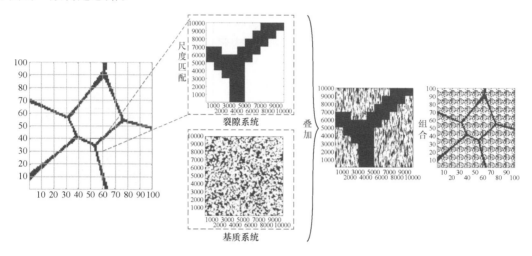

图1-27　基于数值重构方法与叠加技术的多尺度数字岩心重构方法

参 考 文 献

［1］Laubach S E,Marrett R A,Olson J E,et al. Characteristics and origins of coal cleat:A review［J］. International Journal of Coal Geology,1998,35(1-4):175-207.

［2］Hamawand I,Yusaf T,Hamawand S G. Coal seam gas and associated water:A review paper［J］. Renewable and Sustainable Energy Reviews,2013,22(8):550-560.

［3］Rahimzadeh A,Mohammadi A H,Kamari A. An overview on coal bed methane (CBM) reservoirs:Production and recovery advancements［M］. New York:Nova Science Publishers,2016.

［4］Xouor B B. 煤与瓦斯突出［M］. 北京:煤炭工业出版社,1976.

［5］Dubinin M M,Walker Jr P L. Chemistry and physics of carbon［M］. New York:Marcel Dekker,1966.

［6］Gan H C,Nandi S P,Walker P L. Nature of porosity in American coals［J］. Fuel,1972,51(4):272-277.

［7］Sing K S W. Reporting physisorption data for gas/solid systems with special reference to the determination of surface area and porosity［J］. Pure and Applied Chemistry,1982,54(11):2201-2218.

［8］吴俊,金奎励,童有德,等. 煤孔隙理论及在瓦斯突出和抽放评价中的应用［J］. 煤炭学报,1991,16(3):86-95.

［9］傅雪海,秦勇,张万红,等. 基于煤层气运移的煤孔隙分形分类及自然分类研究［J］. 科学通报,2005,50(s1):51-55.

［10］Liu S Q,Sang S X,Wang G,et al. FIB-SEM and X-ray CT characterization of interconnected pores in high-rank coal formed from regional metamorphism［J］. Journal of Petroleum Science and Engineering,2017,148:21-31.

［11］Flores R M. Coal and coalbed gas:Fueling the future［M］. Waltham:Elsevier Science,2014.

［12］Wildman J,Derbyshire F. Origins and functions of macroporosity in activated carbons from coal and wood precursors［J］. Fuel,1991,70(5):655-661.

［13］Zhang S H,Tang S H,Tang D Z,et al. The characteristics of coal reservoir pores and coal facies in Liulin district,Hedong coal field of China[J]. International Journal of Coal Geology,2010,81(2):117 – 127.

[14] Clarkson C R,Bustin R M. Variation in micropore capacity and size distribution with composition in bituminous coal of the Western Canadian Sedimentary Basin[J]. Fuel,1996,75(13):1483 – 1498.

[15] Mosher K. The impact of pore size on methane and CO_2 adsorption in carbone[D]. Stanford:Stanford University,2011.

[16] Levine J R. Coalification:The evolution of coal as source rock and reservoir rock for oil and gas[M]. Tulsa:AAPG,1993.

[17] Yao Y B,Liu D M,Tang D Z,et al. Fractal characterization of adsorption – pores of coals from North China:An investigation on CH_4 adsorption capacity of coals[J]. International Journal of Coal Geology,2008,73(1):27 – 42.

[18] Cai Y D,Liu D M,Pan Z J,et al. Pore structure and its impact on CH_4 adsorption capacity and flow capability of bituminous and subbituminous coals from Northeast China[J]. Fuel,2013,103:258 – 268.

[19] Ramandi H L,Mostaghimi P,Armstrong R T,et al. Porosity and permeability characterization of coal:a micro – computed tomography study[J]. International Journal of Coal Geology,2016,154 – 155:57 – 68.

[20] Close J C. Natural fractures in coal[M]. AAPG Publication,1993.

[21] Joshi M. A class of stochastic models for porousmedia[D]. Lawrence Kansas:University of Kansas,1974.

[22] 高为,易同生,金军,等. 黔西响水井田XV – 1井主采煤层孔隙结构及分形特征[J]. 河南理工大学学报(自然科学版),2016,35(5):637 – 643.

[23] Quiblier J A. A new three – dimensional modeling technique for studying porous media[J]. Journal of Colloid & Interface Science,1984,98(1):84 – 102.

[24] 赵秀才,姚军,陶军,等. 基于模拟退火算法的数字岩心建模方法[J]. 高校应用数学学报,2007,22(2):127 – 133.

[25] Bakke S,Oren P E. 3 – D pore – scale modeling of sandstones and flow simulations in the pore networks[J]. SPE J. 2(2):136 – 149. SPE – 35479 – PA.

[26] Okabe H,Blunt M J. Prediction of permeability for porous media reconstructed using multiple – point statistics[J]. Physical Review E Statistical Nonlinear & Soft Matter Physics,2004,70(2):066135.

[27] Okabe H,Blunt M J. Pore space reconstruction using multiple – point statistics[J]. Journal of Petroleum Science & Engineering,2005,46(1):121 – 137.

[28] Wu K,Nunan N,Crawford J W,et al. An efficient markov chain model for the simulation of heterogeneous soil structure[J]. Soil Science Society of American,2004,68:346 – 351.

[29] Wu K J,Marinus I J,Van D,et al. 3D Stochastic of Heterogeneous Porous Media – Applications to Reservoir Rocks[J]. Transport in Porous Media,2006,65:443 – 467.

[30] 王波,宁正福. 多孔介质模型的三维重构方法研究[J]. 油气藏评价与开发,2012a,2(2):45 – 49.

[31] 王晨晨,姚军,杨永飞,等. 碳酸盐岩双孔隙数字岩心结构特征分析[J]. 中国石油大学学报(自然科学版),2013,37(2):71 – 74.

[32] Wang M,Pan N. Numerical analyses of effective dielectric constant of multiphase microporous media[J]. Journal of Applied Physics,2007,101(11):114102 – 1 – 114120 – 8.

[33] 金毅,宋慧波,潘结南,等. 煤微观结构三维表征及其孔 – 渗时空演化模式数值分析[J]. 岩石力学与工程学报,2013,31(s1):2632 – 2641.

[34] Zhao Y L,Wang Z M,Ye J P. Lattice Boltzmann simulation of gas flow and permeability prediction in coal fracture networks. Journal of Natural Gas Science and Engineering[J]. 2018,53:153 – 162.

[35] Zhao Y L,Wang Z M. Stress – dependent permeability of coal fracture networks:A numerical study with Lattice

Boltzmann method[J]. Journal of Petroleum Science and Engineering. 2019,173:1053 – 1064.

[36] Sneddon I N. Fourier transforms[M]. New York:McGraw – Hill,1951.

[37] Bernabe Y,Brace W F,Evans B. Permeability,porosity and pore geometry of hot – pressed calcite[J]. Mechanics of Materials,1982,1(3):173 – 183.

第 2 章 煤储层气水吸附/解吸特征

自 20 世纪 70 年代美国率先开发煤层气以来,对煤层气体吸附特性的研究才逐渐深入。一方面,煤层甲烷通常处于超临界状态,超临界甲烷的吸附特性不同于气态甲烷;另一方面,煤层中通常含有大量水,水分子亦会附着在煤岩表面,与煤层甲烷存在竞争吸附关系;此外,注 CO_2 或 N_2 可置换出一部分煤层甲烷,提高煤层气采收率,注入气体与甲烷存在竞争吸附关系。上述原因导致煤层气水吸附特征非常复杂,其规律分析和模型建立的难度较大,目前竞争吸附仍是煤层气开发的前沿课题。本章回顾了煤层气水吸附/解吸特征研究的历程,给出了煤储层高压气体吸附/解吸、煤储层多组分气体竞争吸附和煤储层气水竞争吸附规律,为煤层气水竞争吸附模型建立与规律分析奠定了理论基础。

第 1 节 煤储层气水吸附/解吸特征研究现状

吸附是一种物质的分子或原子附着在另一种物质表面的界面现象,其研究最早可追溯到 19 世纪。对煤岩吸附特性的系统研究可追溯到 20 世纪中期,早期的研究主要围绕矿井瓦斯灾害问题,如利用吸附参数预测瓦斯突出危险性等。自 20 世纪 70 年代美国率先开发煤层气以来,对煤层气体吸附特性的研究才逐渐深入。吸附是煤层气体的主要赋存方式,超过 85% 的煤层气体以吸附态附着在煤岩基质孔隙内表面。煤层气体以甲烷(CH_4)为主(约占 97%),还伴有少量重烃类气体(C_{2+})以及二氧化碳(CO_2)、氮气(N_2)、二氧化硫(SO_2)等,因此煤层气体吸附特性的研究重点在于甲烷气体,国内外学者在这方面已开展了大量研究[1,2]。

一、室内实验方法

等温吸附实验是煤层气吸附特征的最主要测试手段[3],其目的是获得压力和吸附量的关系,是在吸附研究领域的基础上、结合煤层气的特点而逐渐发展起来的。等温吸附实验可分为动态法和静态法,动态法包括色谱分析法、常压流动法,静态法包括重量法、容量法。

色谱分析法利用气体在色谱柱中保留时间的不同计算吸附量,优点在于数据获取简单快速,但精度不够高。

常压流动法通过测量流动床层的穿透曲线和物料平衡来分析吸附量的大小,在研究吸附/解吸动力学方面有其优势,但其测试压力较低,在煤层气高压吸附测试中受到限制。

重量法[4]通过测量吸附剂在平衡前后的重量差计算吸附量,优点在于计量准确,操作简单,等温吸附曲线相关性高;缺点为测试压力低,试样量少,并且只适用于干燥煤样。

容量法[5]利用气体状态方程计算吸附平衡前后的自由气体量,从而确定吸附量。该方法操作简单,精度高,测试压力高,试样量多,且适用于湿煤样,是目前最成熟和应用最广泛的方法。

根据上述煤层气体吸附测试方法,工业界主要开发了重力法和容量法吸附分析仪。当前较为成熟的、商业化的吸附实验仪器包括:德国儒亚公司(Rubotherm)的 IsoSORP 重量法吸附分析仪,英国海德公司(Hiden Isochema)的 IGA 系列重量法吸附分析仪,德国林塞斯公司(Linseis)的 GSA 系列重力吸附分析仪,美国麦克仪器公司(Micromeritics)的 HPVA 系列气体吸附分析仪、ASAP 系列高压容量法气体吸附仪,荷兰岩心实验室公司(Core Laboratories)的 GAI-100 型高压气体等温吸附仪,美国斯伦贝谢公司(Schlumberger)的 ISO-300 型气体自动化等温吸附/解吸实验系统和法国塞塔拉姆公司(Setaram)的 PCTPro 气体吸附测量仪,其性能指标见表 2-1。煤炭科学研究总院西安分院、中石油勘探开发研究院、中联煤层气公司、中国矿业大学和中国石油大学(北京)等国内企事业单位和高等院校陆续从这些公司引入了一些等温吸附解吸仪,近年来这些单位亦自主研发了一系列吸附/解吸仪,但由于这些仪器均属不定型产品,这里不做介绍。

表 2-1　气体吸附分析仪的技术参数

厂商	型号	温度(℃)		压力(MPa)		样品容量(g)	
		范围	精度	范围	精度	范围	精度
德国儒亚公司	IsoSORP	20 ~ 400	0.10	0 ~ 70	0 ~ 0.0560	25	1.0×10^{-5}
英国海德公司	IGA	-196 ~ 1000	0.10	0 ~ 1	0 ~ 0.0001	4.5	1.0×10^{-7}
德国林塞斯公司	GSA PT 1000	20 ~ 1100	0.10	0 ~ 15	0 ~ 0.0075	100	1.0×10^{-5}
美国麦克仪器	HPVA II	-196 ~ 500	0.10	0 ~ 20	0 ~ 0.0080		
美国麦克仪器	ASAP 2050	20 ~ 450	0.02	0 ~ 1	0 ~ 0.0001		
荷兰岩心实验室	GAI-100	20 ~ 177	0.10	0 ~ 69	0 ~ 0.0345	80 ~ 100	
美国斯伦贝谢	ISO-300	20 ~ 100	0.05	0 ~ 35	0 ~ 0.0350	125	
法国塞塔拉姆	PCTPro	-260 ~ 500	0.10	0 ~ 20	0 ~ 0.0050	0.5	

二、理论建模方法

当前描述煤层气体吸附特性的理论包括:朗缪尔模型、Brunauer-Emmett-Teller 多层吸附理论、理想溶液吸附理论、真实溶液吸附理论、孔隙体积充填理论、格子理论、二维状态方程模型和简化局部密度模型。

1. 朗缪尔模型

朗缪尔(Langmuir)模型[6]是最简单的吸附模型,既可由空闲表面位点、微粒与填满表面位点三者之间的平衡关系导出,也可使用统计力学方法得到。模型假设包括:附着点均匀分布在固体表面,所有的附着点能量等效,各附着点最多只能吸附一个分子,相邻附着点的吸附分子之间没有相互作用力。在此基础上,Markham 和 Benton[7]忽略了各吸附组分之间的相互作用,认为任一组分的吸附仅减少了固体表面附着点,最先将朗缪尔模型扩展到了混合气吸附领域。由于朗缪尔模型仅有两个参数,形式简单,且各参数的物理意义明确,应用最为广泛。

2. Brunauer-Emmett-Teller 理论

在朗缪尔模型的基础上,Brunauer、Emmett 和 Teller[8]认为吸附质分子可以在吸附剂表面上叠加无数多层,吸附的各层之间没有相互作用,每一个单分子层都适用朗缪尔模型,从而提出了适用于多层吸附的 Brunauer – Emmett – Teller(BET)理论。该理论是颗粒表面吸附科学的理论基础,广泛应用于颗粒表面吸附性能研究及相关检测仪器的数据处理。

3. 理想溶液吸附理论

Myers 和 Prausnitz[9]认为气相和吸附相构成理想溶液,并用拉乌尔定律(Raoult's Law)来描述吸附相和气相的平衡关系,首先提出了理想溶液吸附理论(Ideal Adsorbed Solution Theory,IAST)。通过该理论可将纯组分气体等温吸附模型扩展到混合气吸附领域。

4. 真实溶液吸附理论

Stevenson 等[10]考虑了吸附相和气相的非理想因素,将理想溶液吸附理论扩展到真实溶液吸附理论(Real Adsorbed Solution Theory,RAST),并应用于混合气吸附的模拟。有趣的是,他们观察到在活度系数接近1的高压情况下,理想溶液吸附理论优于真实溶液吸附理论。这主要是由于吸附相活度系数的估算不准确造成的,因此当前 RAST 理论的应用十分有限。

5. 微孔体积充填理论

Polanyi[11]认为固体吸附剂表面附近存在一个位势场,吸附质分子在场的作用下发生吸附。Dubinin[12]认为吸附质分子并不是逐层附着在孔壁上,而是充填于孔隙中,并基于此建立了微孔体积充填理论(Theory of Volume Filling of Micropore,TVFM)。有一些学者将微孔体积充填理论应用于煤层气领域,并发现其优于朗缪尔模型。

6. 格子吸附理论

One 和 Kondo[13]认为流体系统由包含流体分子和空穴的一层或多层格子组成,相邻的分子间存在分子相互作用力,吸附平衡时吸附层和总晶格气体的化学势相等,从而提出了 One – Kondo(OK)格子吸附模型。Sudibandriyo 等[14]将 OK 格子吸附模型扩展到了煤层气藏的混合气吸附。

7. 二维状态方程

由于二维状态方程(2D EOS)能够同时计算平衡状态下的吸附参数和体积参数,特别适合将纯组分气体等温吸附线扩展到多组分混合气,适合模型参数泛化,因此一些学者将其应用于气体吸附的模拟[15]。Hill 和 De Boer[16]利用范德华(Van der Waals)状态方程对纯组分气体的吸附进行了修正。Hoory 和 Prausnitz[17]通过引入气体混合规则,将二维状态方程扩展到了混合气吸附领域。DeGance[18]应用 Varial – Eyring 状态方程对气体在高压条件下的等温吸附线进行了修正。

8. 简化局部密度理论

Rangarajan 等[19]认为吸附剂表面附近任一点的化学势等于体相化学势,吸附面任意一点的化学势为流流相互作用力和流固相互作用力之和,某一点的流固引力势与该点的分子数无关,从而提出了简化局部密度理论(Simplified Local Density Theory,SLD)。该理论用流体状态方程来表征吸附质分子间的流流相互作用,并将流固势能函数叠加到流体状态方程上来表征吸附质分子—吸附剂分子之间的流固相互作用。

近年来,曾泉树和汪志明等[20-23]在现有研究的基础上,针对煤储层高压气体吸附/解吸特征、煤储层多组分气体竞争吸附特征、煤储层气水竞争吸附特征开展研究。

第 2 节 煤储层高压气体吸附/解吸特征

一、等温吸附实验

1. 实验装置

实验采用荷兰岩心实验室公司生产的 GAI-100 型气体等温吸附仪,如图 2-1 所示。该装置包括吸附能力测试系统,温度控制系统,气体供给系统,数据采集与控制系统,孔隙体积标定系统。吸附能力测试系统包括三个相互独立的平衡腔室,各腔室一次可装入 80~100g 颗粒状吸附剂。该装置通过数控油槽调节测试系统的温度,最大工作温度为 177℃。该装置通过气体增压机和参考腔室共同调节测试系统的压力,最大工作压力为 68.95MPa。所有的传感器和控制元件都与数据收集和控制系统相连,实时监测并控制系统温度和压力。开展吸附能力测试之前,需通过配套的 AJP-100 孔隙体积标定仪标定各测试单元的孔隙体积。在测试过程中,选用纯度为 99.999% 的氦气(He)标定各测试单元的孔隙体积,选用纯度为 99.99% 的甲烷作为测试气体。这两种气体都购自美国工业气体供应商 Airgas 公司。

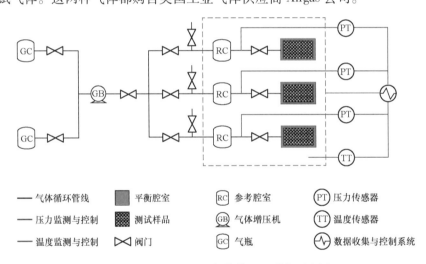

图 2-1 GAI-100 型气体等温吸附仪示意图

2. 实验煤样制备

美国能源部国家能源技术实验室(National Energy Technology Laboratory,NETL)邀请了多个实验室对相同的五组煤样开展二氧化碳的吸附测试,并对不同实验室的实验方法、流程和结果进行了评价[24]。本章中测试煤样的制备及吸附能力的测试都是参照其实验流程开展的。

本章选取了美国黑勇士(Black Warrior)盆地、美国圣胡安(San Juan)盆地、美国汾河(Powder River)盆地和中国鄂尔多斯(Ordos)盆地的典型煤样进行吸附能力测试。由于活性炭的含碳量高、组分简单,选取了卡尔冈碳素(Calgon Carbon)公司的 Filtrasorb 400 系列颗粒活性炭作为这些煤样吸附能力测试的参考。这些煤样和活性炭的元素分析和工业分析见表 2-2,分析方法参照美国试验材料协会(American Society for Testing Material, ASTM)的标准。其中, BW-BC 煤样来自黑勇士盆地 Blue Creek 煤层,为高挥发分 A 级烟煤; SJF 煤样来自圣胡安盆地 Fruitland 煤层,为褐煤; PRW 煤样来自汾河盆地 Wyodak 煤层,为褐煤; Ordos − 4 煤样来自鄂尔多斯盆地 4 号煤层,为褐煤。

表 2 − 2　本章所用活性炭和煤样的元素分析和工业分析

样品	元素分析					工业分析			
	碳(%)	氢(%)	氧(%)	氮(%)	硫(%)	水分(%)	固定碳(%)	挥发分(%)	灰分(%)
Filtrasorb 400 活性炭	88.10	0.48	3.07	0.32	0.75	1.52	89.70	2.50	6.28
BWBC 煤样	80.55	4.86	3.23	1.70	0.92	1.94	56.39	32.93	8.74
SJF 煤样	59.11	5.09	17.37	1.36	0.90	6.10	40.79	36.94	16.17
PRW 煤样	53.28	6.04	34.08	0.74	0.39	23.78	37.48	33.27	5.47
Ordos − 4 煤样	67.02	4.23	21.99	0.87	0.66	11.03	44.02	39.72	5.23

从煤层中采出煤样后,立即用塑料泡沫包裹装箱,并运送到实验室中。根据 Gruszkiewicz 等[25]和 Yuan 等[26]的研究,吸附剂颗粒大小对吸附量的测量值几乎没有影响。同时为了更好地与 Filtrasorb 400 系列颗粒活性炭进行比较,收到煤样之后,对其进行破碎和粉碎处理,最终制得 30 ~ 50 目的颗粒状煤样。

由于本章着眼于煤样在干燥和平衡湿度条件下的吸附能力差异,将对煤样的干燥处理和平衡湿度处理进行简要介绍。本章参照美国能源部国家能源技术实验室的干燥流程对煤样进行干燥处理,即将煤样置于 80℃的真空条件下 36h。而对煤样的平衡湿度处理则参考 ASTM − D1412 标准。首先称取 80 ~ 100g 的颗粒状煤样,置于 1000mL 的锥形烧杯中,加入 400mL 蒸馏水,摇晃 30min 后浸泡 3h。随后使用布氏漏斗(Buchner − Type Funnel)过滤湿煤样,直至煤样外观无明显的水分。用带有玻璃管的橡胶塞堵住漏斗,并注入饱和水蒸气的气体,防止水分的挥发。使用药匙将湿煤样混合均匀,取 5g 左右的湿煤样均匀铺在已知质量的称重瓶中,并将其置于含有足量硫酸钾(K_2SO_4)过饱和溶液的真空干燥器中,湿度维持在 96% ~ 97%。用真空泵将干燥器抽真空至 4KPa,并置于 30℃的恒温水浴中。对于褐煤, 72h 后可达到湿度平衡;对于其他煤样和活性炭, 48h 后可达到湿度平衡。煤样达到水平衡后,将空气通过含有硫酸(H_2SO_4)的管子进行干燥,缓慢注入干燥器中,将干燥器内压力恢复到大气压。迅速打开干燥器,取出称重瓶称重。最后,将称重瓶置于 105℃的烤箱中,烘烤 1.5h,然后将称重瓶从烤箱中取出,冷却 30min 后称重。平衡湿度的计算如式(2 − 1)所示。

$$M_{EMC} = \frac{(m_b + m_{wc}) - (m_b + m_{dc})}{(m_b + m_{wc}) - m_b} \times 100\% \qquad (2 − 1)$$

式中　M_{EMC}——平衡湿度含量, %;

　　　m_b——称重瓶质量, kg;

　　　m_{wc}——湿润煤样质量, kg;

　　　m_{dc}——干燥煤样质量, kg。

3. 实验流程

（1）清洁平衡腔室，将制备好的一定量样品（80～100g）装入平衡腔室内，密封后与系统相连，缓慢放入油浴中，加热至实验温度。

（2）用高压氦气检查系统气密性，试漏压力需超过最大工作压力，若12h后系统压力变化小于 6×10^{-3} MPa，则认为系统气密性良好。

（3）系统抽真空，压力无明显变化后持续15min，利用配套的 AJP-100 孔隙体积标定仪将一定量的氦气（温度 T_{cal}、压力 p_{He}^{cal}、体积 V_{cal} 已知）注入参考腔室，待平衡后记录此时的压力 p_{He}^{ref}，通过式（2-2）可计算参考腔室体积 V_{ref}。

（4）缓慢打开平衡腔室与参考腔室间的平衡阀门，待平衡后记录此时的压力 p_{He}^{equ}，通过式（2-2）可计算平衡腔室的孔隙体积 V_{p}，包括煤样颗粒之间的孔隙、煤样颗粒内部微孔隙和平衡腔室剩余的自由空间。

$$\frac{p_{He}^{cal} V_{cal}}{Z_{He}^{cal} R T_{cal}} = \frac{p_{He}^{ref} V_{ref}}{Z_{He}^{ref} R T} = \frac{p_{He}^{equ}(V_{ref} + V_{p})}{Z_{He}^{equ} R T} \qquad (2-2)$$

式中　p_{He}^{cal} ——标定仪中氦气的压力，Pa；

　　　V_{cal} ——标定仪中基质杯的体积，m^3；

　　　Z_{He}^{cal} ——标定仪中氦气的压缩因子；

　　　R ——气体状态常数，取 8.314J/(K·mol)；

　　　T_{cal} ——标定仪中氦气的温度，K；

　　　p_{He}^{ref} ——参考腔室中氦气的压力，Pa；

　　　V_{ref} ——参考腔室的体积，m^3；

　　　Z_{He}^{ref} ——参考腔室中氦气的压缩因子；

　　　T ——温度，K；

　　　p_{He}^{equ} ——平衡腔室中氦气的压力，Pa；

　　　Z_{He}^{equ} ——平衡腔室中氦气的压缩因子。

（5）系统抽真空，压力无明显变化后持续15min，将一定量的甲烷注入参考腔室，待平衡后记录此时参考腔室的压力 $p_{CH_4}^{ref}(1)$，第一次注入参考腔室的甲烷量 $N_{CH_4}^{inj}(1)$ 如式（2-3）所示。

$$N_{CH_4}^{inj}(1) = \frac{p_{CH_4}^{ref}(1) V_{ref}}{Z_{CH_4}^{ref}(1) R T} \qquad (2-3)$$

式中　$N_{CH_4}^{inj}(1)$ ——第一次注入参考腔室的甲烷量，mol；

　　　$p_{CH_4}^{ref}(1)$ ——第一次注入甲烷后参考腔室的压力，Pa；

　　　$Z_{CH_4}^{ref}(1)$ ——第一次注入甲烷后参考腔室压缩因子。

（6）缓慢打开平衡腔室与参考腔室间的平衡阀门，待平衡后记录此时的压力 $p_{CH_4}^{equ}(1)$，系统中的游离甲烷量 $N_{CH_4}^{free}(1)$ 和吸附甲烷量 $N_{CH_4}^{ads}(1)$ 如式（2-4）式（2-5）所示。

$$N_{CH_4}^{free}(1) = \frac{p_{CH_4}^{equ}(1)(V_{ref} + V_p)}{Z_{CH_4}^{equ}(1)RT} \tag{2-4}$$

$$N_{CH_4}^{ads}(1) = N_{CH_4}^{inj}(1) - N_{CH_4}^{free}(1) \tag{2-5}$$

式中 $N_{CH_4}^{free}(1)$——第一次平衡后系统中的游离甲烷量,mol;

$p_{CH_4}^{equ}(1)$——第一次平衡后甲烷的压力,Pa;

$Z_{CH_4}^{equ}(1)$——第一次平衡后甲烷的压缩因子;

$N_{CH_4}^{ads}(1)$——第一次平衡后被吸附的甲烷量,mol。

（7）关闭平衡阀门,继续往参考腔室内充气,逐渐提高测试压力,直至最大实验压力,对于第 k 次来说,注入甲烷量 $N_{CH_4}^{inj}(k)$、游离甲烷量 $N_{CH_4}^{free}(k)$ 和吸附甲烷量 $N_{CH_4}^{ads}(k)$ 分别如式(2-6)至式(2-8)所示。

$$N_{CH_4}^{inj}(k) = \frac{p_{CH_4}^{ref}(k)V_{ref}}{Z_{CH_4}^{ref}(k)RT} - \frac{p_{CH_4}^{equ}(k-1)V_{ref}}{Z_{CH_4}^{equ}(k-1)RT} \tag{2-6}$$

$$N_{CH_4}^{free}(k) = \frac{p_{CH_4}^{equ}(k)(V_{ref} + V_p)}{Z_{CH_4}^{equ}(k)RT} \tag{2-7}$$

$$N_{CH_4}^{ads}(k) = \sum_{i=1}^{k} N_{CH_4}^{inj}(i) - N_{CH_4}^{free}(k) \tag{2-8}$$

式中 $N_{CH_4}^{inj}(k)$——第 k 次注入参考腔室的甲烷量,mol;

$p_{CH_4}^{ref}(k)$——第 k 次注入甲烷后参考腔室的压力,Pa;

$Z_{CH_4}^{ref}(k)$——第 k 次注入甲烷后参考腔室中甲烷的压缩因子;

$p_{CH_4}^{equ}(k-1)$——第 $k-1$ 次平衡后甲烷的压力,Pa;

$Z_{CH_4}^{equ}(k-1)$——第 $k-1$ 次平衡后甲烷的压缩因子;

$N_{CH_4}^{free}(k)$——第 k 次平衡后系统中的游离甲烷量,mol;

$p_{CH_4}^{equ}(k)$——第 k 次平衡后甲烷的压力,Pa;

$Z_{CH_4}^{equ}(k)$——第 k 次平衡后甲烷的压缩因子;

$N_{CH_4}^{ads}(k)$——第 k 次平衡后被吸附的甲烷量,mol。

（8）将测得的吸附量除以吸附剂质量,可得单位质量吸附剂的甲烷吸附量。

$$n_{CH_4}^{ads} = \frac{N_{CH_4}^{ads}}{m_{ads}} \tag{2-9}$$

式中 $n_{CH_4}^{ads}$——单位质量吸附剂的甲烷吸附量,mol/kg;

$N_{CH_4}^{ads}$——甲烷吸附量,mol;

m_{ads}——吸附剂质量,kg。

（9）改变温度,重复步骤(3)。

（10）更换样品,重复步骤(1)。

根据式（2-2）至式（2-9）可知，在标定系统孔隙体积和计算甲烷吸附量前，都需要确定气体压缩因子的大小。本章所用到的氦气和甲烷的气体压缩因子都是基于美国国家标准技术研究所（National Institute of Standards and Technology，NIST）标准数据库中真实流体的热力学性质查询得到的。

4. 实验结果及分析

在不同湿润情况（干燥和平衡湿度）、温度（35～75℃）和压力（0～20MPa）条件下，甲烷在活性炭和这四个煤样上的吸附数据见表2-3至表2-12。

由于甲烷在碳基吸附剂上的吸附过程可逆、反应放热，当系统达到平衡状态后，甲烷的吸附速率等于解吸速率。根据勒夏特列原理（Le Chatelier's Principle），若此时反应条件变化，将打破吸附平衡，并朝着减弱这种变化的方向移动。

$$自由气 \underset{解吸}{\overset{吸附}{\rightleftharpoons}} 吸附气 + 热量 \tag{2-10}$$

在其他条件不变的情况下，压力增大将导致体相浓度增大，吸附平衡将朝着体相分子数减少的方向移动，使得更多的甲烷分子附着在吸附剂表面，直至系统重新达到平衡。因此，活性炭和煤样上的甲烷吸附量随压力的增大而单调递增。由于本章使用过剩吸附量来表征甲烷的吸附特征，可以观察到，甲烷吸附量随压力的增大先增大后有所降低，在10～14MPa条件下达到极大值，这主要是由于以下两个原因造成的：一方面，吸附剂表面氧化位点被甲烷分子占据后，其表面能降低，吸附能力减弱；另一方面，当压力超过甲烷的临界压力后，甲烷将进入超临界状态，相比附着在吸附剂上，此时甲烷分子更容易压缩在体相中。

表2-3 不同温度条件下甲烷在干燥活性炭上的吸附数据

35℃		45℃		55℃		65℃		75℃	
压力（MPa）	吸附量（mmol/g）	压力（MPa）	吸附量（mmol/g）	压力（MPa）	吸附量（mmol/g）	压力（MPa）	吸附量（mmol/g）	压力（MPa）	吸附量（mmol/g）
1.38	3.388	1.50	2.761	1.62	2.293	1.65	1.858	1.80	1.534
2.64	4.155	2.70	3.381	2.73	2.709	2.82	2.191	2.82	1.754
4.02	4.791	4.14	3.872	4.17	3.079	4.20	2.430	4.32	1.995
5.37	5.122	5.43	4.082	5.43	3.236	5.58	2.642	5.57	2.107
6.90	5.353	7.02	4.304	7.05	3.447	7.08	2.727	7.08	2.198
8.55	5.500	8.61	4.400	8.67	3.497	8.82	2.839	8.91	2.229
10.35	5.523	10.47	4.465	10.62	3.547	10.65	2.829	10.71	2.260
12.57	5.451	12.57	4.380	12.66	3.535	12.69	2.852	12.71	2.267
14.61	5.355	14.70	4.342	14.85	3.467	14.94	2.782	15.06	2.217
16.86	5.137	16.98	4.236	17.10	3.360	17.10	2.739	17.13	2.204
19.41	4.941	19.44	4.085	19.59	3.284	19.59	2.634	19.65	2.123

表2－4 不同温度条件下甲烷在湿润活性炭上的吸附数据

35℃		45℃		55℃		65℃		75℃	
压力（MPa）	吸附量（mmol/g）	压力（MPa）	吸附量（mmol/g）	压力（MPa）	吸附量（mmol/g）	压力（MPa）	吸附量（mmol/g）	压力（MPa）	吸附量（mmol/g）
1.32	2.428	1.54	2.097	1.68	1.746	1.62	1.380	1.74	1.128
2.58	3.225	2.67	2.585	2.76	2.103	2.76	1.664	2.76	1.352
4.08	3.700	4.20	2.997	4.14	2.367	4.17	1.918	4.26	1.544
5.43	4.046	5.46	3.216	5.46	2.556	5.61	2.074	5.61	1.649
6.90	4.206	6.99	3.415	7.11	2.719	7.11	2.175	7.11	1.742
8.49	4.345	8.70	3.483	8.70	2.785	8.76	2.250	8.97	1.801
10.41	4.412	10.41	3.544	10.65	2.842	10.59	2.263	10.65	1.824
12.51	4.357	12.51	3.466	12.66	2.816	12.63	2.274	12.69	1.815
14.67	4.249	14.73	3.393	14.82	2.775	14.94	2.227	15.06	1.798
16.83	4.077	16.98	3.300	17.13	2.722	17.07	2.178	17.19	1.759
19.35	3.942	19.44	3.193	19.56	2.636	19.62	2.130	19.71	1.744

表2－5 不同温度条件下甲烷在干燥BWBC煤样上的吸附数据

35℃		45℃		55℃		65℃		75℃	
压力（MPa）	吸附量（mmol/g）	压力（MPa）	吸附量（mmol/g）	压力（MPa）	吸附量（mmol/g）	压力（MPa）	吸附量（mmol/g）	压力（MPa）	吸附量（mmol/g）
1.41	0.591	1.54	0.498	1.56	0.401	1.68	0.328	1.71	0.264
2.58	0.758	2.58	0.607	2.67	0.490	2.67	0.398	2.79	0.319
3.84	0.878	3.90	0.710	3.96	0.567	4.05	0.458	4.11	0.368
5.28	0.984	5.34	0.780	5.40	0.622	5.46	0.507	5.55	0.403
6.78	1.042	6.90	0.847	7.02	0.678	7.16	0.536	7.26	0.435
8.46	1.087	8.55	0.880	8.70	0.707	8.73	0.559	8.79	0.451
10.50	1.130	10.59	0.899	10.62	0.730	10.74	0.580	10.86	0.461
12.48	1.138	12.48	0.907	12.54	0.731	12.63	0.580	12.63	0.462
14.46	1.122	14.61	0.907	14.73	0.729	14.76	0.587	14.79	0.467
16.74	1.117	16.86	0.891	16.98	0.716	16.98	0.570	17.01	0.458
19.38	1.076	19.47	0.859	19.47	0.709	19.47	0.563	19.59	0.454

表 2-6 不同温度条件下甲烷在湿润 BWBC 煤样上的吸附数据

35℃		45℃		55℃		65℃		75℃	
压力（MPa）	吸附量（mmol/g）	压力（MPa）	吸附量（mmol/g）	压力（MPa）	吸附量（mmol/g）	压力（MPa）	吸附量（mmol/g）	压力（MPa）	吸附量（mmol/g）
1.47	0.423	1.56	0.348	1.65	0.288	1.77	0.241	1.80	0.197
2.52	0.554	2.67	0.452	2.70	0.367	2.70	0.298	2.79	0.242
3.78	0.654	3.87	0.530	3.99	0.430	4.14	0.349	4.23	0.282
5.28	0.751	5.34	0.607	5.40	0.476	5.43	0.389	5.46	0.306
6.87	0.815	6.99	0.652	7.08	0.521	7.20	0.416	7.32	0.336
8.55	0.847	8.64	0.686	8.64	0.546	8.76	0.440	8.85	0.353
10.38	0.888	10.50	0.700	10.62	0.561	10.65	0.452	10.65	0.360
12.45	0.895	12.57	0.711	12.57	0.567	12.60	0.457	12.63	0.361
14.73	0.876	14.73	0.704	14.79	0.566	14.91	0.457	15.03	0.364
16.86	0.852	16.95	0.690	17.04	0.554	17.10	0.450	17.13	0.362
19.29	0.826	19.41	0.664	19.50	0.530	19.59	0.438	19.62	0.351

表 2-7 不同温度条件下甲烷在干燥 SJF 煤样上的吸附数据

35℃		45℃		55℃		65℃		75℃	
压力（MPa）	吸附量（mmol/g）	压力（MPa）	吸附量（mmol/g）	压力（MPa）	吸附量（mmol/g）	压力（MPa）	吸附量（mmol/g）	压力（MPa）	吸附量（mmol/g）
1.38	0.385	1.50	0.323	1.59	0.270	1.62	0.218	1.77	0.185
2.58	0.518	2.64	0.424	2.73	0.342	2.79	0.277	2.85	0.226
3.87	0.612	3.99	0.501	4.11	0.403	4.23	0.328	4.29	0.265
5.16	0.690	5.22	0.548	5.22	0.437	5.25	0.354	5.31	0.285
6.99	0.747	6.99	0.600	7.11	0.482	7.20	0.387	7.23	0.307
8.55	0.795	8.61	0.633	8.67	0.498	8.76	0.405	8.79	0.320
10.38	0.807	10.50	0.654	10.65	0.523	10.68	0.419	10.68	0.330
12.39	0.819	12.42	0.663	12.45	0.528	12.48	0.420	12.57	0.334
14.52	0.808	14.64	0.655	14.73	0.528	14.82	0.420	14.85	0.341
16.92	0.797	16.98	0.643	17.04	0.515	17.13	0.417	17.25	0.336
19.14	0.774	19.23	0.627	19.29	0.509	19.38	0.405	19.41	0.327

表2-8 不同温度条件下甲烷在湿润 SJF 煤样上的吸附数据

35℃		45℃		55℃		65℃		75℃	
压力（MPa）	吸附量（mmol/g）	压力（MPa）	吸附量（mmol/g）	压力（MPa）	吸附量（mmol/g）	压力（MPa）	吸附量（mmol/g）	压力（MPa）	吸附量（mmol/g）
1.44	0.228	1.50	0.189	1.53	0.155	1.62	0.130	1.68	0.107
2.55	0.328	2.61	0.267	2.70	0.217	2.76	0.178	2.91	0.147
3.90	0.407	3.99	0.331	4.02	0.267	4.11	0.215	4.14	0.174
5.22	0.464	5.25	0.372	5.37	0.298	5.49	0.241	5.52	0.195
7.02	0.517	7.02	0.410	7.02	0.329	7.17	0.265	7.20	0.211
8.46	0.551	8.58	0.436	8.61	0.348	8.67	0.280	8.70	0.225
10.35	0.567	10.50	0.456	10.62	0.366	10.74	0.292	10.86	0.232
12.27	0.570	12.39	0.463	12.54	0.366	12.57	0.294	12.63	0.234
14.52	0.575	14.58	0.460	14.70	0.371	14.70	0.299	14.79	0.236
17.01	0.562	17.01	0.453	17.04	0.361	17.10	0.292	17.19	0.235
19.17	0.534	19.29	0.441	19.41	0.356	19.44	0.287	19.56	0.234

表2-9 不同温度条件下甲烷在干燥 PRW 煤样上的吸附数据

35℃		45℃		55℃		65℃		75℃	
压力（MPa）	吸附量（mmol/g）	压力（MPa）	吸附量（mmol/g）	压力（MPa）	吸附量（mmol/g）	压力（MPa）	吸附量（mmol/g）	压力（MPa）	吸附量（mmol/g）
1.29	1.022	1.44	0.856	1.56	0.697	1.59	0.561	1.71	0.458
2.64	1.294	2.70	1.062	2.70	0.832	2.73	0.680	2.88	0.551
3.90	1.454	3.93	1.186	4.02	0.949	4.08	0.768	4.11	0.619
5.16	1.574	5.25	1.292	5.34	1.038	5.34	0.836	5.37	0.667
7.05	1.703	7.11	1.378	7.14	1.103	7.14	0.888	7.23	0.716
8.52	1.774	8.58	1.437	8.61	1.152	8.70	0.912	8.83	0.735
10.35	1.848	10.50	1.464	10.65	1.171	10.71	0.950	10.77	0.749
12.30	1.831	12.42	1.501	12.42	1.197	12.51	0.952	12.54	0.751
14.49	1.852	14.58	1.486	14.58	1.186	14.67	0.948	14.67	0.754
17.04	1.787	17.10	1.441	17.13	1.153	17.16	0.918	17.22	0.737
19.35	1.726	19.35	1.416	19.41	1.137	19.53	0.901	19.59	0.724

表 2 – 10 不同温度条件下甲烷在湿润 PRW 煤样上的吸附数据

35℃		45℃		55℃		65℃		75℃	
压力 （MPa）	吸附量 （mmol/g）	压力 （MPa）	吸附量 （mmol/g）	压力 （MPa）	吸附量 （mmol/g）	压力 （MPa）	吸附量 （mmol/g）	压力 （MPa）	吸附量 （mmol/g）
1.44	0.239	1.51	0.200	1.53	0.161	1.54	0.129	1.67	0.110
2.49	0.342	2.57	0.281	2.70	0.227	2.73	0.183	2.84	0.150
3.87	0.437	4.01	0.353	4.01	0.283	4.03	0.224	4.16	0.183
5.25	0.498	5.30	0.399	5.36	0.320	5.39	0.258	5.40	0.206
6.96	0.557	7.00	0.439	7.03	0.356	7.09	0.282	7.16	0.230
8.40	0.578	8.47	0.463	8.61	0.375	8.63	0.299	8.74	0.240
10.53	0.605	10.54	0.488	10.63	0.393	10.74	0.314	10.79	0.254
12.33	0.602	12.41	0.491	12.53	0.400	12.57	0.323	12.61	0.261
14.49	0.606	14.60	0.496	14.69	0.402	14.70	0.325	14.73	0.265
17.01	0.587	17.01	0.485	17.04	0.390	17.13	0.322	17.20	0.262
19.29	0.564	19.41	0.464	19.41	0.386	19.49	0.318	19.63	0.258

表 2 – 11 不同温度条件下甲烷在干燥 Ordos – 4 煤样上的吸附数据

35℃		45℃		55℃		65℃		75℃	
压力 （MPa）	吸附量 （mmol/g）	压力 （MPa）	吸附量 （mmol/g）	压力 （MPa）	吸附量 （mmol/g）	压力 （MPa）	吸附量 （mmol/g）	压力 （MPa）	吸附量 mmol/g
1.38	0.602	1.50	0.499	1.56	0.404	1.62	0.331	1.71	0.268
2.61	0.781	2.70	0.629	2.73	0.508	2.79	0.407	2.88	0.332
3.90	0.892	4.02	0.722	4.05	0.578	4.11	0.472	4.20	0.379
5.28	0.986	5.28	0.782	5.34	0.640	5.43	0.510	5.52	0.410
6.75	1.065	6.87	0.842	6.90	0.680	6.96	0.547	7.08	0.440
8.37	1.112	8.46	0.884	8.49	0.708	8.52	0.566	8.52	0.458
10.59	1.154	10.59	0.923	10.59	0.734	10.59	0.590	10.74	0.470
12.30	1.161	12.36	0.916	12.42	0.735	12.51	0.594	12.57	0.474
14.70	1.139	14.82	0.916	14.82	0.732	14.97	0.583	15.03	0.471
16.86	1.132	16.92	0.896	16.98	0.725	17.10	0.584	17.19	0.468
19.23	1.086	19.35	0.881	19.44	0.707	19.50	0.571	19.59	0.459

表 2 - 12 不同温度条件下甲烷在湿润 Ordos - 4 煤样上的吸附数据

35℃		45℃		55℃		65℃		75℃	
压力 (MPa)	吸附量 (mmol/g)	压力 (MPa)	吸附量 (mmol/g)	压力 (MPa)	吸附量 (mmol/g)	压力 (MPa)	吸附量 (mmol/g)	压力 (MPa)	吸附量 (mmol/g)
1.47	0.292	1.50	0.239	1.59	0.201	1.71	0.166	1.77	0.138
2.52	0.407	2.58	0.329	2.70	0.270	2.70	0.216	2.73	0.176
3.90	0.498	3.96	0.402	4.08	0.327	4.14	0.260	4.20	0.212
5.25	0.565	5.25	0.453	5.37	0.363	5.43	0.293	5.52	0.234
6.78	0.619	6.87	0.498	6.96	0.395	7.08	0.317	7.08	0.254
8.28	0.655	8.40	0.521	8.55	0.420	8.70	0.332	8.76	0.267
10.53	0.678	10.62	0.546	10.65	0.435	10.65	0.349	10.77	0.276
12.30	0.690	12.33	0.555	12.48	0.444	12.57	0.351	12.60	0.280
14.67	0.679	14.70	0.546	14.76	0.439	14.85	0.356	14.88	0.286
16.77	0.677	16.89	0.538	16.98	0.431	17.13	0.352	17.13	0.284
19.29	0.651	19.38	0.527	19.47	0.424	19.50	0.340	19.53	0.275

在其他条件不变的情况下,若温度增加,系统内能增大,吸附平衡将朝着内能减少的方向移动。由于甲烷在碳基吸附剂上的吸附解吸过程可逆,吸附放热,解吸吸热,温度增加后甲烷在吸附剂上的解吸速率快于吸附速率,该过程不断吸热以减弱系统的温度变化,直至重新达到吸附平衡。因此,甲烷在活性炭和各煤样上的吸附量均随温度的增加而降低。

另外,这些样品在干燥条件下的吸附能力从大到小为:Filtrasorb 400 活性炭、PRW 煤样、Ordos - 4 煤样、BWBC 煤样、SJF 煤样,与其灰分含量排序正好相反,这表明灰分对吸附能力几乎没有贡献。而这些样品在干燥和湿润条件下的吸附量差异与其平衡湿度排序一致,这表明水分对其吸附性能有显著影响。

二、简化局部密度(SLD)吸附理论

1. 简化局部密度(SLD)理论概述

Rangarajan 等[19,27]将平均场近似理论(Mean Field Approximation Theory, MFAT)应用到更普遍的密度泛函理论(Density Functional Theory, DFT),最先提出了简化局部密度理论。该理论认为吸附效应是由吸附质分子与吸附质分子、吸附质分子与吸附剂分子的分子相互作用共同造成的。该理论用流体状态方程来表征吸附质分子间的流流相互作用,并将流固势能函数叠加到流体状态方程上来描述吸附质分子—吸附剂分子之间的流固相互作用,并作如下假设:

(1)吸附剂表面上任一点的化学势等于体相化学势;

(2)吸附剂表面上任一点的化学势为流流和流固相互作用的化学势之和;

(3)吸附剂表面上任一点的相互作用势与温度和该点周围的分子数无关;

（4）所有的吸附质、吸附剂分子都为球形；

（5）孔隙内温度和压力均匀分布。

因此，当系统达到吸附平衡，系统中任意一点的化学势为流流相互作用和流固相互作用引起的化学势之和。

$$\mu(z) = \mu_{bulk} = \mu_{ff}(z) + \mu_{fs}(z) \tag{2-11}$$

式中 $\mu(z)$ ——z 位置的化学势，J/mol；

    z ——吸附质分子与吸附剂表面的距离，m；

    μ_{bulk} ——体相化学势，J/mol；

    $\mu_{ff}(z)$ ——z 位置上流流相互作用引起的化学势，J/mol；

    $\mu_{fs}(z)$ ——z 位置上流固相互作用引起的化学势，J/mol。

基于 Fitzgerald 等[28]的研究成果，本章假定碳基吸附剂的孔隙为狭缝型结构，吸附质分子位于平行的两个碳平面之间，如图 2 - 2 所示。

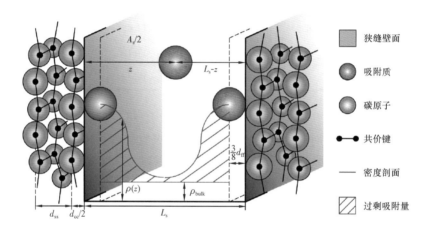

图 2 - 2　SLD 理论的狭缝型孔隙表征

吸附质分子与孔隙的两个壁面都存在流固相互作用，表征为势能函数的形式：

$$\mu_{fs}(z) = N_A [\Psi_{fs}(z) + \Psi_{fs}(L_s - z)] \tag{2-12}$$

式中 N_A ——阿伏伽德罗（Avogadro）常数，取 $6.02 \times 10^{23} \text{mol}^{-1}$；

    $\Psi_{fs}(z)$ ——z 位置上的吸附质分子与左壁面的相互作用势能，J；

    $\Psi_{fs}(L_s - z)$ ——z 位置上的吸附质分子与右壁面的相互作用势能，J；

    L_s ——狭缝宽度，m。

体相化学势可表征为逸度的形式：

$$\mu_{bulk} = \mu_0 + RT\ln\left(\frac{f_{bulk}}{f_0}\right) \tag{2-13}$$

式中 μ_{bulk} ——体相化学势，J/mol；

    μ_0 ——任意参考状态的化学势，J/mol；

f_{bulk} ——体相逸度,Pa;

f_0 ——任意参考状态的逸度,Pa。

类似地,流流相互作用引起的吸附相化学势可表征为:

$$\mu_{ff}(z) = \mu_0 + RT\ln\left[\frac{f_{ads}(z)}{f_0}\right] \qquad (2-14)$$

式中 $\mu_{ff}(z)$ ——流流相互作用引起的吸附相化学势,J/mol;

$f_{ads}(z)$ ——z 位置上的吸附相逸度,Pa。

将式(2-12)至式(2-14)代入式(2-11),可得狭缝型孔隙中的吸附平衡准则。

$$f_{ads}(z) = f_{bulk}\exp\left[-\frac{\Psi_{fs}(z) + \Psi_{fs}(L_s-z)}{k_BT}\right] \qquad (2-15)$$

式中 k_B ——波尔兹曼(Boltzmann)常数,取 1.38×10^{-23}J/K。

沿孔隙方向对吸附相和体相的密度差积分,即可得到过剩吸附量。

$$n^{Gibbs} = \frac{A_s}{2}\int_{\frac{3d_{ff}}{8}}^{L_s-\frac{3d_{ff}}{8}}\left[\rho_{ads}(z) - \rho_{bulk}\right]dz \qquad (2-16)$$

式中 n^{Gibbs} ——吉布斯(Gibbs)过剩吸附量,mol/kg;

A_s ——单位质量吸附剂的表面积,m^2/kg;

d_{ff} ——流体分子直径,m;

$\rho_{ads}(z)$ ——z 位置上的吸附相密度,mol/m^3;

ρ_{bulk} ——体相密度,mol/m^3。

特别地,对SLD理论来说,吸附剂表面积包括了左右两个壁面,因此在式(2-16)中取一半总表面积。积分下限为与左壁面接触的吸附质分子的中心位置,积分上限为与右壁面接触的吸附质分子的中心位置。Fitzgerald等通过拟合大量实验数据发现,选取$3d_{ff}$/8 和 L_s-3d_{ff}/8 作为积分的下限和上限,能够更好地表征甲烷在煤样上的吸附特性。因此,本章选取$3d_{ff}$/8 和 L_s-3d_{ff}/8 作为积分的下限和上限,这实际上假定与壁面接触的吸附质分子发生了变形。

2. 状态方程

在简化局部密度理论中,体相密度、体相逸度、吸附相逸度都是通过流体状态方程计算得到的,因此,选择合适的流体状态方程对SLD理论的成功应用至关重要。

立方型状态方程考虑了分子间的引力和斥力作用,且结构简单,计算精度高,能有效应用于SLD框架中。常用的立方型状态方程包括:Van der Waals(VDW)状态方程、Redlich – Kwong(RK)状态方程、Soave – Redlich – Kwong(SRK)状态方程、Peng – Robinson(PR)状态方程、Patel – Teja(PT)状态方程、Patel – Teja – Valderrama(PTV)状态方程[29]。其中,PTV状态方程对甲烷和水的热力学性质的描述最准确。因此,本章使用PTV状态方程来计算体相密度、体相逸度和吸附相逸度。

$$\frac{p}{RT\rho} = \frac{1}{1-b\rho} - \frac{a\rho}{RT\left[1 + (b+c)\rho - bc\rho^2\right]} \qquad (2-17)$$

其中，

$$a = (0.66121 - 0.761057Z_c) \frac{R^2 T_c^2}{p_c}$$

$$\times \left[1 + (0.46283 + 3.58230\omega Z_c + 8.19417\omega^2 Z_c^2)(1 - \sqrt{T/T_c}) \right]^2 \quad (2-18)$$

$$b = (0.02207 + 0.20868Z_c) \frac{RT_c}{p_c} \quad (2-19)$$

$$c = (0.57765 - 1.87080Z_c) \frac{RT_c}{p_c} \quad (2-20)$$

式中　p ——压力，Pa；

　　　T ——温度，K；

　　　ρ ——密度，mol/m³；

　　　a ——引力参数，J·m³/mol²；

　　　b ——斥力参数，m³/mol；

　　　c ——极性参数，m³/mol；

　　　Z_c ——临界压缩因子；

　　　T_c ——临界温度，K；

　　　p_c ——临界压力，Pa；

　　　ω ——偏心因子。

本章所涉及的甲烷和水的部分物理性质见表 2-13。

表 2-13　甲烷和水的物理性质

流体	T_c (℃)	p_c (MPa)	Z_c	ω	d_{ff} (nm)	ε_{ff}/k_B (K)
甲烷	-82.59	4.599	0.288	0.011	0.3758	148.6
水	373.94	22.065	0.229	0.344	0.2641	809.1

使用 PTV 状态方程可分别计算体相和吸附相的逸度。

$$\ln\frac{f_{bulk}}{p} = \frac{p}{RT\rho_{bulk}} - 1 - \ln\left(\frac{p}{RT\rho_{bulk}} - \frac{pb}{RT}\right) + \frac{a_{bulk}/(RT)}{\sqrt{b_{bulk}^2 + 6b_{bulk}c_{bulk} + c_{bulk}^2}}$$

$$\times \ln\left[\frac{2 + \rho_{bulk}(b_{bulk} + c_{bulk} - \sqrt{b_{bulk}^2 + 6b_{bulk}c_{bulk} + c_{bulk}^2})}{2 + \rho_{bulk}(b_{bulk} + c_{bulk} + \sqrt{b_{bulk}^2 + 6b_{bulk}c_{bulk} + c_{bulk}^2})}\right] \quad (2-21)$$

$$\ln\frac{f_{ads}(z)}{p} = \frac{p}{RT\rho_{ads}(z)} - 1 - \ln\left[\frac{p}{RT\rho_{ads}(z)} - \frac{pb_{ads}}{RT}\right] + \frac{a_{ads}(z)/(RT)}{\sqrt{b_{ads}^2 + 6b_{ads}c_{ads} + c_{ads}^2}}$$

$$\times \ln\left[\frac{2 + \rho_{ads}(z)(b_{ads} + c_{ads} - \sqrt{b_{ads}^2 + 6b_{ads}c_{ads} + c_{ads}^2})}{2 + \rho_{ads}(z)(b_{ads} + c_{ads} + \sqrt{b_{ads}^2 + 6b_{ads}c_{ads} + c_{ads}^2})}\right] \quad (2-22)$$

式中　a_{bulk} ——体相的引力参数，J·m³/mol²；

$\qquad b_{bulk}$ ——体相的斥力参数，m³/mol；

$\qquad c_{bulk}$ ——体相的极性参数，m³/mol；

$\qquad a_{ads}(z)$ ——吸附相的引力参数，J/m³·mol²；

$\qquad b_{ads}$ ——吸附相的斥力参数，m³/mol；

$\qquad c_{ads}$ ——吸附相的极性参数，m³/mol。

在式(2-22)中，吸附相的引力参数 $a_{ads}(z)$ 随吸附质分子在狭缝中的相对位置发生变化。对任一吸附质分子和它周围所有吸附质分子的相互作用力之和求积分，得到了吸附相的引力参数 $a_{ads}(z)$ 随狭缝间距与流体分子直径之比 L_s/d_{ff} 变化的关系式。

若 $L_s/d_{ff} \geqslant 3$，

$$\frac{a_{ads}(z)}{a_{bulk}} = \begin{cases} \dfrac{3}{8}\dfrac{z}{d_{ff}} + \dfrac{5}{16} - \dfrac{1}{8\left(\dfrac{L_s-z}{d_{ff}} - \dfrac{1}{2}\right)^3} & \dfrac{1}{2} \leqslant \dfrac{z}{d_{ff}} \leqslant \dfrac{3}{2} \\[3ex] 1 - \dfrac{1}{8\left(\dfrac{z}{d_{ff}} - \dfrac{1}{2}\right)^3} - \dfrac{1}{8\left(\dfrac{L_s-z}{d_{ff}} - \dfrac{1}{2}\right)^3} & \dfrac{3}{2} \leqslant \dfrac{z}{d_{ff}} \leqslant \dfrac{L_s}{d_{ff}} - \dfrac{3}{2} \\[3ex] \dfrac{3(L_s-z)}{8d_{ff}} + \dfrac{5}{16} - \dfrac{1}{8\left(\dfrac{z}{d_{ff}} - \dfrac{1}{2}\right)^3} & \dfrac{L_s}{d_{ff}} - \dfrac{3}{2} \leqslant \dfrac{z}{d_{ff}} \leqslant \dfrac{L_s}{d_{ff}} - \dfrac{1}{2} \end{cases} \quad (2-23)$$

若 $3 > L_s/d_{ff} \geqslant 2$，

$$\frac{a_{ads}(z)}{a_{bulk}} = \begin{cases} \dfrac{3z}{8d_{ff}} + \dfrac{5}{16} - \dfrac{1}{8\left(\dfrac{L_s-z}{d_{ff}} - \dfrac{1}{2}\right)^3} & \dfrac{1}{2} \leqslant \dfrac{z}{d_{ff}} \leqslant \dfrac{L_s}{d_{ff}} - \dfrac{3}{2} \\[3ex] \dfrac{3L_s}{8d_{ff}} - \dfrac{3}{8} & \dfrac{L_s}{d_{ff}} - \dfrac{3}{2} \leqslant \dfrac{z}{d_{ff}} \leqslant \dfrac{3}{2} \\[3ex] \dfrac{3(L_s-z)}{8d_{ff}} + \dfrac{5}{16} - \dfrac{1}{8\left(\dfrac{z}{d_{ff}} - \dfrac{1}{2}\right)^3} & \dfrac{3}{2} \leqslant \dfrac{z}{d_{ff}} \leqslant \dfrac{L_s}{d_{ff}} - \dfrac{1}{2} \end{cases} \quad (2-24)$$

若 $2 > L_s/d_{ff} \geqslant 1.5$，

$$\frac{a_{ads}(z)}{a_{bulk}} = \frac{3}{8}\left(\frac{L_s}{d_{ff}} - 1\right) \quad (2-25)$$

3. 势能函数

SLD 理论通过势能函数来表征吸附质分子与吸附剂分子的流固相互作用。常用的势能函数包括：Lennard-Jones 势、Sutherland 势和 Kihara 势。

Hasanzadeh 等[30]利用这三种势能函数来表征其流固化学势,并通过拟合大量实验数据发现,Lennard-Jones 势能函数对吸附质分子和吸附剂分子间流固相互作用的表征最准确。因此,本章使用 Lennard-Jones 势能函数来计算流固相互作用引起的化学势。特别地,由于流固相互作用主要取决于吸附质分子与前四层碳平面上吸附剂分子的相互作用,本章忽略了吸附质分子与第四层碳平面之后吸附剂分子的流固相互作用。

$$\Psi_{fs}(z) = 4\pi\rho_{atoms}d_{fs}^2\varepsilon_{fs}\left\{\frac{1}{5}\left(\frac{d_{fs}}{z'}\right)^{10} - \frac{1}{2}\sum_{i=1}^{4}\left[\frac{d_{fs}}{z' + (i-1)d_{ss}}\right]^4\right\} \quad (2-26)$$

其中,

$$\varepsilon_{fs} = \sqrt{\varepsilon_{ff} \times \varepsilon_{ss}} \quad (2-27)$$

$$d_{fs} = \frac{d_{ff} + d_{ss}}{2} \quad (2-28)$$

$$z' = z + \frac{d_{cc}}{2} \quad (2-29)$$

式中 ρ_{atoms} ——碳原子密度,取 3.82×10^{19} 个/ m^2;

ε_{fs} ——流固相互作用势能,J;

ε_{ff} ——流流相互作用势能,J;

ε_{ss} ——固固相互作用势能,J;

d_{fs} ——流固分子碰撞直径,m;

d_{ss} ——碳平面间距,取 3.35×10^{-10} m;

z' ——吸附质分子与第一层碳原子中心的距离,m;

d_{cc} ——碳原子直径,取 1.4×10^{-10} m。

4. 模型求解

利用 SLD 理论的吸附平衡准则求解时,首先需沿孔隙宽度方向进行离散,并求解每个小区间上的吸附相密度。将式(2-21)、式(2-22)和式(2-26)代入式(2-15)即可求得任意 z 位置上的吸附相密度。一旦确定了孔隙上的体相密度和吸附相密度分布,结合辛普森准则(Simpson Rule),即可积分得到过剩吸附量。令 $f(z) = \rho_{ads}(z) - \rho_{bulk}$,则式(2-16)可改写为:

$$n^{Gibbs} = \frac{A_s}{2} \times \frac{\Delta z}{3}[f(z_0) + 4f(z_1) + 2f(z_2) + \cdots + 2f(z_{n-2}) + 4f(z_{n-1}) + f(z_n)] \quad (2-30)$$

通过 SLD 理论计算过剩吸附量的具体流程如图 2-3 所示。首先,输入系统压力和温度、SLD 理论特征参数、吸附质物理性质,计算体相密度、逸度和化学势。其次,将狭缝型孔隙离散为 n 个小区间,利用第一步得到的体相密度对各区间的吸附相密度赋初值,并计算流流相互作用和流固相互作用引起的化学势。再次,对每一区间的吸附相密度进行迭代,直至各区间均满足吸附平衡准则。最后,输出孔隙上的局部密度分布,结合辛普森准则计算过剩吸附量。对于本章来说,n 取 1000 可基本忽略网格划分引起的误差。

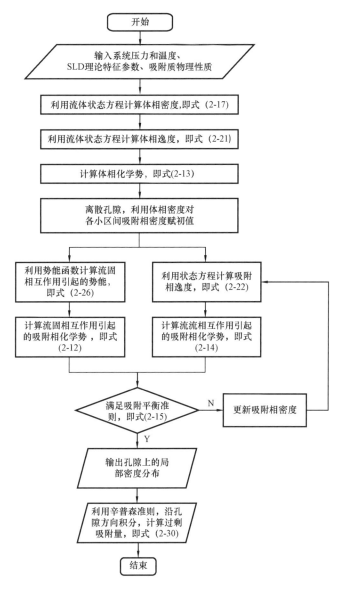

图 2-3 简化局部密度(SLD)理论求解流程

5. 模型应用

通过 SLD 理论预测甲烷在活性炭或煤样上的吸附量之前,需与实验数据进行拟合以确定模型中用于描述吸附剂结构和吸附质性质的特征参数,并保证模型计算结果与实验数据的平均相对误差最小。

$$
AARD = \frac{\sum\limits_{i=1}^{N_p} abs\left[\dfrac{n_{\exp}^{Gibbs}(i) - n_{cal}^{Gibbs}(i)}{n_{\exp}^{Gibbs}(i)}\right]}{N_p} \times 100\% \qquad (2-31)
$$

式中 $AARD$ ——平均相对误差,%;

$n_{\exp}^{\text{Gibbs}}$——吸附量实验值,mol/kg;

$n_{\text{cal}}^{\text{Gibbs}}$——吸附量计算值,mol/kg;

N_{p}——数据点数。

对于纯组分气体的吸附,SLD 理论包括三个特征参数:

(1)狭缝宽度,用于描述吸附剂的有效孔隙尺寸;

(2)固固相互作用势能参数,用于描述吸附剂分子之间的相互作用势能,取其与流流相互作用势能参数的几何平均可描述吸附质和吸附剂的流固相互作用势能;

(3)表面积,用于表征吸附质分子与吸附剂表面的亲和度。

根据上述描述可知,狭缝宽度和固固相互作用势能参数都只取决于吸附剂的结构,而表面积还取决于吸附质类型。另外,表面积大小并不会影响局部密度分布和等温吸附线的形状,只对过剩吸附量数值有影响。因此,在实验数据拟合过程中,首先通过狭缝宽度和固固相互作用势能参数调整等温吸附线的形状,随后通过表面积确定吸附量大小。基于新测的实验数据,拟合得到了不同湿度和温度条件下活性炭和各煤样吸附甲烷的特征参数,见表 2 - 14。可以观察到,湿润吸附剂拟合得到的狭缝宽度、固固相互作用势能参数、表面积均小于干燥吸附剂,即认为吸附剂中水分的存在堵塞了部分孔隙,降低了甲烷与吸附剂的接触面积和亲和度。另外,温度升高将导致煤岩发生热膨胀,裂隙开度变小甚至闭合,从而减小煤岩表面积,同时分子热运动随温度升高愈发激烈,势能参数变大。

表 2 - 14 活性炭和煤样吸附甲烷的 SLD 拟合结果

吸附剂	$T(℃)$	干燥				湿润			
		L_{s} (nm)	$\varepsilon_{\text{ss}}/k_{\text{B}}$ (K)	A_{s} (m²/g)	误差 (%)	L_{s} (nm)	$\varepsilon_{\text{ss}}/k_{\text{B}}$ (K)	A_{s} (m²/g)	误差 (%)
Filtrasorb 400 活性炭	35	1.31	55.5	395.2	0.41	1.22	39.5	364.3	0.60
	45	1.26	62.0	315.5	0.02	1.17	42.9	294.5	0.33
	55	1.20	65.9	256.9	0.24	1.15	48.0	234.0	0.02
	65	1.18	73.9	204.0	0.54	1.13	53.5	185.6	0.32
	75	1.13	76.9	167.1	0.68	1.12	60.8	145.9	0.42
BWBC 煤样	35	1.82	40.0	90.4	0.39	1.57	27.6	83.5	0.35
	45	1.55	42.2	74.0	0.51	1.38	29.8	67.8	0.18
	55	1.48	44.3	60.5	0.28	1.27	31.7	54.9	0.12
	65	1.34	47.8	48.9	0.59	1.25	35.7	43.6	0.25
	75	1.24	51.6	39.5	0.50	1.22	39.9	34.5	0.60
SJF 煤样	35	1.69	29.7	74.2	0.44	1.60	19.0	64.9	0.90
	45	1.57	33.2	59.1	0.38	1.46	21.5	51.3	0.35
	55	1.46	37.0	47.0	0.10	1.38	24.0	40.7	0.12
	65	1.36	40.0	38.0	0.15	1.28	26.4	32.6	0.35
	75	1.33	44.1	30.3	0.39	1.24	29.0	26.0	0.57

续表

吸附剂	$T(℃)$	干燥				湿润			
		L_s (nm)	ε_{ss}/k_B (K)	A_s (m²/g)	误差 (%)	L_s (nm)	ε_{ss}/k_B (K)	A_s (m²/g)	误差 (%)
PRW 煤样	35	1.98	56.5	126.9	0.30	1.55	17.0	74.2	0.67
	45	1.71	59.7	104.3	0.25	1.45	19.7	57.9	0.38
	55	1.50	59.0	87.3	0.05	1.37	22.7	45.0	0.57
	65	1.36	59.0	72.9	0.24	1.31	25.2	35.7	0.78
	75	1.26	60.1	60.4	0.33	1.25	27.8	28.5	0.77
Ordos – 4 煤样	35	1.94	43.1	88.5	0.29	1.75	22.3	71.5	0.55
	45	1.65	45.8	72.1	0.21	1.54	24.6	57.2	0.30
	55	1.45	47.1	59.6	0.06	1.39	27.1	45.8	0.07
	65	1.32	48.4	49.3	0.16	1.28	29.2	37.1	0.19
	75	1.23	49.7	40.7	0.31	1.21	31.6	29.9	0.40

基于这些特征参数,计算了甲烷在活性炭和这四个煤样上的吸附量,并与实验测量值进行了比较,如图 2 – 4 至图 2 – 13 所示。可以观察到,理论计算值与实验测量值的平均相对误差均小于 0.90%,这表明简化局部密度理论能有效表征甲烷在碳基吸附剂上的吸附特征。

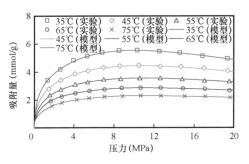

图 2 – 4 甲烷在干燥 Filtrasorb 400
活性炭上的吸附

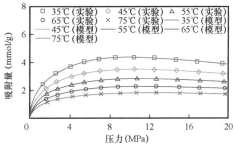

图 2 – 5 甲烷在湿润 Filtrasorb 400
活性炭上的吸附

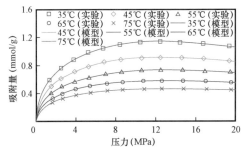

图 2 – 6 甲烷在干燥 BWBC 煤样上的吸附

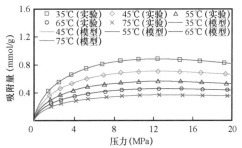

图 2 – 7 甲烷在湿润 BWBC 煤样上的吸附

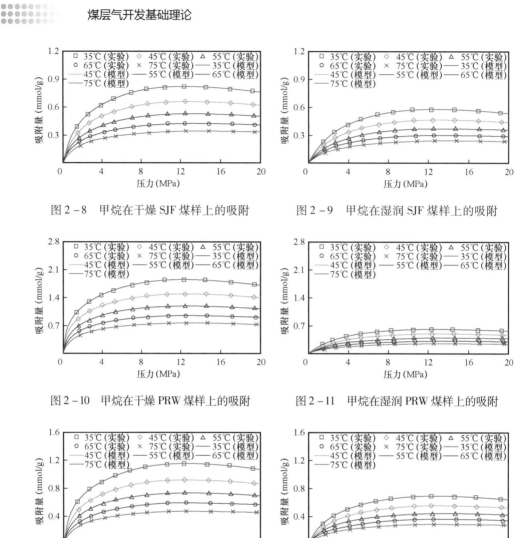

图 2-8　甲烷在干燥 SJF 煤样上的吸附　　图 2-9　甲烷在湿润 SJF 煤样上的吸附

图 2-10　甲烷在干燥 PRW 煤样上的吸附　　图 2-11　甲烷在湿润 PRW 煤样上的吸附

图 2-12　甲烷在干燥 Ordos-4 煤样上的吸附　　图 2-13　甲烷在湿润 Ordos-4 煤样上的吸附

第 3 节　煤储层多组分气体竞争吸附特征

一、多组分气体竞争吸附模型

在单相流体状态方程中引入适当的流体混合规则可描述混合物的流流相互作用,通过势能函数可描述各吸附质分子与吸附剂分子的流固相互作用,结合各组分的吸附平衡准则、体相和吸附相的摩尔分数守恒方程,可将上述单组分吸附扩展到多组分吸附领域[31]。

对于多组分气体在煤岩上的吸附,吸附质与吸附质的相互作用变得更加复杂。为了描述多组分气体间的流流相互作用,将流体混合规则代入流体状态方程来计算多组分气体的体相密度、体相逸度和吸附相逸度。与纯组分流体类似,可将 PTV 状态方程表征为逸度的形式,如式(2-32)和式(2-33)所示。

$$
\ln\frac{f_i^{\text{bulk}}}{x_i p} = \frac{\overline{b}_i^{\text{bulk}}\rho_{\text{bulk}}}{1 - b_{\text{bulk}}\rho_{\text{bulk}}} - \ln\left(\frac{p}{RT\rho_{\text{bulk}}} - \frac{pb_{\text{bulk}}}{RT}\right) + \frac{a_{\text{bulk}}/(RT)}{\sqrt{b_{\text{bulk}}^2 + 6b_{\text{bulk}}c_{\text{bulk}} + c_{\text{bulk}}^2}}
$$

$$
\times\left[\frac{\overline{a}_i^{\text{bulk}}}{a_{\text{bulk}}} + 1 - \frac{b_{\text{bulk}}\,\overline{b}_i^{\text{bulk}} + 3b_{\text{bulk}}\,\overline{c}_i^{\text{bulk}} + 3\overline{b}_i^{\text{bulk}}c_{\text{bulk}} + c_{\text{bulk}}\,\overline{c}_i^{\text{bulk}}}{b_{\text{bulk}}^2 + 6b_{\text{bulk}}c_{\text{bulk}} + c_{\text{bulk}}^2}\right]
$$

$$
\times\ln\left[\frac{2 + \rho_{\text{bulk}}(b_{\text{bulk}} + c_{\text{bulk}} - \sqrt{b_{\text{bulk}}^2 + 6b_{\text{bulk}}c_{\text{bulk}} + c_{\text{bulk}}^2})}{2 + \rho_{\text{bulk}}(b_{\text{bulk}} + c_{\text{bulk}} + \sqrt{b_{\text{bulk}}^2 + 6b_{\text{bulk}}c_{\text{bulk}} + c_{\text{bulk}}^2})}\right]
$$

$$
+\left[\frac{p}{RT\rho_{\text{bulk}}}\frac{b_{\text{bulk}}\,\overline{b}_i^{\text{bulk}} + 3b_{\text{bulk}}\,\overline{c}_i^{\text{bulk}} + 3\overline{b}_i^{\text{bulk}}c_{\text{bulk}} + c_{\text{bulk}}\,\overline{c}_i^{\text{bulk}}}{b_{\text{bulk}}^2 + 6b_{\text{bulk}}c_{\text{bulk}} + c_{\text{bulk}}^2}\right.
$$

$$
\left.+ \frac{(-b_{\text{bulk}} + c_{\text{bulk}})(\overline{b}_i^{\text{bulk}}c_{\text{bulk}} - b_{\text{bulk}}\,\overline{c}_i^{\text{bulk}})}{b_{\text{bulk}}^2 + 6b_{\text{bulk}}c_{\text{bulk}} + c_{\text{bulk}}^2}\right]\left(1 - \frac{1}{\dfrac{p}{RT\rho_{\text{bulk}}} - \dfrac{pb_{\text{bulk}}}{RT}}\right) \quad (2-32)
$$

$$
\ln\frac{f_i^{\text{ads}}(z)}{y_i(z)p} = \frac{\overline{b}_i^{\text{ads}}\rho_{\text{ads}}(z)}{1 - b_{\text{ads}}\rho_{\text{ads}}(z)} - \ln\left[\frac{p}{RT\rho_{\text{ads}}(z)} - \frac{pb_{\text{ads}}}{RT}\right] + \frac{a_{\text{ads}}(z)/(RT)}{\sqrt{b_{\text{ads}}^2 + 6b_{\text{ads}}c_{\text{ads}} + c_{\text{ads}}^2}}
$$

$$
\times\left[\frac{\overline{a}_i^{\text{ads}}(z)}{a_{\text{ads}}(z)} + 1 - \frac{b_{\text{ads}}\,\overline{b}_i^{\text{ads}} + 3b_{\text{ads}}\,\overline{c}_i^{\text{ads}} + 3\overline{b}_i^{\text{ads}}c_{\text{ads}} + c_{\text{ads}}\,\overline{c}_i^{\text{ads}}}{b_{\text{ads}}^2 + 6b_{\text{ads}}c_{\text{ads}} + c_{\text{ads}}^2}\right]
$$

$$
\times\ln\left[\frac{2 + \rho_{\text{ads}}(z)(b_{\text{ads}} + c_{\text{ads}} - \sqrt{b_{\text{ads}}^2 + 6b_{\text{ads}}c_{\text{ads}} + c_{\text{ads}}^2})}{2 + \rho_{\text{ads}}(z)(b_{\text{ads}} + c_{\text{ads}} - \sqrt{b_{\text{ads}}^2 + 6b_{\text{ads}}c_{\text{ads}} + c_{\text{ads}}^2})}\right]
$$

$$
+\left[\frac{p}{RT\rho_{\text{ads}}(z)}\frac{b_{\text{ads}}\,\overline{b}_i^{\text{ads}} + 3b_{\text{ads}}\,\overline{c}_i^{\text{ads}} + 3\overline{b}_i^{\text{ads}}c_{\text{ads}} + c_{\text{ads}}\,\overline{c}_i^{\text{ads}}}{b_{\text{ads}}^2 + 6b_{\text{ads}}c_{\text{ads}} + c_{\text{ads}}^2}\right.
$$

$$
\left.+ \frac{(-b_{\text{ads}} + c_{\text{ads}})(\overline{b}_i^{\text{ads}}c_{\text{ads}} - b_{\text{ads}}\,\overline{c}_i^{\text{ads}})}{b_{\text{ads}}^2 + 6b_{\text{ads}}c_{\text{ads}} + c_{\text{ads}}^2}\right]\left(1 - \frac{1}{\dfrac{p}{RT\rho_{\text{ads}}(z)} - \dfrac{pb_{\text{ads}}}{RT}}\right) \quad (2-33)
$$

其中,

$$
\overline{a}_i^{\text{bulk}} = \left(\frac{\partial na_{\text{bulk}}}{\partial n_i}\right)_{\theta, V, n_j} \quad (2-34)
$$

$$
\overline{b}_i^{\text{bulk}} = \left(\frac{\partial nb_{\text{bulk}}}{\partial n_i}\right)_{\theta, V, n_j} \quad (2-35)
$$

$$
\overline{c}_i^{\text{bulk}} = \left(\frac{\partial nc_{\text{bulk}}}{\partial n_i}\right)_{\theta, V, n_j} \quad (2-36)
$$

$$\bar{a}_i^{\text{ads}}(z) = \left[\frac{\partial n a_{\text{ads}}(z)}{\partial n_i}\right]_{\theta, V, n_j} \tag{2-37}$$

$$\bar{b}_i^{\text{ads}} = \left(\frac{\partial n b_{\text{ads}}}{\partial n_i}\right)_{\theta, V, n_j} \tag{2-38}$$

$$\bar{c}_i^{\text{ads}} = \left(\frac{\partial n c_{\text{ads}}}{\partial n_i}\right)_{\theta, V, n_j} \tag{2-39}$$

其中, a_{bulk}、$a_{\text{ads}}(z)$ 是通过二次混合规则(Quadratic Mixing Rules)确定的,而 b_{bulk}、b_{ads}、c_{bulk} 和 c_{ads} 是通过线性混合规则(Linear Mixing Rules)确定的。

$$a_{\text{bulk}} = \sum_i \sum_j x_i x_j a_{ij}^{\text{bulk}} \tag{2-40}$$

$$a_{\text{ads}}(z) = \sum_i \sum_j y_i(z) y_j(z) a_{ij}^{\text{ads}}(z) \tag{2-41}$$

$$b_{\text{bulk}} = \sum_i x_i b_i^{\text{bulk}} \tag{2-42}$$

$$b_{\text{ads}} = \sum_i y_i(z) b_i^{\text{ads}} \tag{2-43}$$

$$c_{\text{bulk}} = \sum_i x_i c_i^{\text{bulk}} \tag{2-44}$$

$$c_{\text{ads}} = \sum_i y_i(z) c_i^{\text{ads}} \tag{2-45}$$

其中, a_{ij}^{bulk} 和 $a_{ij}^{\text{ads}}(z)$ 取几何平均值。特别地,对于甲烷—水二元混合物来说,由于其非对称、具有极性,计算过程中还需引入二元相互作用参数(Binary Interaction Parameter),根据 Chapoy 等[32]的研究, C_{BIP} 取 0.5044。

$$a_{ij}^{\text{bulk}} = \sqrt{a_i^{\text{bulk}} \times a_j^{\text{bulk}}}\,(1 - C_{\text{BIP}}) \tag{2-46}$$

$$a_{ij}^{\text{ads}}(z) = \sqrt{a_i^{\text{ads}}(z) \times a_j^{\text{ads}}(z)}\,(1 - C_{\text{BIP}}) \tag{2-47}$$

式中 f_i^{bulk} ——体相中组分 i 的逸度,Pa;

$f_i^{\text{ads}}(z)$ ——吸附相中组分 i 在 z 位置上的逸度,Pa;

x_i ——体相中组分 i 的摩尔分数;

x_j ——体相中组分 j 的摩尔分数;

$y_i(z)$ ——吸附相中组分 i 在 z 位置上的摩尔分数;

$y_j(z)$ ——吸附相中组分 j 在 z 位置上的摩尔分数;

a_i^{bulk} ——体相中组分 i 的引力参数,$J \cdot m^3/mol^2$;

$a_i^{\text{ads}}(z)$ ——吸附相中组分 i 在 z 位置上的引力参数,$J \cdot m^3/mol^2$;

b_i^{bulk} ——体相中组分 i 的斥力参数,m^3/mol;

b_i^{ads} ——吸附相中组分 i 的斥力参数,m^3/mol;

c_i^{bulk} ——体相中组分 i 的极性参数,m^3/mol;

c_i^{ads} ——吸附相中组分 i 的极性参数, $\mathrm{m^3/mol}$;

a_{ij}^{bulk} ——计算体相中引力参数的交叉系数, $\mathrm{J \cdot m^3/mol^2}$;

$a_{ij}^{\mathrm{ads}}(z)$ ——计算吸附相中引力参数的交叉系数, $\mathrm{J \cdot m^3/mol^2}$;

C_{BIP} ——二元相互作用参数。

混合物的各组分都需满足吸附平衡准则。

$$f_i^{\mathrm{ads}}(z) = f_i^{\mathrm{bulk}} \exp\left[-\frac{\varPsi_i^{\mathrm{fs}}(z) + \varPsi_i^{\mathrm{fs}}(L_{\mathrm{s}} - z)}{k_{\mathrm{B}} T} \right] \qquad (2-48)$$

另外,体相和吸附相都需满足摩尔分数约束条件。

$$\sum x_i = 1 \qquad (2-49)$$

$$\sum y_i = 1 \qquad (2-50)$$

混合物的过剩吸附量可表征如下。

$$n^{\mathrm{Gibbs}} = \sum n_i^{\mathrm{Gibbs}} \qquad (2-51)$$

其中,

$$n_i^{\mathrm{Gibbs}} = \frac{A_i}{2} \int_{\frac{3}{8} d_i^{\mathrm{ff}}}^{W-\frac{3}{8} d_i^{\mathrm{ff}}} \left[\rho_{\mathrm{ads}}(z) y_i(z) - \rho_{\mathrm{bulk}} x_i \right] \mathrm{d}z \qquad (2-52)$$

二、注 CO_2 提高煤层气采收率技术模拟

本章选取了 Law 等[33] 的实例来测试该模拟器的性能,其描述了注二氧化碳提高煤层气采收率的过程,广泛用于各种煤储层模拟器的比较。该实例假设煤层等厚、均质、各向同性,未考虑注入气和煤层之间的温度差异和热交换,煤层性质见表 2-15,煤岩性质见表 2-16。

表 2-15 煤层性质

A_{c} ($\mathrm{m^2}$)	t_{c} (m)	K_i (mD)	ϕ_i	$T(\mathrm{℃})$	p_{inj} (MPa)	p_{pro} (MPa)	ρ_{c} ($\mathrm{kg/m^3}$)	ρ_{water} ($\mathrm{kg/m^3}$)	S_{water}	$S_{\mathrm{CH_4}}$
647497	9	3.65	0.001	45	12.5	0.275	1434	990	0.592	0.408

表 2-16 煤岩性质

$L_{\mathrm{s}}(\mathrm{nm})$	$\varepsilon_{\mathrm{ss}}/k_{\mathrm{B}}(\mathrm{K})$	$A_{\mathrm{CH_4}}(\mathrm{m^2/g})$	$A_{\mathrm{CO_2}}(\mathrm{m^2/g})$	$E(\mathrm{MPa})$	v	$K_{\mathrm{ss}}(\mathrm{MPa})$	$C_{\mathrm{f}}(\mathrm{MPa^{-1}})$
2.63	16.7	46.4	70.2	3450	0.37	1295	0.145

该实例为反五点井网注采系统,注入井定井底流压注气,生产井定井底流压采气,井底流压分别为 12.5MPa 和 0.275MPa,整个渗流场均匀对称,取井网的四分之一进行模拟,并将其划分为 $11 \times 11 \times 1$ 的网格,如图 2-14 所示。

利用 TOUGH2 模拟器的 EOS7C - ECBM 模块对该过程进行了模拟,注气开发 30d、60d、

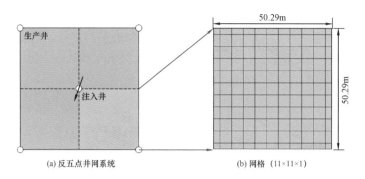

图 2 – 14　实例所用的井网和网格示意图

90d 后,煤层中二氧化碳的摩尔分数分布情况如图 2 – 15 所示。可以观察到,注气 90d 后整个井网范围内的甲烷几乎被完全采出,这与 Law 等通过其他煤储层模拟器得到的结果基本一致(图 2 – 16 至图 2 – 19),这表明 TOUGH2 与 GEM、ECLIPSE、COMET2、SIMED Ⅱ 等煤储层模拟器性能相当。

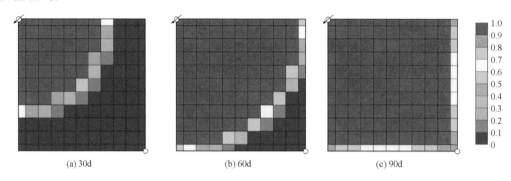

图 2 – 15　TOUGH2 模拟器对二氧化碳摩尔分数分布的预测结果

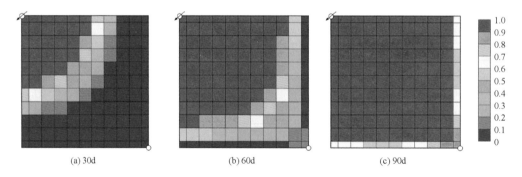

图 2 – 16　GEM 模拟器对二氧化碳摩尔分数分布的预测结果

　　由于煤岩对二氧化碳的吸附性强于甲烷,将二氧化碳注入煤层中既能将其封存于煤层中,减少大气中的温室气体含量,又能将甲烷置换出来,提高煤层气采收率[34]。然而,单位质量煤样对二氧化碳的摩尔吸附量通常是甲烷的数倍,该过程中煤岩基质将发生膨胀,导致裂隙收缩甚至闭合,显著降低二氧化碳的注入效率,大大限制了这项技术的推广应用[35]。

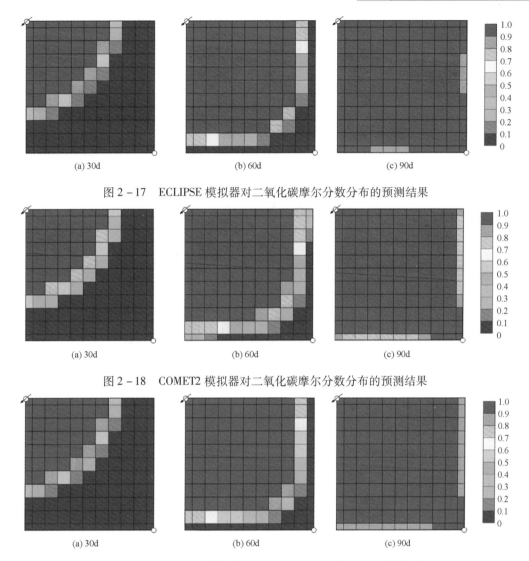

(a) 30d　　　　　　　(b) 60d　　　　　　　(c) 90d

图 2 - 17　ECLIPSE 模拟器对二氧化碳摩尔分数分布的预测结果

(a) 30d　　　　　　　(b) 60d　　　　　　　(c) 90d

图 2 - 18　COMET2 模拟器对二氧化碳摩尔分数分布的预测结果

(a) 30d　　　　　　　(b) 60d　　　　　　　(c) 90d

图 2 - 19　SIMED Ⅱ 模拟器对二氧化碳摩尔分数分布的预测结果

　　实际上,上述模拟器并未考虑二氧化碳和甲烷的吸附性差异引起的煤岩变形和渗透率变化。为了更好描述注二氧化碳提高煤层气采收率过程中的煤岩变形和渗透率变化,本章在 TOUGH2 模拟器的 EOS7C - ECBM 模块中增加了一个子程序,可选用 PTV 状态方程来计算流体的热力学性质,可选用 SLD 吸附理论来计算煤层气体的吸附,可选用煤岩应变模型来计算生产过程中的煤岩变形,可选用 S&D、C&B、P&M、改进 P&M 和 W&Z 渗透率模型来计算生产过程中的渗透率变化,可选用气体吸附/解吸—煤岩变形—渗透率变化的耦合模型定量描述煤层气生产过程中气体解吸、煤岩变形和渗透率变化等物理过程的相互影响。

　　基于修正的 EOS7C - ECBM 模块,开展了注二氧化碳提高煤层气采收率的数值模拟,仍采用表 2 - 15 和表 2 - 16 所示的煤层条件和煤岩性质。注气开发 30d、60d、90d、180d、360d 和 1800d 后,煤层中的二氧化碳摩尔分数分布和压力分布分别如图 2 - 20 和图 2 - 21 所示。可以观察到,考虑甲烷和二氧化碳吸附性的差异后,注气生产 90d 的采收率仅为 24% ,大约需要 1800d 才能将整个井网范围内的甲烷全部采出,甚至慢于排水降压开采,这主要是由于二氧化碳置换出甲烷并吸附在煤岩上,将导致煤岩基质膨胀,尽管膨胀增量有限,但由于裂隙开度本身较窄,裂隙很容易收缩甚至闭合,从而显著抑制二氧化碳的注入效率,大大限制了该技术的推广应用。

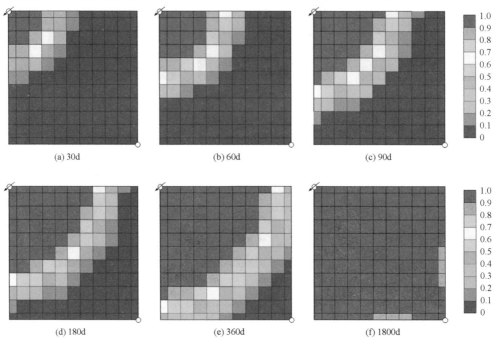

图 2-20 修正 TOUGH2 模拟器对二氧化碳摩尔分数分布的预测结果

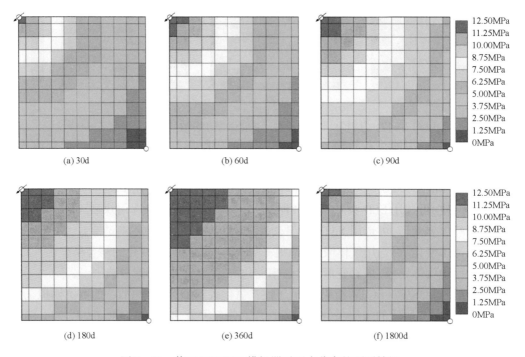

图 2-21 修正 TOUGH2 模拟器对压力分布的预测结果

将耦合模型整合到非饱和地下水流及热流传输模拟器后,增加了其描述煤岩变形和渗透率变化的功能,能更真实、准确地反映排水降压生产和注二氧化碳提高煤层气采收率过程中的煤岩变形和渗透率变化,有利于指导注采制度的优化和该技术的改进。

第4节 煤储层气水竞争吸附与赋存特征

一、超临界甲烷—液态水竞争吸附模型

1. 水相吸附的 SLD 理论修正

根据许多学者[36]的研究,水分子中的氧原子与两个氢原子通过共用电子对形成稳定的分子结构,共用电子对靠近氧原子一侧,在氧原子附近形成负电荷中心,而氢原子附近形成正电荷中心。在水分子的这种极性作用下,当其与电负性大、半径小的原子接近时,易发生电荷相吸现象,产生一种相互连接的作用力,称为氢键。因此,对于水相在碳基吸附剂上的吸附,除了色散作用,还需额外考虑水分子间及其与吸附剂表面官能团的氢键[37],如图 2 – 22 所示。

为了更好地揭示水相吸附机理,根据水分子的附着特点,将其划分为一次吸附和二次吸附。一方面,水分子主要通过氢键附着在吸附剂表面官能团

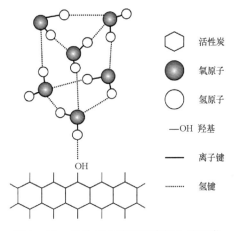

	活性炭
⬤	氧原子
◯	氢原子
—OH	羟基
——	离子键
⋯⋯	氢键

图 2 – 22 水分子在碳基吸附剂上的吸附

上,称为一次吸附。基于此对 Lennard – Jones 势能函数进行修正以表征水分子与壁面的流固相互作用,如式(2 – 53)所示。

$$\Psi_{fs}(z) = 4\pi\rho_{atoms}d_{fs}^2\varepsilon_{fs}\left\{\frac{1}{5}\left(\frac{d_{fs}}{z'}\right)^{10} - \frac{1}{2}\sum_{i=1}^{4}\left[\frac{d_{fs}}{z' + (i-1)d_{ss}}\right]^4\right\} + \Psi_{HB} \qquad (2-53)$$

式中　Ψ_{HB}——水分子与碳基吸附剂表面官能团的氢键势能,取 1.242×10^{-21} J。

另一方面,由于水分子的偶极矩较大,将会在氢键的作用下缔结在一起,形成水分子簇,称为二次吸附。对于二次吸附,通过 PTV 状态方程可有效表征其流流相互作用,而此时水分子与吸附剂表面官能团间并不存在氢键,仍用式(2 – 26)来表征流固相互作用。

实际上,SLD 理论假定了所有的水分子都附着在吸附剂表面,在含水率较高的情况下将拟合得到异常大的水相吸附面积。为了更好地揭示水相吸附机理,将"最小能值"的概念引入水相吸附模型中,认为系统能量最小时最稳定,从而实现了两种水相吸附机理的区分。

$$A_s = A_{water}^{s1} + A_{water}^{s2} \qquad (2-54)$$

$$E_p = 2 \times \mu_{water}^1\left(\frac{3d_{ff}}{8}\right)\rho\left(\frac{3d_{ff}}{8}\right)A_{water}^{s1} + \int_{\frac{3d_{ff}}{8}}^{L_s-\frac{3d_{ff}}{8}}\mu_{water}^2(z)\rho(z)A_{water}^{s2}dz \qquad (2-55)$$

式中　A_{water}^{s1} ——水分子在吸附剂表面位点上一次吸附的表面积,m^2/kg;

　　　A_{water}^{s2} ——水分子在水分子簇上二次吸附的表面积,m^2/kg;

　　　E_p ——系统的总势能,J;

　　　$\mu_{water}^1(3d_{ff}/8)$ ——水相在左壁面一次吸附引起的化学势,J/mol;

　　　$\mu_{water}^2(z)$ ——z 位置上水相二次吸附引起的化学势,J/mol。

2. 超临界甲烷—液态水竞争吸附模型

与纯组分流体类似,各组分与壁面的流固相互作用都是通过 Lennard – Jones 势能函数计算得到的。特别地,对于水分子的吸附,需结合"最小能值"概念实现两种水相吸附的划分;对于水相一次吸附,还需额外考虑其与吸附剂表面官能团的氢键。

$$\Psi_{CH_4}^{fs}(z) = 4\pi\rho_{atoms}\,(d_{CH_4}^{fs})^2\varepsilon_{CH_4}\left\{\frac{1}{5}\left(\frac{d_{CH_4}^{fs}}{z'}\right)^{10} - \frac{1}{2}\sum_{i=1}^{4}\left[\frac{d_{CH_4}^{fs}}{z'+(i-1)d_{ss}}\right]^4\right\} \quad (2-56)$$

$$\Psi_{water}^{fs1}(z) = 4\pi\rho_{atoms}\,(d_{water}^{fs})^2\varepsilon_{water}\left\{\frac{1}{5}\left(\frac{d_{water}^{fs}}{z'}\right)^{10} - \frac{1}{2}\sum_{i=1}^{4}\left[\frac{d_{water}^{fs}}{z'+(i-1)d_{ss}}\right]^4\right\}+\psi_{HB} \quad (2-57)$$

$$\Psi_{water}^{fs2}(z) = 4\pi\rho_{atoms}\,(d_{water}^{fs})^2\varepsilon_{water}\left\{\frac{1}{5}\left(\frac{d_{water}^{fs}}{z'}\right)^{10} - \frac{1}{2}\sum_{i=1}^{4}\left[\frac{d_{water}^{fs}}{z'+(i-1)d_{ss}}\right]^4\right\} \quad (2-58)$$

其中,

$$\varepsilon_{CH_4}^{fs} = \sqrt{\varepsilon_{CH_4}^{ff}\times\varepsilon_{ss}} \quad (2-59)$$

$$\varepsilon_{water}^{fs} = \sqrt{\varepsilon_{water}^{ff}\times\varepsilon_{ss}} \quad (2-60)$$

$$d_{CH_4}^{fs} = \frac{d_{CH_4}^{ff} + d_{ss}}{2} \quad (2-61)$$

$$d_{water}^{fs} = \frac{d_{water}^{ff} + d_{ss}}{2} \quad (2-62)$$

式中　$\Psi_{CH_4}^{fs}(z)$ ——z 位置上的甲烷分子与左壁面的相互作用势能,J;

　　　$\Psi_{water}^{fs1}(z)$ ——一次吸附的水分子与左壁面的相互作用势能,J;

　　　$\Psi_{water}^{fs2}(z)$ ——二次吸附的水分子与左壁面的相互作用势能,J;

　　　$\varepsilon_{CH_4}^{fs}$ ——甲烷分子与壁面的流固相互作用参数,J;

　　　ε_{water}^{fs} ——水分子与壁面的流固相互作用参数,J;

　　　$\varepsilon_{CH_4}^{ff}$ ——甲烷分子间的流流相互作用势能,J;

　　　ε_{water}^{ff} ——水分子间的流流相互作用势能,J;

　　　$d_{CH_4}^{fs}$ ——甲烷分子与碳原子的流固分子碰撞直径,m;

　　　$d_{CH_4}^{ff}$ ——甲烷分子直径,m;

　　　d_{water}^{fs} ——水分子与碳原子的流固分子碰撞直径,m;

　　　d_{water}^{ff} ——水分子直径,m。

对于甲烷—水混合物来说,各组分的过剩吸附量如式(2-63)和式(2-64)所示。

$$n_{CH_4}^{Gibbs} = \frac{A_{CH_4}^s}{2}\int_{\frac{3}{8}d_{CH_4}^{ff}}^{L_s-\frac{3}{8}d_{CH_4}^{ff}}\left[\rho_{ads}(z)y_{CH_4}(z) - \rho_{bulk}x_{CH_4}\right]\mathrm{d}z \quad (2-63)$$

$$n_{\text{water}}^{\text{Gibbs}} = \frac{A_{\text{water}}^{\text{s1}}}{2}\left[\rho_{\text{ads}}\left(\frac{3d_{\text{ff}}}{8}\right)y_{\text{water}}\left(\frac{3d_{\text{ff}}}{8}\right) - \rho_{\text{bulk}}x_{\text{water}}\right] + \frac{A_{\text{water}}^{\text{s2}}}{2}\int_{\frac{3}{8}d_{\text{water}}^{\text{ff}}}^{L_{\text{s}}-\frac{3}{8}d_{\text{water}}^{\text{ff}}}\left[\rho_{\text{ads}}(z)y_{\text{water}}(z) - \rho_{\text{bulk}}x_{\text{water}}\right]dz$$

$$(2-64)$$

式中 $A_{\text{CH}_4}^{\text{s}}$ ——甲烷吸附的表面积,m^2/kg;

$n_{\text{water}}^{\text{Gibbs}}$ ——水相组分的吸附量,mol/kg。

3. 模型求解

超临界甲烷—液态水竞争吸附模型的具体求解流程如图 2 – 23 所示。首先,输入系统的压力和温度、混合物的物理性质、SLD 吸附理论特征参数,分别计算甲烷和水的体相密度,结合

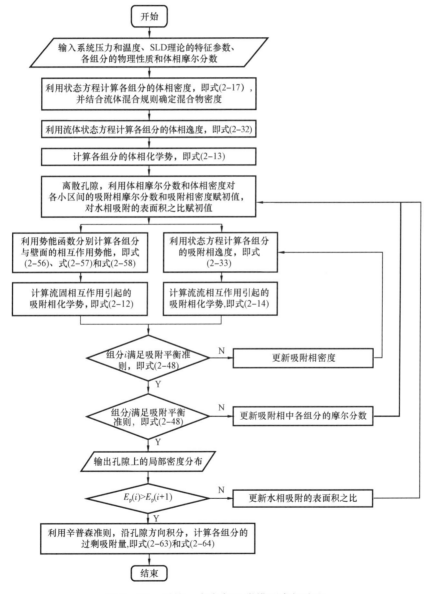

图 2 – 23 甲烷—水竞争吸附模型求解流程

体相摩尔分数守恒方程计算混合物的体相密度、各组分的体相逸度和体相化学势。其次,将狭缝型孔隙离散为 n 个小区间,利用各组分的体相摩尔分数和第一步得到的体相密度对各小区间上的吸附相摩尔分数和吸附相密度赋初值,并对水相吸附的两个表面积之比赋初值,计算各组分的流流相互作用和流固相互作用引起的化学势。再次,迭代吸附相密度和吸附相摩尔分数,同时用吸附相摩尔分数守恒方程进行约束,直至甲烷和水均满足吸附平衡准则。最后,输出吸附相密度和各组分的吸附相摩尔分数在孔隙上的分布,迭代水相吸附的两个表面积之比直至系统总势能最小,并利用辛普森准则计算各组分的过剩吸附量。

4. 模型应用

通过 SLD 理论预测甲烷—水混合物在活性炭或煤样上的吸附之前,需要确定模型中的特征参数,包括:吸附剂的狭缝宽度、固固相互作用势能参数,甲烷的表面积,水相吸附的一级和二级表面积。为减少回归的参数量,吸附剂的狭缝宽度、固固相互作用势能参数、甲烷的表面积都取自第 2 章第 3 节中干燥样品吸附甲烷的拟合结果。同时假定体相混合物中水蒸气的摩尔分数为 1%,结合第 2 章第 2 节新测的实验数据,回归得到了水相吸附的两个表面积,见表 2 - 17。基于这些特征参数,计算了甲烷—水混合物在活性炭和这四个煤样上的吸附量,如图 2 - 24 至图 2 - 28 所示。

表 2 - 17　活性炭和煤样吸附甲烷—水混合物的 SLD 拟合结果

吸附剂	T （℃）	L_s （nm）	ε_{ss}/k_B （K）	$A^s_{CH_4}$ （m²/g）	A^{s1}_{water} （m²/g）	A^{s2}_{water} （m²/g）	误差 （%）
Filtrasorb 400 活性炭	35	1.31	55.5	395.2	265.50	20.52	0.37
	45	1.26	62.0	315.5	211.96	16.38	0.07
	55	1.20	65.9	256.9	172.59	13.34	0.02
	65	1.18	73.9	204.0	137.05	10.59	0.23
	75	1.13	76.9	167.1	112.26	8.67	0.23
BWBC 煤样	35	1.82	40.0	90.4	70.84	6.40	0.21
	45	1.55	42.2	74.0	57.99	5.24	0.06
	55	1.48	44.3	60.5	47.41	4.28	0.02
	65	1.34	47.8	48.9	38.32	3.46	0.22
	75	1.24	51.6	39.5	30.95	2.80	0.33
SJF 煤样	35	1.69	29.7	74.2	128.74	30.72	0.08
	45	1.57	33.2	59.1	102.54	24.47	0.02
	55	1.46	37.0	47.0	81.55	19.46	0.08
	65	1.36	40.0	38.0	65.93	15.73	0.19
	75	1.33	44.1	30.3	52.57	12.54	0.14
PRW 煤样	35	1.98	56.5	126.9	330.70	640.21	0.41
	45	1.71	59.7	104.3	271.81	526.20	0.02
	55	1.50	59.0	87.3	227.50	440.43	0.15
	65	1.36	59.0	72.9	189.98	367.78	0.51
	75	1.26	60.1	60.4	157.40	304.72	0.57

吸附剂	T （℃）	L_s （nm）	ε_{ss}/k_B （K）	$A_{CH_4}^s$ （m²/g）	A_{water}^{s1} （m²/g）	A_{water}^{s2} （m²/g）	误差 （%）
Ordos - 4 煤样	35	1.94	43.1	88.5	220.75	105.22	0.17
	45	1.65	45.8	72.1	179.84	85.72	0.10
	55	1.45	47.1	59.6	148.66	70.86	0.07
	65	1.32	48.4	49.3	122.97	58.61	0.08
	75	1.23	49.7	40.7	101.52	48.39	0.12

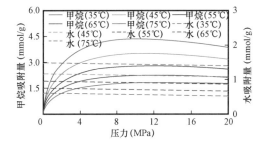

图 2 - 24　甲烷—水混合物在 Filtrasorb 400
活性炭上的吸附

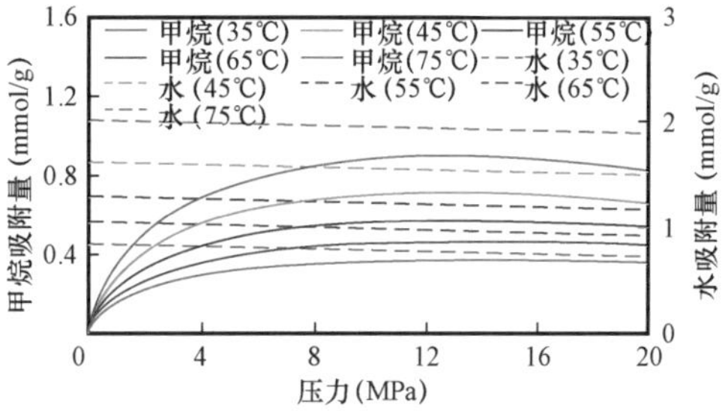

图 2 - 25　甲烷—水混合物在 BWBC 煤样上的吸附

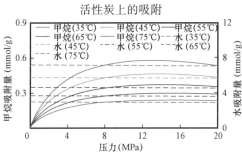

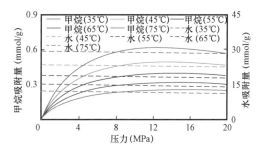

图 2 - 26　甲烷—水混合物在 SJF 煤样上的吸附

图 2 - 27　甲烷—水混合物在 PRW 煤样上的吸附

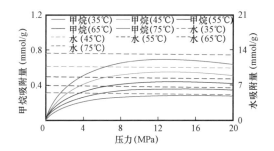

图 2 - 28　甲烷—水混合物在 Ordos - 4 煤样上的吸附

可以观察到,甲烷和水的吸附量均随温度的升高而降低。这是由于温度升高后,吸附平衡将朝着降低系统温度的方向移动,在这过程中将解吸出大量的甲烷和水,直至系统重新达到吸附平衡。

由于在计算甲烷—水混合物吸附量的过程中假设了体相中水蒸气的摩尔分数为1%,随着压力增大,甲烷分压增幅更显著,这将使得甲烷抢夺水分子的部分吸附位点。因此,随系统压力增大,甲烷吸附量增加,而水相吸附量降低。

另外,由于氢键强于色散作用,水分子比甲烷分子更容易附着在吸附剂表面,除了水分很少的个别情况(Filtrasorb 400活性炭),水相吸附量通常大于甲烷吸附量,且二者差异程度与吸附剂湿度呈正相关。

同时,由于水分子与吸附剂表面官能团间的氢键大于水分子间的静电相互作用,水分子主要附着在吸附剂表面官能团上,在吸附剂湿度足够大的情况下,水分子还将相互连接,形成二次吸附。

二、煤储层气水储量计算方法

煤层气体包括吸附气、游离气和溶解气,煤层水包括吸附水和游离水。目前的煤层气储量计算方法[38]主要包括体积法和数值模拟法。体积法是计算煤储层地质储量的基本方法,但当前研究主要针对煤层气体,且忽略了溶解气的存在,如式(2-65)所示。Seidle提出了煤层水的储量计算方法,如式(2-66)所示。

$$G_{CH_4} = G_{CH_4}^{ads} + G_{CH_4}^{free} = A_c t_c \rho_c n_{CH_4}^{Gibbs}(1 - M_A - M_{EMC}) + \frac{pA_c t_c \phi S_{CH_4}}{Z_{CH_4}(p,T)RT} \quad (2-65)$$

$$G_{water} = \frac{A_c t_c \rho_c M_{EMC}}{Mr_{water}} \quad (2-66)$$

式中　G_{CH_4}——甲烷的地质储量,mol;

　　　$G_{CH_4}^{ads}$——吸附态甲烷的地质储量,mol;

　　　$G_{CH_4}^{free}$——游离态甲烷的地质储量,mol;

　　　A_c——煤层面积,m^2;

　　　t_c——煤层厚度,m;

　　　ρ_c——煤岩密度,kg/m^3;

　　　M_A——灰分含量,%;

　　　M_{EMC}——平衡湿度含量,%;

　　　S_{CH_4}——裂隙中甲烷的饱和度;

　　　G_{water}——煤层水的地质储量,mol;

　　　Z_{CH_4}——裂隙中甲烷的压缩因子;

　　　Mr_{water}——水的相对分子量,kg/mol。

本节基于储量计算的体积法,结合超临界甲烷—液态水竞争吸附模型,提出了一种煤储层气水储量计算方法,如式(2-67)和式(2-68)所示。其中,甲烷和水的吸附量是通过超临界甲烷—液态水竞争吸附模型计算得到的,水相密度、甲烷压缩因子和甲烷溶解度是通过 NIST 数据库查询得到的。

$$G_{water} = G_{water}^{ads} + G_{water}^{free} = A_c t_c \rho_c n_{water}^{Gibbs} + \frac{A_c t_c \phi S_{water} \rho_{water}(p,T)}{Mr_{water}} \qquad (2-67)$$

$$G_{CH_4} = G_{CH_4}^{ads} + G_{CH_4}^{free} + G_{CH_4}^{dis}$$

$$= A_c t_c \rho_c n_{CH_4}^{Gibbs} + \frac{p A_c t_c \phi S_{CH_4}}{Z_{CH_4}(p,T)RT} + A_c t_c \phi S_{water} \rho_{water}(p,T) s_{CH_4}(p,T) \qquad (2-68)$$

式中　G_{water}——煤层水的地质储量,mol;

　　　G_{water}^{ads}——吸附态水的地质储量,mol;

　　　G_{water}^{free}——游离态水的地质储量,mol;

　　　ρ_{water}——水的密度,kg/m^3;

　　　$G_{CH_4}^{dis}$——溶解态甲烷的地质储量,mol;

　　　s_{CH_4}——甲烷的溶解度。

为了验证上述储量计算方法的可靠性,选取 Law 等的实例进行验证,并与各种油藏模拟器和 Seidle 的计算结果进行比较。

该实例的煤层性质见表 2-18,煤岩性质见表 2-19,原始地质储量预测结果见表 2-20。需要说明的是,本章中煤岩的吸附特征参数是通过超临界甲烷—液态水竞争吸附模型重新拟合得到的。

表 2-18　煤层性质

A_c (m^2)	t_c (m)	ϕ_i	T (℃)	p_{pi} (MPa)	ρ_c (kg/m^3)	ρ_{water} (kg/m^3)	S_{water}	S_{CH_4}
647497.0	9	0.001	45	7.65	1434	990	0.592	0.408

表 2-19　煤岩性质

M_A	M_{EMC}	p_L (MPa)	V_L (m^3/t)	L_s (nm)	ε_{ss}/k_B (K)	$A_{CH_4}^s$ (m^2/g)	A_{water}^{s1} (m^2/g)	A_{water}^{s2} (m^2/g)
0.156	0.0672	4.6885	15.2	1.96	16.0	60.6	112.3	29.7

表 2-20　煤层甲烷和水的原始地质储量

模型	G_{CH_4} (10^{7}m^3)	$G_{CH_4}^{ads}$ (10^{7}m^3)	$G_{CH_4}^{free}$ (10^{7}m^3)	$G_{CH_4}^{dis}$ (10^{7}m^3)	G_{water} (10^{8}kg)	G_{water}^{ads} (10^{8}kg)	G_{water}^{free} (10^{8}kg)
GEM	6.1681						
ECLIPSE	6.1233						
COMET2	6.1290						
SIMED II	6.1340						
GCOMP	6.0315						
Seidle	6.1165	6.0995	0.0169		13.0363		
本方法	6.1170	6.0995	0.0169	0.0005	9.5426	9.5083	0.0343

可以观察到,本章预测的甲烷地质储量与各煤储层模拟器的预测结果基本一致,煤层水地质储量与 Seidle 的预测结果处于同一数量级,这验证了该储量计算方法的可靠性。另外,本章提出的方法对不同赋存状态的甲烷和水进行了区分,丰富和发展了煤储层地质储量预测方法,能够有效指导煤层气排采设计。

参 考 文 献

[1] Seidle J. Fundamentals of coalbed methane reservoir engineering[M]. Tulsa:PennWell Corp,2011.

[2] 张群,桑树勋. 煤层吸附特征及储气机理[M]. 北京:科学出版社,2013.

[3] 陈振宏,邓泽,李贵中,等. 煤层气等温吸附/解吸模拟实验技术新进展与应用[J]. 中国石油勘探,2014,19(3):95 − 100.

[4] Daines M E. Apparatus for the determination of methane sorption on coal at high pressures by a weighting method [J]. Journal of Rock Mechanics and Mining Science,1968,5(4):315 − 323.

[5] Ruppel T C,Grein C T,Bienstrock D. Adsorption of methane on dry coal at elevated pressure[J]. Fuel,1974,53(3):152 − 162.

[6] Langmuir I. The adsorption of gases on plane surfaces of glass,mica and platinum[J]. Journal of the American Chemical Society,1918,40(9):1361 − 1403.

[7] Markham E C,Benton A F. The adsorption of gas mixtures by silica[J]. Journal of the American Chemical Society,1931,53(2):497 − 507.

[8] Brunauer S,Emmett P H,Teller E. Adsorption of gases in multimolecular layers[J]. Journal of the American Chemical Society,1938,60(2):309 − 319.

[9] Myers A L,Prausnitz J M. Thermodynamics of mixed − gas adsorption[J]. AIChE Journal,1965,11(1):121 − 127.

[10] Stevenson M D,Pinczewski W V,Somers M L,et al. SPE Asia − Pacific Conference[C]. Perth,Australia:Society of Petroleum Engineers,1991:741 − 755.

[11] Polanyi M. Theories of the adsorption of gases:A general survey and some additional remarks[J]. Transactions of the Faraday Society,1932,28(2):316 − 333.

[12] Dubinin M M,Astakhov V A. Description of adsorption equilibria of vapors on zeolites over wide ranges of temperature and pressure[J]. Advances in Chemistry Series,1971,102(2):69 − 85.

[13] Ono S,Kondo S. Molecular theory of surface tension in liquids[M]. Berlin:Springer,1960.

[14] Sudibandriyo M,Mohammad S A,Robinson R L,et al. Ono − Kondo lattice model for high − pressure adsorption:Pure gases[J]. Fluid Phase Equilibria,2010,299(2):238 − 251.

[15] De Boer J H. The dynamical character of adsorption[M]. London:Oxford University Press,1953.

[16] Hill T L. Theory of multimolecular adsorption from a mixture of gases[J]. The Journal of Chemical Physics,1946,14(4):268 − 275.

[17] Hoory S E,Prausnitz J M. Monolayer adsorption of gas mixtures on homogeneous and heterogeneous solids[J]. Chemical Engineering Science,1967,22(7):1025 − 1033.

[18] DeGance A E. Multicomponent high − pressure adsorption equilibria on carbon substrates:Theory and data[J]. Fluid Phase Equilibria,1992,78(2):99 − 137.

[19] Rangarajan B,Lira C T,Subramanian R. Simplified local density model for adsorption over large pressure ranges [J]. AIChE Journal,1995,41(4):838 − 845.

[20] 曾泉树. 深煤层产气机理实验与模型研究[D]. 北京:中国石油大学(北京),2017.

［21］Zeng Q S,Wang Z M,Brian McPherson,et al. Theoretical approach to model gas adsorption/desorption and the induced coal deformation and permeability change［J］. Energy & Fuels. 2017,31(8):7982 – 7994.

［22］Zeng Q S,Wang Z M,Brian McPherson,et al. Modeling competitive adsorption between methane and water on coals［J］. Energy & Fuels. 2017,31(10):10775 – 10786.

［23］Zeng Q S,Wang Z M,Liu L Q,et al. Modeling CH_4 displacement by CO_2 in deformed coalbed during enhanced coalbed methane recovery［J］. Energy & Fuels. 2018,32(2):1942 – 1955.

［24］Goodman A L,Busch A,Duffy G J,et al. An inter – laboratory comparison of CO_2 isotherms measured on Argonne premium coal samples［J］. Energy & Fuels,2004,18(4):1175 – 1182.

［25］Gruszkiewicz M S,Naney M T,Blencoe J G,et al. Adsorption kinetics of CO_2,CH_4,and their equimolar mixture on coal from the Black Warrior Basin,West – Central Alabama［J］. International Journal of Coal Geology,2009,77(1 – 2):23 – 33.

［26］Yuan W N,Pan Z J,Li X,et al. Experimental study and modelling of methane adsorption and diffusion in shale［J］. Fuel,2014,117(A):509 – 519.

［27］Chen J H,Wong D S H,Tan C S,et al. Adsorption and desorption of carbon dioxide onto and from activated carbon at high pressures［J］. Industrial and Engineering Chemistry Research,1997,36(7):2808 – 2815.

［28］Fitzgerald J E,Sudibandriyo M,Pan Z J,et al. Modeling the adsorption of pure gases on coals with the SLD model［J］. Carbon,2003,41(12):2203 – 2216.

［29］Valderrama J O. A generalized Patel – Teja equation of state for polar and non – polar fluids and their mixtures［J］. Journal of Chemical Engineering of Japan,1990,23(1):87 – 91.

［30］Hasanzadeh M,Alavi F,Feyzi F,et al. Simplified local density model for adsorption of pure gases on activated carbon using Sutherland and Kihara potentials［J］. Microporous and Mesoporous Materials,2010,136(1 – 3): 1 – 9.

［31］Mohammad S A,Sudibandriyo M,Fitzgerald J E,et al. Measurements and modeling of excess adsorption of pure and mixed gases on wet coals［J］. Energy & Fuels,2012,26(5):2899 – 2910.

［32］Chapoy A,Mohammadi A H,Richon D,et al. Gas solubility measurement and modeling for methane – water and methane – ethane – nbutane – water systems at low temperature conditions［J］. Fluid Phase Equilibria,2004,220(1):113 – 121.

［33］Law D H S,Van der Meer L G H,Gunter M D. SPE Gas Technology Symposium［C］. Calgary,Alberta,Canada: Society of Petroleum Engineers,2002:1 – 14.

［34］Godec M,Koperna G,Gale J. CO_2 – ECBM:A review of its status and global potential［J］. Energy Procedia, 2014,63(3 – 4):5858 – 5869.

［35］Li X C,Fang Z M. Current status and technical challenges of CO_2 storage in coal seams and enhanced coalbed methane recovery:an overview［J］. International Journal of Coal Science & Technology,2014,1(1):93 – 102.

［36］Eisenberg D,Kauzmann W. The structure and properties of water［M］. Oxford:Oxford University Press,1969.

［37］McCallum C L,Bandosz T J,McGrother S C,et al. A molecular model for adsorption of water on activated carbon:Comparison of simulation and experiment［J］. Langmuir,1999,15(2):533 – 544.

［38］李明宅,徐凤银. 煤层气储量评价方法与计算技术［J］. 天然气工业,2008,37(5):37 – 44.

第3章　煤层渗透率动态变化特征

20世纪80年代后期,各国学者开始研究煤层气开发过程中的渗透率动态变化特征。煤岩是典型的双孔介质(包括基质孔隙和裂隙网络),煤层流体在基质孔隙和裂隙网络中都具有一定的流动性;不同埋深的煤层温度和应力载荷差别较大,煤层原始渗透率差异显著;煤层气开发过程中存在储层压实和基质收缩两种效应,这两种效应对裂隙网络和渗透率的影响恰好相反。上述原因导致煤层渗透率动态变化特征非常复杂,其规律分析和模型建立的难度较大,目前煤层动态渗透率研究仍是煤层气开发的前沿课题。本章回顾了煤层渗透率动态变化特征研究的历程,给出了煤层原始渗透率分布特征和动态渗透率变化规律,为煤层渗透率模型建立与渗流规律分析奠定了理论基础。

第1节　煤层渗透率动态变化特征研究现状

煤层渗透率动态变化的研究方法主要有三种,即室内实验方法、理论建模方法、数值计算方法。理论分析是煤层渗透率实验研究和模型建立的理论基础,室内实验是煤层渗透率模型建立及验证的有效手段,而数值计算更适用于煤层渗透率动态变化的微观机理研究。

一、室内实验方法

在煤岩渗透率测量过程中,应力载荷易控制,测量数据完整,便于揭示煤岩渗透率动态变化机理,是研究煤岩渗透特性的一种有效方式。早期的实验主要以氮气、甲烷、二氧化碳和水为实验流体,通过控制应力变化来模拟煤层条件,从而测得渗透率—应力关系[1-15]。然而,实验过程通常使用小煤样,代表性较差[16];实验条件通常与现场条件不同,无法准确反映渗透率变化趋势[17];温度影响渗透率的研究较少[18]。近期,有部分学者[18-20]研究了温度的影响,发现在不同的应力载荷下,渗透率随温度的变化可能发生反转,基于应力/温度敏感性实验和量纲分析,汪志明等[19]建立了动态渗透率模型。Mitra等[17,21]发现通过控制煤样的应变变化来模拟煤层条件,能更好地反映煤层气生产过程中的渗透率变化。

二、理论建模方法

煤储层是天然裂缝性气藏,发育的两组垂直于层理面的裂隙(割理)是流体的主要流动通道。因此,通常可用火柴杆模型和方糖块模型来表征煤岩的孔隙结构,如图3-1所示。

对于火柴杆模型,渗透率可表征为:

$$K = \frac{1}{96} s_c^2 \phi^3 \qquad (3-1)$$

对于方糖块模型,渗透率可表征为:

(a) 火柴杆模型   (b) 方糖块模型

图 3 - 1 煤岩的概念模型表征

$$K = \frac{1}{324}s_c^2\phi^3 \qquad (3-2)$$

式中 K ——渗透率，m^2；

s_c ——裂隙间距，m；

ϕ ——孔隙度。

许多学者基于这两个概念模型，考虑储层压实效应和基质收缩效应，推导得到了各种渗透率模型，其中比较代表性的有 Shi – Durucan（S&D）模型[22,23]、Cui – Bustin（C&B）模型[24,25]、Palmer – Mansoori（P&M）模型[26,27]和改进 P&M 模型[28]。根据这些渗透率模型的推导方法，主要可分为孔隙度型和应力型。

1. 孔隙度型

根据式（3-1）或式（3-2），渗透率相对初始参考状态的变化如式（3-3）所示：

$$\frac{K}{K_i} = \left(\frac{s_c}{s_{ci}}\right)^2\left(\frac{\phi}{\phi_i}\right)^3 \qquad (3-3)$$

式中 K_i ——初始渗透率，m^2；

s_{ci} ——初始裂隙间距，m；

ϕ_i ——初始孔隙度。

由于基质尺寸变化相对孔隙度变化可忽略，式（3-3）可简化为：

$$\frac{K}{K_i} = \left(\frac{\phi}{\phi_i}\right)^3 \qquad (3-4)$$

然而，由于孔隙度没有方向属性，式（3-4）的局限性在于无法表征裂隙网络的各向异性。

2. 应力型

煤层中的裂隙孔隙度为裂隙体积和总体积之比：

$$\phi = \frac{V_p}{V_t} \qquad (3-5)$$

因此,变形煤层的孔隙度变化可表征为:

$$d\phi = d\left(\frac{V_p}{V_t}\right) = \frac{V_p}{V_t}\left(\frac{dV_p}{V_p} - \frac{dV_t}{V_t}\right) \qquad (3-6)$$

其中

$$\frac{dV_t}{V_t} = -\frac{1}{K_V}d\sigma + \left(\frac{1}{K_V} - \frac{1}{K_s}\right)dp_p + d\varepsilon_s \qquad (3-7)$$

$$\frac{dV_p}{V_p} = -\frac{1}{K_p}d\sigma + \left(\frac{1}{K_p} - \frac{1}{K_s}\right)dp_p + d\varepsilon_s \qquad (3-8)$$

式中 V_p ——孔隙体积,m³;

   V_t ——总体积,m³;

   K_V ——体积模量,Pa;

   σ ——应力,Pa;

   K_s ——固体基质模量,Pa;

   p_p ——孔隙压力,Pa;

   ε_s ——膨胀应变;

   K_p ——孔隙体积模量,Pa。

将式(3-5)、式(3-7)、式(3-8)代入式(3-6)可得:

$$\frac{d\phi}{\phi} = \left(\frac{1}{K_V} - \frac{1}{K_p}\right)(d\sigma - dp_p) \qquad (3-9)$$

由于体积模量 K_V 通常比孔隙体积模量 K_p 大几个数量级,对式(3-9)积分并化简可得:

$$\frac{\phi}{\phi_i} = \exp\left\{-\frac{1}{K_p}\left[(\sigma - \sigma_i) - (p_p - p_{pi})\right]\right\} \qquad (3-10)$$

式中 σ_i ——初始应力,Pa;

   p_{pi} ——初始孔隙压力,Pa。

将式(3-10)代入式(3-4),可得:

$$\frac{K}{K_i} = \exp\left\{-\frac{3}{K_p}\left[(\sigma - \sigma_i) - (p_p - p_{pi})\right]\right\} \qquad (3-11)$$

式(3-11)广泛应用于表征煤层气开发过程中渗透率的动态变化特征。然而,当前模型未考虑煤层气开发过程中的裂隙性质变化。同时,煤岩原始渗透率主要通过实验测得,理论研究较少。

近年来,汪志明和曾泉树等[19,29-32]在现有研究的基础上,针对煤岩渗透率应力和温度敏感性特征、煤层原始渗透率分布特征、煤层动态渗透率变化特征开展研究,建立了气水竞争吸附/解吸—煤岩变形耦合的动态渗透率模型(即:Wang—Zeng 模型)。

第2节 煤岩渗透率应力和温度敏感性特征

一、煤岩渗透率应力和温度敏感性

1. 实验装置

实验采用自主研制的可变应力和可变温度的煤岩渗透率检测装置,已获得国家发明专利授权,装置结构示意图如图3-2所示。

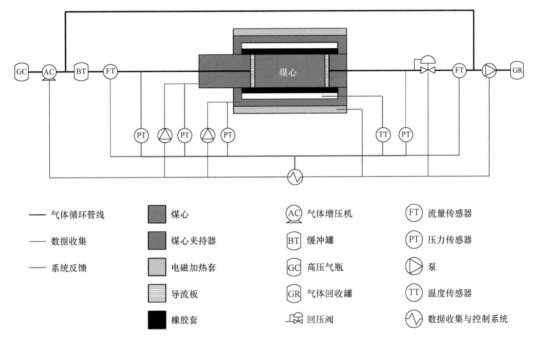

—— 气体循环管线	▮ 煤心	Ⓐ🅒 气体增压机	Ⓕ🅣 流量传感器
—— 数据收集	▮ 煤心夹持器	Ⓑ🅣 缓冲罐	Ⓟ🅣 压力传感器
—— 系统反馈	▤ 电磁加热套	Ⓖ🅒 高压气瓶	▷ 泵
	▤ 导流板	Ⓖ🅡 气体回收罐	Ⓣ🅣 温度传感器
	▮ 橡胶套	回压阀	数据收集与控制系统

图3-2 煤岩渗透率检测装置示意图

该装置包括了煤心夹持系统、气体循环系统、数据收集与控制系统。煤心夹持器内部的温度从室温到100℃可调,精度为±0.1℃。煤心夹持器的入口压力、出口压力、围压和轴压上限分别为30MPa、30MPa、50MPa和20MPa,稳定度为±0.1%。选用纯度为99.5%的甲烷作为实验流体。所有传感器都与数据收集与控制系统相连,可实时监测并记录系统压力、温度和流量信息。一旦需要调整实验温度或压力,可直接通过数据收集与控制系统向电磁加热套、泵、气体增压机等控制元件下达指令。

2. 实验方案

由于生产过程中温度几乎不发生变化,而原始储层压力基本等于静水压力,为了更真实地反映煤岩在原位煤层中所受应力和温度载荷,首先对煤样施加特定温度和应力载荷来模拟原始煤层环境,然后通过改变煤样的应力载荷来模拟煤层气开发过程。特别地,煤岩渗透率变化主要取决于垂直于层理面的裂隙网络的变形情况,因此单轴应变条件能较真实地反映生产过程中煤岩所受应力载荷。参照 Mitra 等的研究成果,将围压设置为孔压的 1.6 倍,使煤样处于单轴应变条件。煤样上施加的温度和应力载荷见表 3 −1。

表 3 −1　煤样上施加的温度和应力载荷

埋深 (m)	温度 (℃)	孔压 (MPa)	围压 (MPa)	埋深 (m)	温度 (℃)	孔压 (MPa)	围压 (MPa)
500	24.1	5.01	8.00	1000	38.6	9.99	16.00
		4.29	6.90			7.71	12.30
		3.69	5.90			5.79	9.30
		3.21	5.10			4.29	6.90
		2.70	4.30			3.21	5.10
		2.19	3.50			2.31	3.70
		1.71	2.70			1.71	2.70
		1.20	1.90			1.20	1.90
		0.81	1.30			0.81	1.30
1500	53.2	15.00	24.00	2000	67.7	20.01	32.00
		11.49	18.40			15.00	24.00
		8.79	14.10			10.71	17.10
		6.69	10.70			7.20	11.50
		4.80	7.70			4.80	7.70
		3.30	5.30			3.30	5.30
		2.31	3.70			2.31	3.70
		1.71	2.70			1.71	2.70
		1.20	1.90			1.29	2.10

3. 实验流程

煤岩渗透率测试方法与步骤如下:

(1)将煤样置于煤心夹持器中,通空气循环,确保装置气密性后抽真空;

(2)将一定量甲烷注入缓冲罐,稳定后开启缓冲罐进行气体循环,调整回压阀,在煤心夹持器进、出口间设置一个小压差;

(3)参照表 3 −1,对煤样施加特定的温度和应力载荷来模拟埋深;

(4)持续循环甲烷直至煤心夹持器进口、出口流量差可忽略,此时认为煤样已饱和甲烷;

(5)煤样饱和甲烷后,持续 5min 记录进口、出口压力和流量,取平均值,结合达西定律(Darcy's Law)估算煤岩渗透率;

(6)同时降低围压和孔压,保证煤样处于单轴应变条件,见表 3 −1,变更应力载荷后,稳定 120min,重复步骤(5);

(7)实验结束后用真空泵将甲烷抽出,收集到气体回收罐中。

二、实验结果及分析

在不同的温度条件下,两个煤样的渗透率随水平有效应力的变化如图 3 – 3 和图 3 – 4 所示。

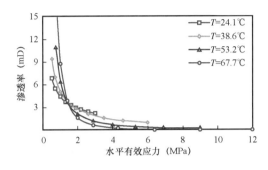

图 3 – 3 不同温度下 4# 煤层煤岩
渗透率随水平有效应力的变化

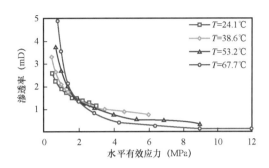

图 3 – 4 不同温度下 8# 煤层煤岩
渗透率随水平有效应力的变化

可以观察到,煤岩渗透率随水平有效应力的降低近似呈指数增长。然而,在不同的应力载荷下,煤岩渗透率随温度的变化规律可能发生转变,存在临界水平有效应力。当水平有效应力大于该临界值时,储层压实效应占据主导作用,煤岩整体膨胀受限。随着温度增加,热膨胀和基质收缩效应都将变强。一方面,煤岩基质的可压缩性弱于裂隙,随着温度升高,其膨胀速度快于裂隙,将表现为裂隙的闭合和渗透率的降低。另一方面,随着温度升高,将解吸出更多的甲烷,引起煤岩基质收缩和渗透率的改善。也就是说,随温度升高,热膨胀和基质收缩效应对煤岩渗透率的影响正好是相反的。因此结合实验结果,当水平有效应力大于该临界值时,煤岩渗透率随温度的升高有所降低,但并不显著。随水平有效应力的减弱,不同温度下煤岩渗透率随水平有效应力的变化曲线都将相交,相交时热膨胀效应引起的渗透率降低正好被基质收缩效应引起的渗透率改善所抵消,对应的水平有效应力称为临界水平有效应力。不同温度下 4# 煤层样品的临界水平有效应力为 1.2 ~ 1.9MPa,8# 煤层样品的临界水平有效应力为 1.8 ~ 2.5MPa。水平有效应力进一步降低后,此时煤岩所受束缚较小,温度变化引起的基质收缩比热膨胀更显著,表现为裂隙的开启和渗透率的改善。一旦储层压实效应无法抑制温度增加引起的煤岩整体向外膨胀,此时裂隙膨胀速度反而超过基质,与占据主导的基质收缩效应一同促进裂隙的开启和渗透率的改善。

第 3 节 煤层原始渗透率分布特征

对煤储层来说,其温度随埋深增加线性增大,且生产过程中的温度变化可忽略。同时,煤层压力随埋深增加线性增大,基本等于静液柱压力,随开发进行逐渐衰竭。即使煤岩性质相近,若其所受温度和压力载荷差别较大,也将呈现出显著的渗透性差异。甲烷在中深煤层中的超临界特性进一步增加了准确描述煤层原始渗透率的难度。因此,有必要深入研究温度和应力对煤岩渗透率的影响,以认清煤岩渗透率在空间中的分布规律及其随生产的动态变化,并制订合理的开发策略和排采制度。

一、量纲分析

根据量纲和谐理论,对于一个含有 m 个变量的物理问题,若其中有 n 个变量相互独立,重新组合这些变量可构造 $(m-n)$ 个无量纲关系,所构造的无量纲关系仍能客观真实地反映该物理问题。

对于流体在煤层中的流动性(渗透率 K)来说,其影响因素主要包括:煤岩性质(煤岩密度 ρ_c、裂隙体积压缩系数 C_f 和热膨胀系数 C_θ),流体性质(黏度 μ)和煤层条件(地温梯度 $\partial\theta/\partial x$ 和水平有效应力 σ_h^e)。并且这些影响因素都可通过质量 M、时间 T、温度 T 和长度 L 这四个基本量纲进行描述。

$$[K] = L^2, \ [\sigma_h^e] = MT^{-2}L^{-1}, \ \left[\frac{\partial\theta}{\partial x}\right] = \theta L^{-1}, \ [C_\theta] = \theta^{-1},$$

$$[C_f] = M^{-1}T^2L, \ [\mu] = MT^{-1}L^{-1}, \ [\rho_c] = ML^{-3} \tag{3-12}$$

消去质量量纲可得:

$$[K] = L^2, \ \left[\frac{\sigma_h^e}{\rho_c}\right] = T^{-2}L^2, \ \left[\frac{\partial\theta}{\partial x}\right] = \theta L^{-1},$$

$$[C_\theta] = \theta^{-1}, \ [C_f\rho_c] = T^2L^{-2}, \ \left[\frac{\mu}{\rho_c}\right] = T^{-1}L^2 \tag{3-13}$$

消去时间量纲可得:

$$[K] = L^2, \ \left[\frac{\sigma_h^e\rho_c}{\mu^2}\right] = L^{-2}, \ \left[\frac{\partial\theta}{\partial x}\right] = \theta L^{-1}, \ [C_\theta] = \theta^{-1}, \ \left[\frac{C_f\mu^2}{\rho_c}\right] = L^2 \tag{3-14}$$

消去温度量纲可得:

$$[K] = L^2, \ \left[\frac{\sigma_h^e\rho_c}{\mu^2}\right] = L^{-2}, \ \left[\frac{\partial\theta}{\partial x}C_\theta\right] = L^{-1}, \ \left[\frac{C_f\mu^2}{\rho_c}\right] = L^2 \tag{3-15}$$

消去长度量纲,最终可将渗透率的各种影响因素表征为三个无量纲关系式:

$$D_1 = \left[K\frac{\sigma_h^e\rho_c}{\mu^2}\right], \ D_2 = \left[K\left(\frac{\partial\theta}{\partial x}\right)^2 C_\theta^2\right], \ D_3 = \left[K\frac{\rho_c}{C_f\mu^2}\right] \tag{3-16}$$

式中　D_1——反映了无温度约束条件下,应力变化对煤岩渗透率的影响;

D_2——反映了无应力约束条件下,温度变化对煤岩渗透率的影响;

D_3——反映了无温度、应力约束条件下,煤岩裂隙性质对煤岩渗透率的影响。

联立式(3-16)的 D_1 和 D_3,可进一步得到裂隙体积压缩系数与水平有效应力的无量纲关系式,裂隙体积压缩系数并非恒定不变,而是随水平有效应力发生变化。

$$D_{cf} = \left[\sigma_h^e C_f \right] \tag{3-17}$$

对式(3-17)求偏导并进行初始化处理可得:

$$C_f = C_{fi} + \alpha \left(\frac{1}{\sigma_h^e} - \frac{1}{\sigma_{hi}^e} \right) \tag{3-18}$$

式中 C_f ——裂隙体积压缩系数,Pa^{-1};

C_{fi} ——初始裂隙体积压缩系数,Pa^{-1};

α ——衰减系数;

σ_h^e ——水平有效应力,Pa;

σ_{hi}^e ——初始水平有效应力,Pa。

C_f 的物理意义为单位水平有效应力变化引起的孔隙度变化率:

$$C_f = -\frac{\partial \phi / \phi}{\partial \sigma_h^e} \tag{3-19}$$

二、回归分析

本章使用非线性回归模型来拟合各煤层的原始渗透率表达式:

$$D_1 = C_1 D_2^{C_2} D_3^{C_3} \tag{3-20}$$

式中 C_1, C_2, C_3 ——回归分析时所用到的三个拟合系数。

对式(3-20)两边同时取对数,将非线性方程线性化:

$$\ln D_1 = \ln C_1 + C_2 \ln D_2 + C_3 \ln D_3 \tag{3-21}$$

将 $4^\#$ 煤层煤心的实验数据代入式(3-21)可拟合得到三个系数:

$$C_1 = 0.0001, \ C_2 = -0.5206, \ C_3 = 0.7842 \tag{3-22}$$

类似地,将 $8^\#$ 煤层煤心的实验数据代入式(3-21)可得:

$$C_1 = 2.3832 \times 10^{-11}, \ C_2 = -0.6090, C_3 = 0.1866 \tag{3-23}$$

将上述拟合系数代入式(3-20)可得这两个煤层的原始渗透率表达式:

$$K^{0.7364} = 0.0001 \sigma_e^{-1} \left(\frac{\partial T}{\partial x} \right)^{-1.0412} C_\theta^{-1.0412} \mu^{0.4316} \rho_c^{-0.2158} C_f^{-0.7842} \tag{3-24}$$

$$K^{1.4224} = 2.3832 \times 10^{-11} \sigma_e^{-1} \left(\frac{\partial T}{\partial x} \right)^{-1.2180} C_\theta^{-1.2180} \mu^{1.6268} \rho_c^{-0.8134} C_f^{-0.1866} \tag{3-25}$$

利用柳林地区 $4^\#$ 煤层不同气井的试井渗透率数据[33]对该渗透率表达式进行评价,这些井的埋深、储层压力、储层压力梯度和试井渗透率数据见表3-2。

表 3 – 2　柳林地区 4# 煤层不同井的埋深、储层压力、储层压力梯度和试井渗透率数据

井号	埋深 （m）	储层压力 （MPa）	压力梯度 （kPa/m）	试井渗透率 （mD）	预测结果 （mD）	绝对误差 （mD）	相对误差 （%）
G10	759.60	8.33	11.20	0.11	0.15	0.04	36.36
G8	711.10	6.29	9.00	0.06	0.19	0.13	216.67
G7	876.40	6.36	7.37	0.15	0.18	0.03	20.00
G27	491.40	4.39	9.16	0.83	0.78	− 0.05	6.02
G28	988.70	9.26	9.40	0.18	0.12	− 0.06	33.33
G16	475.30	3.62	7.42	2.03	2.78	− 0.75	36.95
G6	483.80	2.91	6.11	3.44	3.40	− 0.04	1.16
G8	1043.90	7.85	7.74	1.39	1.41	0.02	1.44
G9	722.20	6.93	9.76	0.02	0.17	0.15	750.00
G4	576.25	2.58	4.57	0.64	0.40	− 0.24	37.50
G15	568.55	5.07	9.16	0.16	0.21	0.05	31.25
G17	871.80	7.85	9.18	1.39	1.51	0.12	8.63

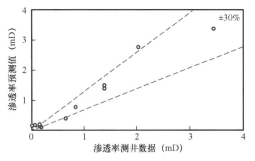

图 3 – 5　柳林地区 4# 煤层渗透率
预测与测井结果对比

将表 3 – 2 中的参数代入式（3 – 24），模型预测结果与试井渗透率的比较如图 3 – 5 和表 3 – 2 所示。可以观察到，G8 井和 G9 井的两组渗透率预测值相对误差达 216.67% 和 750.00%，这可能是由于以下原因造成的：G8 井和 G9 井的煤层埋深为 700m 左右，对应煤层温度为 30℃ 左右，但在煤岩渗透率测量过程中，在 24.1 ~ 38.6℃ 范围内施加的有效应力较小，实验施加的有效应力与 G8 井和 G9 井的不匹配可能是造成预测值相对误差太大的主要原因。另一方面，这两组试井渗透率值本身较小，容易放大预测值的相对误差。总体来说，该地区不同井的渗透率整体预测结果与试井数据吻合良好，大多落于 ±30% 误差线内，整体平均误差为 28.53%。这意味着该方法能够快速、有效预测不同深度/不同生产阶段煤层的渗透率变化。

第 4 节　煤层动态渗透率变化特征

一、模型假设

煤层中发育的裂隙网络是煤层流体的主要流动通道，包括了两组垂直于层理面、且相互正交的裂隙，如图 3 – 6 所示。

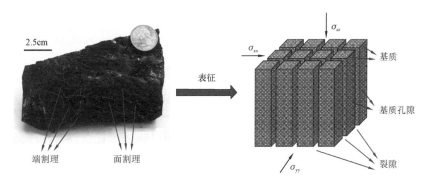

图3-6 煤储层的火柴杆形状表征

面割理是煤储层的主裂隙组,由基本平行的、发育的大量裂隙组成。端割理垂直于面割理,也基本平行、但发育不完全,且经常在与面割理相交后停止延伸。煤岩渗透率变化主要取决于垂直于层理面的裂隙网络的变形情况。因此,通常可用火柴杆形状表征煤储层,煤层流体主要沿着火柴杆轴线方向流动,且认为开发过程中煤岩始终处于单轴应变条件。

排水降压采气是煤层气的主要开发方式。随着煤层压力的降低,煤层将产生储层压实和基质收缩效应,如图3-7所示。

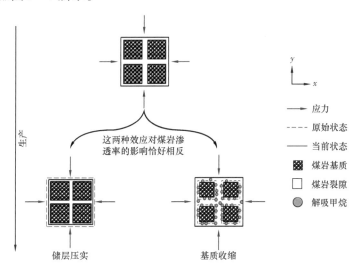

图3-7 储层压实和基质收缩对煤岩渗透率的影响

一方面,作用在煤岩上的有效应力随着孔隙压力的降低而增加,这将导致煤岩整体受到压缩,表现为裂隙闭合和渗透率降低。另一方面,随着孔隙压力降低,基质上吸附的甲烷将逐渐解吸,导致基质收缩,表现为裂隙张开和渗透率改善。也就是说,这两种效应对裂隙网络和渗透率的影响恰好相反,煤岩的渗透率变化取决于这两种效应的竞争关系。

根据上述煤储层特征和煤层气开发特点,许多学者基于煤储层的火柴杆表征、煤岩处于单轴应变条件和上覆应力恒定这三个假设条件,建立了各种渗透率模型[34-36],并用有效应力或孔隙度的变化来反映储层压实和基质收缩的竞争关系。本章在推导煤岩动态渗透率解析模型时,亦采用了这三个假设条件。

二、煤岩动态渗透率模型的推导

根据煤储层的火柴杆形状表征,可得煤岩的孔隙度和过流面积:

$$\phi = \frac{V_p}{V_t} = \frac{s_c^2 - (s_c - w_c)^2}{s_c^2} = \frac{2s_c w_c - w_c^2}{s_c^2} \qquad (3-26)$$

$$A = N_c(s_c + w_c)h_b \qquad (3-27)$$

式中　w_c——裂隙开度,m;

　　　A——过流面积,m²;

　　　N_c——裂隙数量;

　　　h_b——层理高度,m。

由于煤岩的裂隙开度远小于裂隙间距,式(3-26)可简化为:

$$\phi = \frac{2w_c}{s_c} \qquad (3-28)$$

流体通过裂隙的流动可用泊肃叶定律(Poiseuille's Law)描述:

$$q_t = N_c \frac{w_c^3 h_b}{12\mu} \frac{\partial p}{\partial x} \qquad (3-29)$$

式中　q_t——裂隙总流量,m³/s;

　　　$\partial p/\partial x$——压力梯度,Pa/m。

流体通过裂隙的流动亦可用达西定律进行描述:

$$q_t = \frac{AK}{\mu} \frac{\partial p}{\partial x} \qquad (3-30)$$

联立式(3-29)和式(3-30),即可求出裂隙渗透率:

$$K = \frac{w_c^3}{12(s_c + w_c)} \approx \frac{w_c^3}{12 s_c} = \frac{1}{96} s_c^2 \phi^3 \qquad (3-31)$$

式(3-31)两边同时对水平有效应力求导:

$$\frac{\partial K}{\partial \sigma_h^e} = \frac{2s_c \phi^3}{96} \frac{\partial s_c}{\partial \sigma_h^e} + \frac{3s_c^2 \phi^2}{96} \frac{\partial \phi}{\partial \sigma_h^e} \qquad (3-32)$$

其中,

$$\frac{\partial s_c}{\partial \sigma_h^e} = s_c \frac{\partial \varepsilon}{\partial \sigma_h^e} \qquad (3-33)$$

式中　σ_h^e——水平有效应力,Pa;

　　　ε——应变。

将式(3-17)、式(3-31)和式(3-33)代入式(3-32)可得:

$$\frac{\partial K}{\partial \sigma_h^e} = \frac{2s_c^2 \phi^3}{96} \frac{\partial \varepsilon}{\partial \sigma_h^e} + \frac{3s_c^2 \phi^3}{96} \frac{\partial \phi / \phi}{\partial \sigma_h^e} = K\left[2\frac{\partial \varepsilon}{\partial \sigma_h^e} - 3C_f\right] \qquad (3-34)$$

式(3-34)方括号中的第一项表示水平有效应力变化引起的基质体积变化,而第二项表示水平有效应力变引起的裂隙体积变化。由于裂隙体积项通常比基质体积项大两到三个数量级,式(3-34)可简化为:

$$\frac{\partial K}{\partial \sigma_h^e} = -3KC_f(\sigma_h^e) \qquad (3-35)$$

将式(3-18)代入式(3-35),并进行变量分离:

$$\frac{\partial K}{K} = -3\left[C_{fi} + \alpha\left(\frac{1}{\sigma_h^e} - \frac{1}{\sigma_{hi}^e}\right)\right]\partial \sigma_h^e \qquad (3-36)$$

对式(3-36)两边积分并代入初值,可得渗透率模型表达式。为便于描述,将此模型称为Wang-Zeng(W&Z)模型:

$$\frac{K}{K_i} = e^{-3\left(C_{fi} - \frac{\alpha}{\sigma_{hi}^e}\right)\left(\sigma_h^e - \sigma_{hi}^e\right)} \times \left(1 + \frac{\sigma_h^e - \sigma_{hi}^e}{\sigma_{hi}^e}\right)^{-3\alpha} \qquad (3-37)$$

式(3-37)中的裂隙体积压缩系数和衰减系数是通过量纲分析得到的,而水平有效应力是通过均质、各向同性、热弹性多孔介质的有效应力—应变关系推导得到的。特别地,将其中温度变化引起的热应变替换为气体解吸引起的基质应变。由于剪应力分量不受热收缩或基质收缩的影响,煤岩所受应力可用三个正应力分量进行表征。

$$\sigma_{xx}^e = 2L_G \varepsilon_{xx} + L_\lambda(\varepsilon_{xx} + \varepsilon_{yy} + \varepsilon_{zz}) + \left(L_\lambda + \frac{2}{3}L_G\right)\varepsilon_s \qquad (3-38)$$

$$\sigma_{yy}^e = 2L_G \varepsilon_{yy} + L_\lambda(\varepsilon_{xx} + \varepsilon_{yy} + \varepsilon_{zz}) + \left(L_\lambda + \frac{2}{3}L_G\right)\varepsilon_s \qquad (3-39)$$

$$\sigma_{zz}^e = 2L_G \varepsilon_{zz} + L_\lambda(\varepsilon_{xx} + \varepsilon_{yy} + \varepsilon_{zz}) + \left(L_\lambda + \frac{2}{3}L_G\right)\varepsilon_s \qquad (3-40)$$

其中,

$$L_G = \frac{E}{2(1+\nu)} \qquad (3-41)$$

$$L_\lambda = \frac{\nu E}{(1+\nu)(1-2\nu)} \qquad (3-42)$$

式中 σ_{xx}^e ——x 方向有效应力分量,Pa;

σ_{yy}^e ——y 方向有效应力分量,Pa;

σ_{zz}^e ——z 方向有效应力分量,Pa;

ε_{xx} ——x 方向应变分量;

ε_{yy} ——y 方向应变分量;

ε_{zz}——z 方向应变分量；

L_G——表征材料剪切模量的拉梅（Lame）常数，Pa；

L_λ——表征材料压缩性的拉梅常数，Pa；

ν——泊松比；

E——杨氏模量，Pa。

特别地，煤岩处于单轴应变条件，水平方向上没有应变：

$$\varepsilon_{xx} = \varepsilon_{yy} = 0 \qquad (3-43)$$

则式（3-38）至式（3-40）可改写为：

$$\sigma_{xx}^e = \sigma_{yy}^e = \frac{\nu}{1-\nu}\sigma_{zz}^e + \frac{E}{3(1-\nu)}\varepsilon_s \qquad (3-44)$$

因此，水平方向上的有效应力变化可表征如下：

$$\Delta\sigma_h^e = \sigma_h^e - \sigma_{hi}^e = -\frac{\nu}{1-\nu}(p_p - p_{pi}) + \frac{E}{3(1-\nu)}(\varepsilon_s - \varepsilon_{si}) \qquad (3-45)$$

式中 $\Delta\sigma_h^e$——水平有效应力变化量，Pa；

ε_{si}——初始膨胀应变。

三、模型比较

为了更好地评价 W&Z 模型，选取了当前应用最广泛的 Shi - Durucan（S&D）模型、Cui - Bustin（C&B）模型、Palmer - Mansoori（P&M）模型和改进 P&M 模型进行比较。

1. S&D 模型

Shi 和 Durucan[22,23]从均质、各向同性、热弹性多孔介质的有效应力—应变关系出发，假设裂隙体积性质恒定不变，并将其中温度变化引起的热应变替换为气体解吸引起的基质应变，推导得到了 Shi - Durucan（S&D）渗透率模型：

$$\frac{K}{K_i} = e^{-3C_f\Delta\sigma_h^e} \qquad (3-46)$$

其中，

$$\Delta\sigma_h^e = \sigma_h^e - \sigma_{hi}^e = -\frac{\nu}{1-\nu}(p_p - p_{pi}) + \frac{E}{3(1-\nu)}(\varepsilon_s - \varepsilon_{si}) \qquad (3-47)$$

$$C_f = -\frac{\partial\phi/\phi}{\partial\sigma_h^e} \qquad (3-48)$$

2. C&B 模型

与 Shi 和 Durucan 的推导相似，但 Cui 和 Bustin[24,25]认为渗透率变化主要取决于平均有效应力，而非水平有效应力，由此推导得到了 Cui - Bustin（C&B）渗透率模型。

$$\frac{K}{K_i} = e^{-3\Delta\sigma_m^e/K_p} \tag{3-49}$$

其中

$$\Delta\sigma_m^e = \sigma_m^e - \sigma_{mi}^e = -\frac{1+\nu}{3(1-\nu)}(p_p - p_{pi}) + \frac{2E}{9(1-\nu)}(\varepsilon_s - \varepsilon_{si}) \tag{3-50}$$

$$K_p = \phi K_V \tag{3-51}$$

式中 $\Delta\sigma_m^e$ ——平均有效应力变化量,Pa;

σ_m^e ——平均有效应力,Pa;

σ_{mi}^e ——初始平均有效应力,Pa。

3. P&M 模型

Palmer 和 Mansoori[26,27]从多孔岩石应变变化的线弹性方程出发,并利用渗透率比和孔隙度比的立方关系,得到了 Palmer – Mansoori(P&M)渗透率模型:

$$\frac{K}{K_i} = \left(\frac{\phi}{\phi_i}\right)^3 = \left(\frac{\Delta\phi}{\phi_i} + 1\right)^3 \tag{3-52}$$

其中

$$\Delta\phi = \phi - \phi_i = \frac{(1+\nu)(1-2\nu)}{E(1-\nu)}(p_p - p_{pi}) - \frac{2(1-2\nu)}{3(1-\nu)}(\varepsilon_s - \varepsilon_{si}) \tag{3-53}$$

式中 $\Delta\phi$ ——孔隙度变化量。

4. 改进 P&M 模型

Palmer[28]发现 P&M 模型并不能很好地与现场观察到的渗透率变化趋势相吻合,在随后的研究中在主变量方程的压缩项中引入抑制系数来提高其性能:

$$\frac{K}{K_i} = \left(\frac{\phi}{\phi_i}\right)^3 = \left(\frac{\Delta\phi}{\phi_i} + 1\right)^3 \tag{3-54}$$

其中

$$\Delta\phi = \phi - \phi_i = \frac{g(1+\nu)(1-2\nu)}{E(1-\nu)}(p_p - p_{pi}) - \frac{2(1-2\nu)}{3(1-\nu)}(\varepsilon_s - \varepsilon_{si}) \tag{3-55}$$

式中 g ——抑制系数,取 0.3。

5. 模型比较

实际上,这些模型都是由表征储层压实和基质收缩竞争关系的主变量和表征煤岩裂隙性质的特征参数构成的。根据其主变量的形式,可将这些模型分为孔隙度型模型(P&M 模型和改进 P&M 模型)和应力型模型(S&D 模型、C&B 模型和 W&Z 模型)。为了更好地反映不同模型对储层压实和基质收缩这两种竞争效应的考量,Shi 等[23]将不同模型的主变量都表征为包含这两个竞争项的通用变量,并用这两项的系数比(C_s/C_c)来量化其相对强度。

$$\Delta Q = - C_{\mathrm{c}}(p_{\mathrm{p}} - p_{\mathrm{pi}}) + C_{\mathrm{s}}(\varepsilon_{\mathrm{s}} - \varepsilon_{\mathrm{si}}) \qquad (3-56)$$

式中 ΔQ ——表征裂隙孔隙度变化或有效应力变化的通用变量,无量纲或 Pa;

$\quad\quad C_{\mathrm{c}}$ ——储层压实项系数,Pa^{-1} 或无量纲;

$\quad\quad C_{\mathrm{s}}$ ——基质收缩项系数,无量纲或 Pa。

然而,式(3-56)中两个系数的单位并不相同,这大大增加了量化二者相对强度的难度和可靠性。为了更准确地表征这两种效应的相对强度,可将式(3-56)改写为:

$$\Delta Q = - C_{\mathrm{c}}'\left(\frac{p_{\mathrm{p}}}{p_{\mathrm{pi}}} - 1\right) + C_{\mathrm{s}}'\left(\frac{\varepsilon_{\mathrm{s}}}{\varepsilon_{\mathrm{si}}} - 1\right) \qquad (3-57)$$

其中,

$$C_{\mathrm{c}}' = C_{\mathrm{c}} \times p_{\mathrm{pi}} \qquad (3-58)$$

$$C_{\mathrm{s}}' = C_{\mathrm{s}} \times \varepsilon_{\mathrm{si}} \qquad (3-59)$$

式中 C_{c}' ——修正的储层压实项系数,无量纲或 Pa;

$\quad\quad C_{\mathrm{s}}'$ ——修正的基质收缩项系数,无量纲或 Pa。

另外,由于甲烷在煤岩上的吸附符合朗缪尔型等温吸附线,其在高孔压下较为平缓,而在低孔压下较为陡峭。这意味着基质收缩效应随着孔压的降低而急剧强化,而储层压实效应随着孔压的降低则逐渐减弱。因此,随着孔压降低,其可能出现渗透率先降低、后逐渐恢复的情况。特别地,将渗透率开始恢复时所对应的压力称为反弹压力 p_{rb},将渗透率恢复到初值时所对应的压力称为恢复压力 p_{rc}。这些模型的系数比、反弹压力和恢复压力见表3-3。

表3-3 不同模型的系数比、反弹压力和恢复压力

模型	系数比	反弹压力(Pa)	恢复压力(Pa)
S&D 模型	$\dfrac{E\varepsilon_{\mathrm{smax}}}{3\nu(p_{\mathrm{pi}} + p_{\varepsilon})}$	$\sqrt{\dfrac{E\varepsilon_{\mathrm{smax}}p_{\varepsilon}}{3\nu}} - p_{\varepsilon}$	$\dfrac{E\varepsilon_{\mathrm{smax}}p_{\varepsilon}}{3\nu(p_{\mathrm{pi}} + p_{\varepsilon})} - p_{\varepsilon}$
C&B 模型	$\dfrac{2E\varepsilon_{\mathrm{smax}}}{3(1+\nu)(p_{\mathrm{pi}} + p_{\varepsilon})}$	$\sqrt{\dfrac{2E\varepsilon_{\mathrm{smax}}p_{\varepsilon}}{3(1+\nu)}} - p_{\varepsilon}$	$\dfrac{2E\varepsilon_{\mathrm{smax}}p_{\varepsilon}}{3(1+\nu)(p_{\mathrm{pi}} + p_{\varepsilon})} - p_{\varepsilon}$
P&M 模型	$\dfrac{2E\varepsilon_{\mathrm{smax}}}{3(1+\nu)(p_{\mathrm{pi}} + p_{\varepsilon})}$	$\sqrt{\dfrac{2E\varepsilon_{\mathrm{smax}}p_{\varepsilon}}{3(1+\nu)}} - p_{\varepsilon}$	$\dfrac{2E\varepsilon_{\mathrm{smax}}p_{\varepsilon}}{3(1+\nu)(p_{\mathrm{pi}} + p_{\varepsilon})} - p_{\varepsilon}$
改进 P&M 模型	$\dfrac{2E\varepsilon_{\mathrm{smax}}}{3g(1+\nu)(p_{\mathrm{pi}} + p_{\varepsilon})}$	$\sqrt{\dfrac{2E\varepsilon_{\mathrm{smax}}p_{\varepsilon}}{3g(1+\nu)}} - p_{\varepsilon}$	$\dfrac{2E\varepsilon_{\mathrm{smax}}p_{\varepsilon}}{3g(1+\nu)(p_{\mathrm{pi}} + p_{\varepsilon})} - p_{\varepsilon}$
W&Z 模型	$\dfrac{E\varepsilon_{\mathrm{smax}}}{3\nu(p_{\mathrm{pi}} + p_{\varepsilon})}$	$\sqrt{\dfrac{E\varepsilon_{\mathrm{smax}}p_{\varepsilon}}{3\nu}} - p_{\varepsilon}$	$\dfrac{E\varepsilon_{\mathrm{smax}}p_{\varepsilon}}{3\nu(p_{\mathrm{pi}} + p_{\varepsilon})} - p_{\varepsilon}$

可以观察到,W&Z 模型的系数比、反弹压力和恢复压力与 S&D 模型的这三个参数相等,这意味着 W&Z 模型本质上也是一个水平有效应力模型。同样的道理,C&B 模型和 P&M 模型

本质上都是平均有效应力模型,这也解释了本章中这两个渗透率模型预测值基本一致的原因。另外,水平有效应力模型的系数比为平均有效应力模型的 $\frac{1+\nu}{2\nu}$ 倍,为改进 P&M 模型的 $\frac{g(1+\nu)}{2\nu}$ 倍,这些模型的系数比差异只与泊松比有关。

四、模型评价

通过这些模型预测渗透率比之前,都需要已知煤样的弹性参数、吸附特征参数和裂隙特征参数。弹性参数和吸附特征参数需要通过专门的测试得到,而裂隙特征参数是通过与实验数据的拟合确定的,如 S&D 模型的裂隙体积压缩系数 C_f、C&B 模型的孔隙体积模量 k_p、P&M 模型的初始孔隙度 ϕ_i、改进 P&M 模型的初始孔隙度 ϕ_i、W&Z 模型的裂隙体积压缩系数 C_f 和衰减系数 α。

选取了三组被广泛使用的数据[17,21]用于裂隙特征参数的确定和模型的评价。测试过程中同时降低孔压和围压,并保证煤样处于单轴应变条件,这与模型假设条件一致,能更好地对模型进行评价。这三组煤样的弹性参数和吸附特征参数见表 3-4。

通过各渗透率模型与实验数据的拟合可得裂隙特征参数,亦将其列于表 3-4 中。需要特别说明的是,由于实验过程中并未监测煤样的孔隙度变化,对于 P&M 模型和改进 P&M 模型来说,其孔隙度变化实际上是通过平均有效应力转化得到的,如式(3-60)所示。

$$\Delta\phi = -\frac{3(1-2\nu)}{E}\Delta\sigma_m^e \qquad (3-60)$$

表 3-4　各煤样的弹性、吸附和裂隙性质

煤岩性质		San Juan 煤样	Survant 煤样	Seelyville 煤样	单位
弹性参数	杨氏模量	2665	2117	2117	MPa
	泊松比	0.370	0.398	0.398	无量纲
吸附参数	最大膨胀应变	0.01075	0.01005	0.01005	无量纲
	半膨胀应力	4.16	4.16	4.16	MPa
裂隙参数	裂隙体积压缩系数(S&D 和 W&Z 模型)	0.179	0.098	0.183	MPa^{-1}
	孔隙体积模量(C&B 模型)	1.104	1.341	1.829	MPa
	初始孔隙度(P&M 模型)	0.035	0.042	0.063	%
	初始孔隙度(改进 P&M 模型)	0.124	0.325	0.126	%
	衰减系数(W&Z 模型)	0.091	0.315	0.169	无量纲

将表 3-4 中的煤岩性质代入各渗透率模型中,即可计算渗透率比。各渗透率模型的预测结果和实验数据的比较如图 3-8 至图 3-10 所示。可以观察到,这些煤样的渗透率比随孔压的降低逐渐增大,实验末期的渗透率分别达到了初始渗透率的 13 倍、2 倍和 4 倍左右。

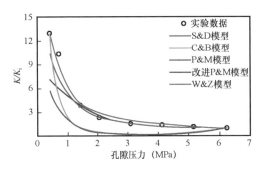

图 3-8 San Juan 煤样渗透率比随孔压的变化

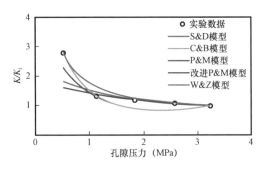

图 3-9 Survant 煤样渗透率比随孔压的变化

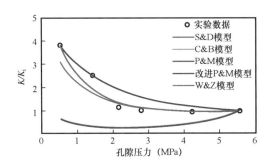

图 3-10 Seelyville 煤样渗透率比随孔压的变化

可以观察到,随孔压的降低,C&B 模型和 P&M 模型的预测值先减小后增大,整体偏小;改进 P&M 模型、S&D 模型、W&Z 模型的预测值单调递增,与实验数据较为吻合。对于 San Juan 煤样,S&D 模型预测值与实验数据的平均相对误差为 11.11%,C&B 模型为 54.83%,P&M 模型为 73.97%,改进 P&M 模型为 17.49%,而 W&Z 模型为 7.22%。类似地,对于 Survant 煤样,S&D 模型预测值与实验数据的平均相对误差为 8.99%,C&B 模型为 9.75%,P&M 模型为 13.73%,改进 P&M 模型为 9.35%,而 W&Z 模型为 5.05%。对于 Seelyville 煤样,S&D 模型预测值与实验数据的平均相对误差为 11.95%,C&B 模型为 63.24%,P&M 模型为 75.96%,改进 P&M 模型为 23.88%,而 W&Z 模型为 9.00%。总体而言,S&D 模型和 W&Z 模型的拟合性能最好,这意味着水平有效应力能更好地反映储层压实和基质收缩的竞争关系。另外,考虑裂隙特征参数随水平有效应力的变化更好地反映了煤层气生产过程中的裂隙性质变化,进一步提高了模型预测精度。

五、煤岩性质敏感性分析

鉴于煤储层的强非均质性,进一步探究了系数比、反弹压力和恢复压力随煤岩弹性参数和吸附特征参数的变化规律。由于煤储层的杨氏模量通常介于 1000～5000MPa,泊松比介于 0.2～0.4,最大膨胀应变介于 0.001～0.02,半膨胀压力(指吸附引起的膨胀达到最大膨胀应变一半时所对应的压力)介于 1～5MPa,各参数取值范围见表 3-5。

表3-5 煤岩性质敏感性分析

方案	杨氏模量(MPa)	泊松比	最大膨胀应变	半膨胀压力(MPa)
方案1	1000~5000	0.3	0.01075	4.16
方案2	2450	0.2~0.4	0.01075	4.16
方案3	2450	0.3	0.00100~0.02000	4.16
方案4	2450	0.3	0.01075	1~5

系数比随杨氏模量、泊松比、最大膨胀应变和半膨胀压力的变化如图3-11至图3-14所示。可以观察到,在典型的煤岩参数范围内,绝大多数情况下系数比都大于1,这表明基质收缩效应对煤储层影响更大。在这些模型中,改进P&M模型预测的系数比最大,水平有效应力模型次之,平均有效应力模型的预测值最小。而根据模型评价结果,水平有效应力对储层压实和基质收缩二者竞争关系的描述最准确。也就是说,平均有效应力模型高估了储层压实效应的影响,而改进P&M模型低估了储层压实效应的影响。另外,系数比随杨氏模量、最大膨胀应变的增加呈线性增加,随泊松比和半膨胀压力的增大呈反比例降低。且系数比受杨氏模量、最大膨胀应变影响更大。

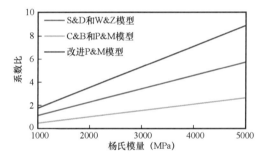

图3-11 系数比随杨氏模量的变化

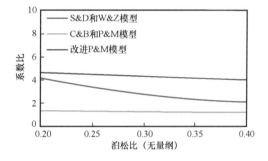

图3-12 系数比随泊松比的变化

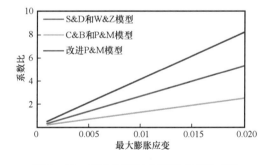

图3-13 系数比随最大膨胀应变的变化

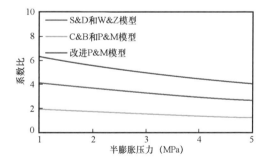

图3-14 系数比随半膨胀压力的变化

反弹压力和恢复压力随杨氏模量、泊松比、最大膨胀应变和半膨胀压力的变化如图3-15至图3-18所示。可以观察到,在典型的煤岩参数范围内,改进P&M模型预测的反弹压力和恢复压力最大,水平有效应力模型次之,平均有效应力模型的预测值最小。反弹压力越大,煤层渗透率越容易恢复;而恢复压力越大,渗透率恢复趋势越显著。另外,各模型的反弹压力和恢复压力预测值都随杨氏模量和最大膨胀应变的增大而增大,反弹压力和恢复压力都随泊松比的增大而降低。特别地,对于平均有效应力模型,随半膨胀压力的增大,其反弹压力和恢复压力将先增大后降低。

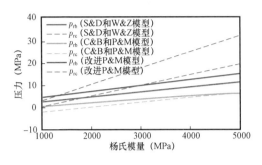

图 3-15　反弹压力和恢复压力
随杨氏模量的变化

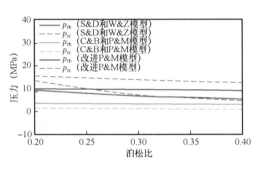

图 3-16　反弹压力和恢复压力
随泊松比的变化

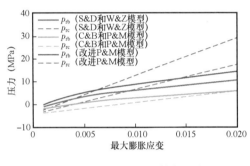

图 3-17　反弹压力和恢复压力
随最大膨胀应变的变化

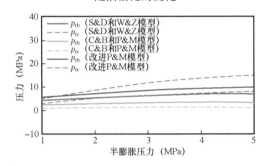

图 3-18　反弹压力和恢复压力
随半膨胀压力的变化

根据反弹压力、恢复压力和初始孔隙压力这三者的相对大小,在不同的煤岩弹性参数和吸附特征参数条件下,可能存在以下三种情况。

(1) $p_{rc} < 0 < p_{rb} < p_{pi}$。在这种情况下,渗透率将先降低,并在 p_{rb} 压力处发生反弹。然而,这种情况下的渗透率反弹趋势较弱,并不能恢复到初始值。实际上,煤储层基本不会出现这种情况。由于改进 P&M 模型低估了储层压实的影响,在杨氏模量较小、最大膨胀应变较小的情况下,可能预测得到这种结果。

(2) $0 < p_{rc} < p_{rb} < p_{pi}$。在这种情况下,渗透率也将先降低,并在 p_{rb} 压力处发生反弹,在 p_{rc} 压力处恢复到初始值。随储层压力继续降低,渗透率将超过其初始值。在杨氏模量较小、泊松比较大、最大膨胀应变较小、半膨胀压力较小的煤层条件下,更容易出现这种现象。

(3) $0 < p_{pi} < p_{rb} < p_{rc}$。在这种情况下,随孔隙压力降低,渗透率单调递增。在杨氏模量较大、泊松比较小、最大膨胀应变较大、半膨胀压力较大的煤层条件下,更容易出现这种现象。

参 考 文 献

[1] Dabbous M K,Reznik A A,Taber J J,et al. The permeability of coal to gas and water[J]. SPE Journal,1974,14
(6):563-572.

[2] Somerton W H,Soylemezoglu I M,Dudley R C. Effect of stress on permeability of coal[J]. International Journal

of Rock Mechanics and Mining Sciences & Geomechanics,1975,12(5 - 6):129 - 145.

[3] Durucan S,Edwards J S. The effects of stress and fracturing on permeability of coal[J]. Mining Science and Technology,1986,3(3):205 - 216.

[4] Seidle J P,Jeansonne M W,Erickson D J. SPE Rocky Mountain Regional Meeting[C]. Casper,Wyoming,USA: Society of Petroleum Engineers,1992:433 - 444.

[5] Harpalani S,Chen G L. Influence of gas production induced volumetric strain on permeability of coal[J]. Geotechnical and Geological Engineering,1997,15(4):303 - 325.

[6] Mazumder S,Karnik A A,Wolf K A A. Swelling of coal in response to CO_2 sequestration for ECBM and its effect on fracture permeability[J]. SPE Journal,2006,11(3):390 - 398.

[7] Pan Z J,Connell L D,Camilleri M. Laboratory characterisation of coal reservoir permeability for primary and enhanced coalbed methane recovery[J]. International Journal of Coal Geology,2010,82(3 - 4):252 - 261.

[8] Huy P Q,Sasaki K,Sugai Y,et al. Carbon dioxide gas permeability of coal core samples and estimation of fracture aperture width[J]. International Journal of Coal Geology,2010,83(1):1 - 10.

[9] Kiyama T,Nishimoto S,Fujioka M,et al. Coal swelling strain and permeability change with injecting liquid/supercritical CO_2 and N_2 at stress - constrained conditions[J]. International Journal of Coal Geology,2011,85(1):56 - 64.

[10] 林柏泉,周世宁. 煤样瓦斯渗透率的实验研究[J]. 中国矿业学院学报,1987,(1):24 - 31.

[11] 叶建平,史保生,张春才. 中国煤储层渗透性及其主要影响因素[J]. 煤炭学报,1999,24(2):8 - 12.

[12] 孙培德,凌志仪. 三轴应力作用下煤渗透率变化规律实验[J]. 重庆大学学报(自然科学版),2000,23(s1):28 - 31.

[13] 何伟钢,唐书恒,谢晓东. 地应力对煤层渗透性的影响[J]. 辽宁工程技术大学学报(自然科学版),2000,19(4):353 - 355.

[14] 张健,汪志明. 煤层应力对裂隙渗透率的影响[J]. 中国石油大学学报(自然科学版),2008,32(6):92 - 95.

[15] 张健. 煤层气藏鱼刺井目标井段优化设计方法研究[D]. 北京:中国石油大学(北京),2009.

[16] Wold M B,Connell L D,Choi S K. The role of spatial variability in coal seam parameters on gas outburst behavior during coal mining[J]. International Journal of Coal Geology,2008,75(1):1 - 14.

[17] Mitra A,Harpalani S,Liu S M. Laboratory measurement and modeling of coal permeability with continued methane production:Part 1 - laboratory results[J]. Fuel,2012,94(1):110 - 116.

[18] Perera M S A,Ranjith P G,Choi S K,et al. Investigation of temperature effect on permeability of naturally fractured black coal for carbon dioxide movement:An experimental and numerical study[J]. Fuel,2012,94(1):596 - 605.

[19] Wang Z M,Yang G,Zhang J. A new coal permeability prediction method based on experiment and dimension analysis[J]. SPE Journal,2014,19(3):356 - 360.

[20] 杨刚. 煤层气储层水平井压裂完井参数优化研究[D]. 北京:中国石油大学(北京),2014.

[21] Mitra A. Laboratory investigation of coal permeability under replicated in situ stress regime[D]. Carbondale:Southern Illinois University,2010.

[22] Shi J Q,Durucan S. Drawdown induced changes in permeability of coalbeds:A new interpretation of the reservoir response to primary recovery[J]. Transport in Porous Media,2004,56(1):1 - 16.

[23] Shi J Q,Durucan S. A model for changes in coalbed permeability during primary and enhanced methane recovery[J]. SPE Reservoir Evaluation and Engineering,2005,8(4):291 - 299.

[24] Cui X J,Bustin R M. Volumetric strain associated with methane desorption and its impact on coalbed gas pro-

duction from deep coal seams[J]. AAPG Bulletin,2005,89(9):1181 - 1202.

[25] Cui X J,Bustin R M,Chikatamarla L. Adsorption - induced coal swelling and stress:Implications for methane production and acid gas sequestration into coal seams[J]. Journal of Geophysical Research,2007,112(B10): 1 - 16.

[26] Palmer I,Mansoori J. SPE Annual Technical Conference and Exhibition[C]. Denver,Colorado,USA:Society of Petroleum Engineers,1996:557 - 564.

[27] Palmer I,Mansoori J. How permeability depends on stress and pore pressure in coalbeds:A new model[J]. SPE Reservoir Engineering,1998,1(6):539 - 543.

[28] Palmer I. Permeability changes in coal:Analytical modeling[J]. International Journal of Coal Geology,2009,77 (1 - 2):119 - 126.

[29] 汪志明,王小秋,杨刚,等. 一种煤岩动态渗透率检测方法及装置[P]. CN104535472,2015 - 04 - 22.

[30] Zeng Q,Wang Z,Huang T. Permeability Prediction Method for Dipping Coal Seams at Varying Depths and Production Stages in Northeastern Ordos Basin[J]. Energy & Fuels,35(3):2016 - 2023.

[31] Zeng Q,Wang Z. A New Cleat Volume Compressibility Determination Method and Corresponding Modification to Coal Permeability Model[J]. Transport in porous media. 2017,119(3):689 - 706.

[32] Zeng Q,Wang Z,McPerson B,et al. Theoretical Approach to Model Gas Adsorption/Desorption and the Induced Coal Deformation and Permeability Change[J]. Energy & Fuels,31(8):7982 - 7994.

[33] Meng,Y. J. ,Tang,D. Z. ,Xu,H. ,Li,C. ,Li,M. ,Meng,S. Z. Geological controls and coalbed methane production potential evaluation:A case study in Liulin area, eastern Ordos Basin, China [J]. J. Nat. Gas Sci. Eng. 2014,21,95 - 111.

[34] Pan Z J,Connell L D. Modelling permeability for coal reservoirs:A review of analytical models and testing data [J]. International Journal of Coal Geology,2012,92(1):1 - 44.

[35] Liu J S,Chen Z W,Elsworth D,et al. Interactions of multiple processes during CBM extraction:A critical review [J]. International Journal of Coal Geology,2011,87(3 - 4):175 - 189.

[36] Wang G X,Zhang X D,Wei X R,et al. A review on transport of coal seam gas and its impact on coalbed methane recovery[J]. Frontiers of Chemical Science and Engineering,2011,5(2):139 - 161.

第4章 煤层气藏多尺度流动格子 Boltzmann 方法

煤层气是自生自储式的非常规天然气能源,与常规天然气储层相比,煤层气储层具有非均质性强、孔隙/裂隙结构复杂、孔隙度/渗透率低等典型特点,这使得煤岩渗透率演化机制和影响因素以及煤层气产出机理更加复杂。本章基于第1章中重构的煤岩基质孔隙和裂隙网络数字岩心,提出并形成了一套系统模拟煤岩多孔介质内煤层气运移的格子 Boltzmann 方法。通过对煤岩中的应力变形、气体滑脱、非达西流等现象进行微观分析,真实重现了流体在煤岩多孔介质中的流动过程,揭示了煤层气储层微观渗流机理。此外,通过对煤层气多层合采的数值模拟研究,为煤层气储层开发方案设计提供理论基础和科学依据。

第1节 格子 Boltzmann 方法基本理论

路德维希·玻尔兹曼(Ludwig Edward Boltzmann,1844—1906),奥地利物理学家,热力学、统计物理学和气体动理论的奠基人之一,其工作的基本思想为:流体由大量相互作用的微观粒子(原子或分子)构成,对于单个微观粒子的运动(粒子的流动或碰撞)可由牛顿经典力学描述,流体的宏观运动是流体粒子微观热运动的统计平均结果。1872 年,玻尔兹曼将统计学的思想引入分子运动论后提出了 H 定理(H-theorem),来描述由大量粒子组成的系统在非平衡态下的总体演化趋势,进而得到了描述非平衡态气体分子数在相空间守恒的方程,即著名的玻尔兹曼方程(Boltzmann equation)。1877 年,玻尔兹曼给出了热力学第二定律和熵的统计学解释,使单个微观粒子的可逆性运动与大量粒子系统表现出的热力学不可逆性得到了统一,这是玻尔兹曼也是 19 世纪物理学最重要的成果之一。

气体动理论和统计力学都以分子动力学为基础,但由于对分子存在的质疑以及玻尔兹曼方程的复杂性,玻尔兹曼方程长期以来不被重视更鲜有解答。直到 40 多年后(1916 年,1917年)查普曼(Chapman)和安斯科格(Enskog)分别求出了对于稀薄气体玻尔兹曼方程的近似解。他们所采用的方法(Chapman-Enskog method 或 Chapman-Enskog expansion)是将气体分子速度分布函数做努森数相应阶数的展开,求出分布函数的近似解,进而得到宏观流动的变量(速度,压力,温度等)以及相关输运系数(黏度,热传导系数,扩散系数等),从而得到玻尔兹曼方程的近似解。利用该方法,人们得出了玻尔兹曼方程的零阶努森数近似方程——欧拉方程,一阶努森数近似方程——纳维—斯托克斯方程,二阶努森数近似方程——巴奈特方程(Burnett equations),甚至更高阶的 Super-Burnett 方程。

一、格子 Boltzmann 模型

一个完整的格子 Boltzmann 模型由四部分组成:粒子数密度分布演化方程、平衡态分布函数、格子类型以及边界条件,下面逐一展开介绍。

1. 粒子速度分布函数

粒子(原子或分子)的速度分布函数 $f(x, \boldsymbol{\xi}, t)$ 是气体动理论的一个最基本的概念,这里只考虑粒子的平动而忽略其转动。$\mathrm{d}N = [\int f \mathrm{d}\boldsymbol{\xi}] \mathrm{d}\boldsymbol{r}$ 表示某一时刻 t,以位置 $\boldsymbol{r}$ 为中心的空间微元 $\mathrm{d}\boldsymbol{r}$ 内,速度在 $\boldsymbol{\xi}$ 和 $\mathrm{d}\boldsymbol{\xi}$ 之间的粒子数量。若求得粒子速度分布函数 f,便可得到不同微观物理量对应的宏观统计量。粒子数密度 n 可表示为:

$$n = \frac{\mathrm{d}N}{\mathrm{d}\boldsymbol{r}} = \int f \mathrm{d}\boldsymbol{\xi} \tag{4-1}$$

假设 m 是单个粒子的质量,则微元 $\mathrm{d}\boldsymbol{r}$ 内的粒子质量密度为 $\rho = mn$,微元 $\mathrm{d}\boldsymbol{r}$ 内所有粒子携带的动量可以写成 $\mathrm{d}J = [\int m\boldsymbol{\xi}f\mathrm{d}\boldsymbol{\xi}]\mathrm{d}\boldsymbol{r}$,微元宏观总动量与微观参数的关系可表示为:

$$\rho\boldsymbol{u} = \frac{\mathrm{d}J}{\mathrm{d}\boldsymbol{r}} = m\int \boldsymbol{\xi}f\mathrm{d}\boldsymbol{\xi} \tag{4-2}$$

式中　$\boldsymbol{u}$——微元 $\mathrm{d}\boldsymbol{r}$ 内流体的宏观速度。

同理,微元 $\mathrm{d}\boldsymbol{r}$ 内所有粒子携带的动能可以写成 $\mathrm{d}E = [\int (m\boldsymbol{\xi}^2/2)f\mathrm{d}\boldsymbol{\xi}]\mathrm{d}\boldsymbol{r}$,微元的总能量可表示为:

$$\rho E = \rho e + \frac{1}{2}\rho\boldsymbol{u}^2 = \frac{\mathrm{d}E}{\mathrm{d}\boldsymbol{r}} = \frac{1}{2}m\int \boldsymbol{\xi}^2 f\mathrm{d}\boldsymbol{\xi} \tag{4-3}$$

式中　e——宏观单位体积的内能。

显然系统总能量等于系统内能 ρe 加上系统宏观动能 $1/2\rho\boldsymbol{u}^2$。

2. Boltzmann 方程及 BGK 近似

Boltzmann 方程是气体动理论的核心,公式(4-4)本质上是描述系统中粒子速度分布函数 f 的守恒方程,通过计算 f,即可得到相应的宏观统计量。Boltzmann 方程可以基于统计力学,从粒子微观运动入手,通过简化和严格假设推导出,这里不做详细推导。

$$\frac{\partial f}{\partial t} + \boldsymbol{\xi} \cdot \nabla f + \boldsymbol{a} \cdot \nabla_{\xi} f = J_{\xi}(f) \tag{4-4}$$

式中　$J_{\xi}(f)$——碰撞项(collision term),代表由于碰撞导致的分布函数 f 的变化;

　　$\boldsymbol{a}$——粒子运动加速度。

在 Boltzmann 方程的推导过程中,有三个重要的假设,即:

(1)只考虑两个刚性球形粒子间的碰撞,忽略三个或三个以上粒子同时发生的碰撞;

(2)单个粒子的速度分布与其他粒子的速度分布彼此相对独立;

(3)粒子局部碰撞时的动力学行为不受外力作用的影响。

由公式(4-4)可知,Boltzmann 方程是一个复杂的微分积分方程,碰撞项 $J_{\xi}(f)$ 的表达式是一个复杂的非线性积分形式,它的存在使得 Boltzmann 方程的直接求解更加困难。一种求解 Boltzmann 方程的思路是将碰撞项 $J_{\xi}(f)$ 简化。Bhatnagar - Gross - Krook(BGK)[1] 模型就是基于这一思路最简单、应用最广泛的简化碰撞模型。

由 Boltzmann H 定理可知,随时间的增加,系统内气体有趋于平衡状态的性质。BGK 模型

认为粒子碰撞的结果是使速度分布函数 f 不断地趋于平衡状态,进而提出了一个线性的碰撞算子:

$$J_{\xi}(f) = \nu(f^{eq} - f) \qquad (4-5)$$

引入松弛时间 τ_0,即单个粒子完成两次碰撞的平均时间间隔,也被称为碰撞时间,则 $\nu = 1/\tau_0$。可以发现 ν 是时间的倒数,表示一个运动速度为 ξ 的粒子在空间某一位置处,单位时间内与另一粒子的碰撞频率,与流体黏度相关。f^{eq} 为 Maxwell 平衡态分布函数,其随空间位置的变化而变化,通常又被称作局部平衡态分布函数:

$$f^{eq} = \rho\left(\frac{M_w}{2\pi R_g T}\right)^{D/2} \exp\left[-\frac{M_w(\xi - u)^2}{2R_g T}\right] \qquad (4-6)$$

式中 D——分子直径,m,甲烷分子直径为 0.3758×10^{-9} m;

R_g——摩尔气体常数,$R_g = 8.31447$ J·mol^{-1}/K;

T——温度,K;

M_w——气体分子的摩尔分子量,kg/mol(甲烷分子为 1.6×10^{-2} kg/mol)。

对实时速度分布函数 f 积分可以得到流体密度、速度、温度等宏观量。此时,公式(4-4)就被简化为 Boltzmann - BGK 方程,即公式(4-7),该近似方法又被称为 BGK 近似。

$$\frac{\partial f}{\partial t} + \xi \cdot \nabla_x f + a \cdot \nabla_{\xi} f = \nu(f^{eq} - f) \qquad (4-7)$$

3. Boltzmann – BGK 方程离散

实际情况下,大量流体粒子始终进行着无规则的热运动,粒子运动速度 ξ 的大小和方向是无序随机的。如上文所述,Boltzmann 方程基本思想是认为流体宏观运动是流体粒子微观热运动的统计平均结果,宏观流动对单个粒子运动细节不敏感。基于这一思想,将粒子运动速度 ξ 理想地离散为 $\{e_0, e_1, \cdots, e_N\}$,$N$ 为离散速度个数。相应的粒子数密度分布函数 f 也离散为 $\{f_0, f_1, \cdots, f_N\}$,根据公式(4-7)可得速度离散的 Boltzmann 方程为:

$$\frac{\partial f_i}{\partial t} + e_i \cdot \nabla f_i = \frac{1}{\tau_0}(f_i^{eq} - f_i) + (a \cdot \nabla_{\xi} f)_i \qquad (4-8)$$

f_i^{eq} 为 i 方向上的局部平衡态分布函数,计算公式为:

$$f_i^{eq} = \omega_i \rho\left[1 + \frac{e_i \cdot u}{R_g T} + \frac{(e_i \cdot u)^2}{2R_g^2 T^2} - \frac{u^2}{2R_g T}\right] \qquad (4-9)$$

式中 ω_i——权系数。

在不同的维数 D 下,选择不同的 $\{e_i\}$,可以得到不同的 $\{\omega_i\}$,相应地可以得到不同的格子模型。目前常用的基本模型为 Qian[2] 等在 1992 年提出的 DnQm 模型,其中 n 为空间维数,m 为离散速度个数。常见的 DnQm 模型包括 D1Q3、D1Q5、D2Q9、D3Q15、D3Q19、D3Q27 等,当然还有各种非规则格子模型。至此,Boltzmann - BGK 方程在空间得到了离散。下面分别介绍本章流动模拟中涉及的 D2Q9 和 D3Q19 模型。图 4-1 为 D2Q9 模型和 D3Q19 模型速度离散示意图。

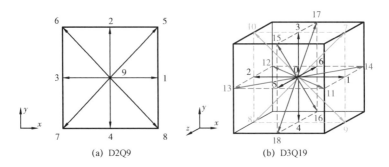

(a) D2Q9　　　　　　　　(b) D3Q19

图 4 - 1　D2Q9 和 D3Q19 模型示意图

D2Q9 模型的离散速度配置为:

$$e_i = c \begin{bmatrix} 1 & 0 & -1 & 0 & 1 & -1 & -1 & 1 & 0 \\ 0 & 1 & 0 & -1 & 1 & 1 & -1 & -1 & 0 \end{bmatrix} i = 1,2,\cdots,9 \quad (4-10)$$

D3Q19 模型的离散速度配置为:

$$e_i = c \begin{bmatrix} 0 & 1 & -1 & 0 & 0 & 0 & 0 & 1 & -1 & 1 & -1 & 1 & -1 & -1 & 1 & 0 & 0 & 0 & 0 \\ 0 & 0 & 0 & 1 & -1 & 0 & 0 & 1 & -1 & -1 & 1 & 0 & 0 & 0 & 0 & 1 & -1 & 1 & -1 \\ 0 & 0 & 0 & 0 & 0 & 1 & -1 & 0 & 0 & 0 & 0 & 1 & -1 & 1 & -1 & 1 & -1 & -1 & 1 \end{bmatrix}$$

$$i = 1,2,\cdots,19 \quad (4-11)$$

D2Q9 模型的权系数为 ω_i:

$$\omega_i = \begin{cases} 4/9, & c_i^2 = 0 \\ 1/9, & c_i^2 = c^2 \\ 1/36, & c_i^2 = 2c^2 \end{cases} \quad (4-12)$$

D3Q19 模型的权系数为 ω_i:

$$\omega_i = \begin{cases} 1/3, & c_i^2 = 0 \\ 1/18, & c_i^2 = c^2 \\ 1/36, & c_i^2 = 2c^2 \end{cases} \quad (4-13)$$

下面对 Boltzmann - BGK 方程再进行时间和空间上的离散,首先选择时间步长 δ_t,并将公式(4-8)沿离散速度方向线积分,可得:

$$f_i(\boldsymbol{r}_t + \boldsymbol{e}_i\delta_t, t + \delta_t) - f_i(\boldsymbol{r}_t, t) = -\frac{\delta_t}{\tau_0}[f_i(\boldsymbol{r}_t, t) - f_i^{eq}(\boldsymbol{r}_t, t)] + \delta_t F_i(\boldsymbol{r}_t, t) \quad (4-14)$$

定义无量纲松弛时间 $\tau = \tau_0/\delta_t$,式(4-14)变为:

$$f_i(\boldsymbol{r}_t + \boldsymbol{e}_i\delta_t, t + \delta_t) - f_i(\boldsymbol{r}_t, t) = -\frac{1}{\tau}[f_i(\boldsymbol{r}_t, t) - f_i^{eq}(\boldsymbol{r}_t, t)] + \delta_t F_i(\boldsymbol{r}_t, t) \quad (4-15)$$

　　选择空间离散的网格长度 δx，满足 $\delta x = c\delta_t$，c 为格子速度，$c^2 = 3RT/M_w$。将研究空间划分为正方形网格，即 $\delta x = \delta y$。这一特征为粒子在格子空间的迁移和碰撞运动提供了条件，即每个粒子在一个时间步长内可以恰好准确地运动到对应的网格节点，正是这一特点，使得格子 Boltzmann 方法在处理复杂边界、微流动、多相流、并行计算等方面具有不可替代的优势。

　　此外，根据 Chapman – Enskog expansion 可以推出无量纲松弛时间 τ 与流体黏度 υ 有如下关系：

$$\upsilon = \frac{RT}{M_w}(\tau - 0.5)\delta_t \tag{4-16}$$

　　这里 υ 是流体运动黏度系数，流体动力黏度可表示为 $\mu = \rho\upsilon$。至此得到完全离散化（速度离散、时间离散和空间离散）的格子 Boltzmann 方程。

　　根据松弛时间的数量，格子 Boltzmann 模型又可分为单松弛模型[2]和多松弛模型[3]。当无量纲松弛时间 τ 根据公式（4-16）中的关系取值，且个数只有一个时，为单松弛格子 Boltzmann 模型（SRT）。当模型中有多个无量纲松弛时间时，为多松弛格子 Boltzmann 模型（MRT）。MRT 模型中的碰撞过程在矩空间中执行，即：

$$\boldsymbol{m}(\boldsymbol{r} + \boldsymbol{e}_i\delta_t, t + \delta_t) = \boldsymbol{m}(\boldsymbol{r}, t) + \hat{\boldsymbol{S}}[\boldsymbol{m}^{eq}(\boldsymbol{r}, t) - \boldsymbol{m}(\boldsymbol{r}, t)] \tag{4-17}$$

其中，

$$\begin{cases} \boldsymbol{m} = \boldsymbol{M} \cdot f \\ \boldsymbol{m}^{eq} = \boldsymbol{M} \cdot f^{eq} \\ \hat{\boldsymbol{S}} = \boldsymbol{M} \cdot \boldsymbol{S} \cdot \boldsymbol{M}^{-1} = \mathrm{diag}(s_1, s_2, \cdots, s_m) \end{cases} \tag{4-18}$$

式中　$\boldsymbol{m}$——矩空间分布函数；

　　　$\boldsymbol{m}^{eq}$ ——矩空间平衡态分布函数；

　　　$\boldsymbol{M}$——变换矩阵；

　　　$\boldsymbol{S}$——对角疏松矩阵。

1）D2Q9 模型

D2Q9 模型的变换矩阵配置为：

$$\boldsymbol{M} = \begin{pmatrix} 1 & 1 & 1 & 1 & 1 & 1 & 1 & 1 & 1 \\ -4 & -1 & -1 & -1 & -1 & 2 & 2 & 2 & 2 \\ 4 & -2 & -2 & -2 & -2 & 1 & 1 & 1 & 1 \\ 0 & 1 & 0 & -1 & 0 & 1 & -1 & -1 & 1 \\ 0 & -2 & 0 & 2 & 0 & 1 & -1 & -1 & 1 \\ 0 & 0 & 1 & 0 & -1 & 1 & 1 & -1 & -1 \\ 0 & 0 & -2 & 0 & 2 & 1 & 1 & -1 & -1 \\ 0 & 1 & -1 & 1 & -1 & 0 & 0 & 0 & 0 \\ 0 & 0 & 0 & 0 & 0 & 1 & -1 & 1 & -1 \end{pmatrix} \tag{4-19}$$

对应的矩为：

$$\boldsymbol{m} = (\rho, e, \varepsilon, j_x, q_x, j_y, q_y, p_{xx}, p_{xy})^{\mathrm{T}} \tag{4-20}$$

$$\boldsymbol{m}^{\mathrm{eq}} = \rho(1, -2+3u^2, \alpha+\beta u^2, u_x, -u_x, u_y, -u_y, u_x^2-u_y^2, u_x u_y)^{\mathrm{T}} \tag{4-21}$$

当 $\alpha = 1$ 且 $\beta = -3$ 时,有:

$$\boldsymbol{S} = (0, s_e, s_\varepsilon, 0, s_q, 0, s_q, s_\nu, s_\nu) \tag{4-22}$$

流体剪切黏度系数和体黏度系数可表示为:

$$\nu = c_s^2\left(\frac{1}{s_\nu} - \frac{1}{2}\right)\delta_t$$

$$\zeta = c_s^2\left(\frac{1}{s_e} - \frac{1}{2}\right)\delta_t \tag{4-23}$$

2) D3Q19 模型

D3Q19 模型的变换矩阵配置为:

$$\boldsymbol{M} = \begin{pmatrix} 1 & 1 & 1 & 1 & 1 & 1 & 1 & 1 & 1 & 1 & 1 & 1 & 1 & 1 & 1 & 1 & 1 & 1 & 1 \\ -30 & -11 & -11 & -11 & -11 & -11 & -11 & 8 & 8 & 8 & 8 & 8 & 8 & 8 & 8 & 8 & 8 & 8 & 8 \\ 12 & -4 & -4 & -4 & -4 & -4 & -4 & 1 & 1 & 1 & 1 & 1 & 1 & 1 & 1 & 1 & 1 & 1 & 1 \\ 0 & 1 & -1 & 0 & 0 & 0 & 0 & 1 & -1 & 1 & -1 & 1 & -1 & 1 & -1 & 0 & 0 & 0 & 0 \\ 0 & -4 & 4 & 0 & 0 & 0 & 0 & 1 & -1 & 1 & -1 & 1 & -1 & 1 & -1 & 0 & 0 & 0 & 0 \\ 0 & 0 & 0 & 1 & -1 & 0 & 0 & 1 & 1 & -1 & -1 & 0 & 0 & 0 & 0 & 1 & -1 & 1 & -1 \\ 0 & 0 & 0 & -4 & 4 & 0 & 0 & 1 & 1 & -1 & -1 & 0 & 0 & 0 & 0 & 1 & -1 & 1 & -1 \\ 0 & 0 & 0 & 0 & 0 & 1 & -1 & 0 & 0 & 0 & 0 & 1 & 1 & -1 & -1 & 1 & 1 & -1 & -1 \\ 0 & 0 & 0 & 0 & 0 & -4 & 4 & 0 & 0 & 0 & 0 & 1 & 1 & -1 & -1 & 1 & 1 & -1 & -1 \\ 0 & 2 & 2 & -1 & -1 & -1 & -1 & 1 & 1 & 1 & 1 & 1 & 1 & 1 & 1 & -2 & -2 & -2 & -2 \\ 0 & -4 & -4 & 2 & 2 & 2 & 2 & 1 & 1 & 1 & 1 & 1 & 1 & 1 & 1 & -2 & -2 & -2 & -2 \\ 0 & 0 & 0 & 1 & 1 & -1 & -1 & 1 & 1 & 1 & 1 & -1 & -1 & -1 & -1 & 0 & 0 & 0 & 0 \\ 0 & 0 & 0 & -2 & -2 & 2 & 2 & 1 & 1 & 1 & 1 & -1 & -1 & -1 & -1 & 0 & 0 & 0 & 0 \\ 0 & 0 & 0 & 0 & 0 & 0 & 0 & 1 & -1 & -1 & 1 & 0 & 0 & 0 & 0 & 0 & 0 & 0 & 0 \\ 0 & 0 & 0 & 0 & 0 & 0 & 0 & 0 & 0 & 0 & 0 & 0 & 0 & 0 & 0 & 1 & -1 & -1 & 1 \\ 0 & 0 & 0 & 0 & 0 & 0 & 0 & 0 & 0 & 0 & 0 & 1 & -1 & -1 & 1 & 0 & 0 & 0 & 0 \\ 0 & 0 & 0 & 0 & 0 & 0 & 0 & 1 & -1 & 1 & -1 & -1 & 1 & -1 & 1 & 0 & 0 & 0 & 0 \\ 0 & 0 & 0 & 0 & 0 & 0 & 0 & -1 & -1 & 1 & 1 & 0 & 0 & 0 & 0 & 1 & -1 & 1 & -1 \\ 0 & 0 & 0 & 0 & 0 & 0 & 0 & 0 & 0 & 0 & 0 & 1 & 1 & -1 & -1 & -1 & -1 & 1 & 1 \end{pmatrix} \tag{4-24}$$

对应的矩为：

$$\boldsymbol{m} = (\rho, e, \varepsilon, j_x, q_x, j_y, q_y, j_z, q_z, 3p_{xx}, 3\pi_{xx}, p_{ww}, p_{xy}, p_{yz}, p_{zx}, t_x, t_y, t_z)^{\mathrm{T}} \qquad (4-25)$$

$$\boldsymbol{m}^{\mathrm{eq}} = \rho \begin{pmatrix} 1, -11+19u^2, \alpha+\beta u^2, u_x, -\dfrac{2}{3}u_x, u_y, -\dfrac{2}{3}u_y, u_z, -\dfrac{2}{3}u_z, 3u_x^2-u_y^2, \\ u_y^2-u_z^2, u_xu_y, u_yu_z, u_zu_x, \dfrac{\gamma p_{xx}^{\mathrm{eq}}}{\rho}, \dfrac{\gamma p_{ww}^{\mathrm{eq}}}{\rho}, 0, 0, 0 \end{pmatrix}^{\mathrm{T}}$$

$$(4-26)$$

当 $\alpha = 3, \beta = -11/2$ 且 $\gamma = -1/2$ 时，有：

$$\boldsymbol{S} = (0, s_e, s_\varepsilon, 0, s_q, 0, s_q, 0, s_q, s_\nu, s_\pi, s_\nu, s_\pi, s_\nu, s_\nu, s_\nu, s_t, s_t, s_t) \qquad (4-27)$$

$$s_1 = s_4 = s_6 = s_8 = 0, s_2 = s_3 = s_{10-16} = \frac{1}{\tau}, s_5 = s_7 = s_9 = s_{17-19} = 8\frac{2\tau-1}{8\tau-1}$$

$$(4-28)$$

$$\tau = \frac{\upsilon}{c_s^2 \delta_t} + 0.5 \qquad (4-29)$$

单松弛格子 Boltzmann 模型和多松弛格子 Boltzmann 模型中，对粒子数密度分布函数 f 积分可以得到宏观密度 ρ、速度 $\boldsymbol{u}$ 和压力 p 的值：

$$\rho = \sum_i f_i, \boldsymbol{u} = \frac{1}{\rho}\sum_i f_i \boldsymbol{e}_i, p = c_s^2 \rho \qquad (4-30)$$

MRT 模型具有更多的可调参数，比如黏度系数与松弛时间。通过调节这些参数能够优化模型的性能，使其在数值稳定性以及应用范围上比单松弛 LBM 模型更具有优势。

二、边界条件

对于流动问题，边界条件起着重要的作用。作为格子 Boltzmann 方法中重要的一环，边界条件对格子 Boltzmann 数值计算效率、稳定性以及精度有着较大的影响。格子 Boltzmann 方法能够灵活处理多种边界条件，包括周期性边界条件、固壁反弹边界条件、压力边界条件和速度边界条件等。由于格子 Boltzmann 方法能够灵活处理复杂的固壁边界条件，使其在模拟真实多孔介质内的流动成为可能。

1. 周期性边界

周期性边界是将粒子从出口流出的状态重新施加在入口边界，以此不断循环。下面以 D2Q9 模型为例介绍周期性边界条件。如图 4-2 所示的二维平板流动，流场沿 x 方向具有周期性，出口和入口的速度分布函数有如下关系：

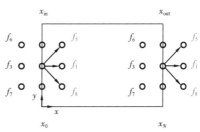

图 4-2 周期边界示意图

$$\begin{cases} f_{1,5,8}(x_0,t) = f^c_{1,5,8}(x_N,t) \\ f_{3,6,7}(x_N,t) = f^c_{1,5,8}(x_0,t) \end{cases} \qquad (4-31)$$

式中　f——碰撞前的粒子分布函数；

f^c——碰撞后的粒子分布函数。

周期性边界原理简单且易于实现，在流动条件不变或呈现周期性变化的流动模拟中有着广泛的应用。

2. 固壁边界

固壁边界在流动问题中十分普遍，尤其是对于多孔介质内的流动，由于孔隙结构复杂，流体粒子与孔隙壁面频繁发生碰撞，大量网格点需要施加固壁边界。常用的固壁边界包括标准反弹格式、半步长反弹格式和修正反弹格式[4,5]，对于滑移壁面，以下介绍一种反弹与镜面反射混合格式的固壁边界。该方法能够实现流体粒子与固壁边界之间的动量交换，更符合涉及气体滑脱效应的流动问题。

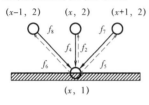

图 4-3　反弹边界

以平板流动下壁面为例，如图 4-3 所示，定义回弹比例系数 r_b（$0 \le r_b \le 1$），其表示粒子与固壁碰撞后沿原方向回弹所占的比例。当 $r_b = 1$ 时，为标准反弹格式；当 $r_b = 0$ 时，为纯镜面反射格式；当 $r_b = 0.5$ 时，为理想漫反射格式。通过公式（4-32）可以发现，当 r_b 不为 0 时，壁面具有滑移速度，且 r_b 值越小，壁面滑移速度越大。

固壁边界中的相关速度分布函数有如下关系：

$$\begin{cases} f_2(x,1) = f_4(x,1) \\ f_5(x,1) = r_b f_7(x,1) + (1-r_b)f_8(x,1) \\ f_6(x,1) = r_b f_8(x,1) + (1-r_b)f_7(x,1) \end{cases} \qquad (4-32)$$

式中，$f_4(x,1)$，$f_7(x,1)$ 和 $f_8(x,1)$ 分别由 $f_4(x,2)$，$f_7(x+1,2)$ 和 $f_8(x-1,2)$ 迁移而来。

以上介绍的标准反弹格式，形式简单原理清晰，然而仅有一阶精度，而格子 Boltzmann 在非边界节点上本身具有二阶精度，因此采用具有二阶精度的半步长反弹格式。半步长反弹格式与标准反弹格式形式上基本一致（式 4-33）：

$$\begin{cases} f_2(x,1) = f_4(x,2) \\ f_5(x,1) = f_7(x+1,2) \\ f_6(x,1) = f_8(x-1,2) \end{cases} \qquad (4-33)$$

不同之处在于，半步长反弹格式的真实固壁边界位于相邻的流体边界和计算边界中间，如图 4-4 所示。本章无滑移固壁边界采用半步长反弹边界条件，滑移边界采用反弹与镜面反射混合格式的半步长反弹边界实现。

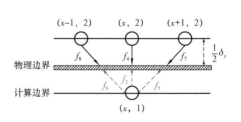

图 4-4　半步长反弹边界

3. 定压力边界

定压力边界条件常被用于压力梯度驱动下的流动,本章采用 Zou – He 压力边界格式[6],该格式具有物理推导清晰、结构简单、精度高等优势。如上文图 4 – 2 所示的二维平板流动,左侧入口取定压力边界条件,在格子 Boltzmann 方法中,$p = c_s^2 \rho$,定压力边界的本质是定密度边界。当迁移步骤完成后,位置 x_0 处的速度分布函数 f_1、f_5 和 f_8 不能由其他位置处的格点迁移得到。因此,需要结合宏观密度和速度的定义式对 f_1、f_5 和 f_8 进行求解。

$$\begin{cases} \rho_{in} = f_9 + f_1 + f_2 + f_3 + f_4 + f_5 + f_6 + f_7 + f_8 \\ \rho_{in} u_{in} = c[(f_1 + f_5 + f_8) - (f_3 + f_6 + f_7)] \\ 0 = (f_5 - f_8) + (f_2 - f_4) + (f_6 - f_7) \\ f_1 - f_1^{eq} = f_3 - f_3^{eq} \end{cases} \quad (4-34)$$

方程组(4 – 34)第三个公式由 y 方向速度为 0 确定,第四个公式为补充的假设条件。显然,由公式(4 – 34)可以求出 u_{in}、f_1、f_5 和 f_8 四个未知变量,即:

$$u_{in} = c\left[1 - \frac{f_9 + f_2 + f_4 + 2(f_3 + f_6 + f_7)}{\rho_{in}}\right] \quad (4-35)$$

$$\begin{cases} f_1 = f_3 + \frac{2}{3c}\rho_{in}u_{in} \\ f_5 = f_7 - \frac{1}{2}(f_2 - f_4) + \frac{1}{6c}\rho_{in}u_{in} \\ f_8 = f_6 + \frac{1}{2}(f_2 - f_4) + \frac{1}{6c}\rho_{in}u_{in} \end{cases} \quad (4-36)$$

同理,可求得出口定压边界条件下的未知量:

$$u_{out} = c\left[\frac{f_9 + f_2 + f_4 + 2(f_1 + f_5 + f_8)}{\rho_{out}} - 1\right] \quad (4-37)$$

$$\begin{cases} f_3 = f_1 - \frac{2}{3c}\rho_{out}u_{out} \\ f_7 = f_5 + \frac{1}{2}(f_2 - f_4) - \frac{1}{6c}\rho_{out}u_{out} \\ f_6 = f_8 - \frac{1}{2}(f_2 - f_4) - \frac{1}{6c}\rho_{out}u_{out} \end{cases} \quad (4-38)$$

4. 定流速边界

与推导定压力边界条件的思路类似,对于速度边界,入口速度 u_{in} 已知,而入口压力未知,即入口处的密度 ρ_{in} 未知,同样由公式(4 – 34)可以求出 ρ_{in}、f_1、f_5 和 f_8 四个未知变量,即:

$$\rho_{\text{in}} = \frac{c}{c - u_{\text{in}}}\left[f_9 + f_2 + f_4 + 2(f_3 + f_6 + f_7)\right] \tag{4-39}$$

$$\begin{cases} f_1 = f_3 + \dfrac{2}{3c}\rho_{\text{in}}u_{\text{in}} \\[2mm] f_5 = f_7 - \dfrac{1}{2}(f_2 - f_4) + \dfrac{1}{6c}\rho_{\text{in}}u_{\text{in}} \\[2mm] f_8 = f_6 + \dfrac{1}{2}(f_2 - f_4) + \dfrac{1}{6c}\rho_{\text{in}}u_{\text{in}} \end{cases} \tag{4-40}$$

同理,可求得出口定流速边界条件下的未知量:

$$\rho_{\text{out}} = \frac{c}{u_{\text{out}} + c}\left[f_9 + f_2 + f_4 + 2(f_1 + f_5 + f_8)\right] \tag{4-41}$$

$$\begin{cases} f_3 = f_1 - \dfrac{2}{3c}\rho_{\text{out}}u_{\text{out}} \\[2mm] f_7 = f_5 + \dfrac{1}{2}(f_2 - f_4) - \dfrac{1}{6c}\rho_{\text{out}}u_{\text{out}} \\[2mm] f_6 = f_8 - \dfrac{1}{2}(f_2 - f_4) - \dfrac{1}{6c}\rho_{\text{out}}u_{\text{out}} \end{cases} \tag{4-42}$$

三、单位转换

通常情况下,格子 Boltzmann 模拟中采用的是无量纲格子单位,在实际流动问题中常需要将格子单位转化为实际物理单位。对于不考虑传热的物理问题,涉及的基本物理量有:长度 L,时间 t,质量 m(也可能会涉及温度 T 和物质的量 n),记实际物理量为 L_R、t_R、m_R、ρ_R、u_R、p_R、v_R,对应的格子物理量为 L_L、t_L、m_L、ρ_L、u_L、p_L、v_L。各物理量间的单位转换系数为 L_T、t_T、m_T、ρ_T、u_T、p_T、v_T,则实际物理单位与格子单位有如下转化关系:

$$\begin{cases} L_T = L_R / L_L \\ t_T = t_R / t_L = L_T / u_T \\ m_T = \rho_T / L_T{}^3 \\ \rho_T = \rho_R / \rho_L \\ u_T = c_R / c_L \\ p_T = \rho_T u_T{}^2 \\ v_T = L_T u_T \end{cases} \tag{4-43}$$

通常情况下,在格子 Boltzmann 模拟中,c_L、L_L 和 t_L 的值均取 1,为了保证数值计算的稳定性,松弛时间 τ 的取值也常在 1 附近。根据公式(4-16),可以得到:

$$t_R = \frac{2M_w v_R}{RT} \tag{4-44}$$

显然,根据公式(4-43)和式(4-44),当格子声速已知,确定适当的运动黏度 v_R,即可求出 t_T 和 L_T,进而得到其他参数的转换关系。另外,当实际物理单位下的流体密度、格子声速和格子长度确定时,也可得到其他实际物理量与格子物理量之间的单位转换系数。流体密度可以通过 $\rho = M_w p / ZRT$ 计算得到。实际物理单位下的格子声速计算公式为:

$$c_s = \sqrt{\frac{\gamma ZRT}{M_w}} \qquad (4-45)$$

式中 γ——气体的比热容比;

Z——真实气体偏差系数。

需要指出的是,实际物理单位下格子长度的取值与模拟情况相关,对于常温下微纳米多孔介质内的气体流动问题,为了保证数值计算精度,单个格子的实际长度可以取平均分子自由程 λ,即:

$$\delta_x = \lambda = \frac{\mu}{p} \sqrt{\frac{\pi RT}{2}} \qquad (4-46)$$

式中 T——温度,K;

p——压力,Pa。

此时,单个格子的长度一般在纳米(10^{-9} m)量级,格子时间在皮秒(10^{-12} s)量级。然而,在如此小的空间和时间尺度下若要对宏观问题进行数值模拟计算将消耗大量的计算资源。因此,对于宏观问题的研究往往需要将格子模拟尺度与宏观尺度通过相似准则进行对应。

四、模拟尺度与关注尺度的对应

为了将格子 Boltzmann 模拟的结果与更大尺度的宏观流动问题相对应,通常需要利用相似准则建立两种尺度下物理量之间的对应关系。若两个恒定流动相似,则应满足下述几个相似条件。

(1)几何相似:又称空间相似,表征流场几何形状的物理量相似,即两个流场中全部对应特征长度的比例相等。

(2)运动相似:又称速度场相似,表征流体微团运动状态的物理量相似,即两个流场中所有对应点上,对应时刻的速度方向相同,流速大小的比例相等。

(3)动力相似:两个流场中所有对应点上,作用在微团上的各种力方向相同,大小的比例相等。

另外,还有热力相似,边界和初始条件相似等。本章所涉及的流动问题流场温度基本恒定,因此不需关注热力相似。为保证动力相似,需保证相似准则数相同,相似准则数均为无量纲数。对于多孔介质内的气体流动问题,主要关注雷诺数、弗劳德数、欧拉数与实际流动问题一致,即:

$$\frac{u^L L^L}{v^L} = \frac{u^R L^R}{v^R}$$

$$\frac{(u^L)^2}{g^L L^L} = \frac{(u^R)^2}{g^R L^R}$$

$$\frac{p^{\mathrm{L}}}{(\rho^{\mathrm{L}} u^{\mathrm{L}})^2} = \frac{p^{\mathrm{R}}}{(\rho^{\mathrm{R}} u^{\mathrm{R}})^2} \tag{4-47}$$

式中 L——模拟尺度的物理量;

　　　　R——实际尺度物理量。

物理量的数值均取在流场中的特征量。具体选取哪种相似准则数来对应,视实际流动情况而定。

第2节   纳米尺度基质孔隙中的气体运移格子 Boltzmann 方法

煤岩储层基质孔隙尺寸变化范围大,从纳米到微米级孔隙均有发育,在不同尺度的孔径中,气体具有不同的流动特征。努森数是表征微观气体流动的一个重要无量纲参数,其定义为气体分子的平均自由程与流动通道特征尺寸(一般取孔隙直径)的比值。根据努森数的范围,可以将流动划分为 4 种类型[7,8]:连续流动($Kn < 0.001$),滑移流动($0.001 < Kn < 0.1$),过渡流($0.1 < Kn < 10$)以及自由分子运动($Kn > 10$),如图 4-5 所示。随着努森数的增大,流动的非连续性、气体滑脱效应、气体可压缩性等问题将不断凸显,这给基于连续介质假设的数值方法带来挑战。根据努森数的定义,可以得到 CH_4 气体在不同孔径、压力和温度条件下努森数的变化情况。

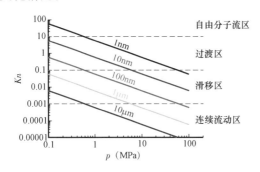

图 4-5   不同孔径下努森数随压力变化(300K)

滇东黔西地区煤层气储层原始地层压力可达 10MPa 以上,对于储层基质中广泛发育的纳米级孔隙而言,气体流动主要处在滑移区和过渡区内,此时达西定律已不再适合描述气体的流动。随着煤层气的开采,储层压力不断降低,过渡流动逐渐成为主要流态,随着储层压力的进一步降低,尺度更小的孔隙中甚至会出现自由分子流动。鉴于格子 Boltzmann 方法在模拟多孔介质内流动的明显优势,本节在 Klimontovich 广义动力学方程[9,10]、Brenner 体积扩散理论[11-13]以及 Boltzmann - BGK 方程的基础上,建立了微流动格子 Boltzmann 模型,其能够满足努森数范围更大、努森数更高的多孔介质内的流动。

一、微尺度格子 Boltzmann 模型

1. 微流动格子 Boltzmann 模型

Klimontovich 广义 Boltzmann 动力学方程为[9,10]:

$$\frac{\partial f}{\partial t} + \boldsymbol{\xi} \cdot \nabla f + \boldsymbol{a} \cdot \nabla_{\xi} f = J_{\xi}(f) + D \nabla^2 f \tag{4-48}$$

通过与公式(4-4)对比发现,Klimontovich 动力学方程比传统 Boltzmann 方程多了扩散项

$D\nabla^2 f$，D 为扩散系数，类似于爱因斯坦布朗运动扩散系数。1998 年，Luo 等提出了一个非理想气体的格子 Boltzmann 模型[14,15]。该模型中，碰撞项 $J_\xi(f)$ 可以写成：

$$J_\xi(f) = -\frac{\chi}{\tau}[f - f^{eq}] + J^{(1)} \tag{4-49}$$

$$J^{(1)} = -f^{eq}b\rho\chi(\boldsymbol{\xi} - \boldsymbol{u}) \cdot \nabla\ln(\rho^2\chi) \tag{4-50}$$

其中，χ 反映了由气体稠密性引起的碰撞频率的增加，是参数 $b\rho$ 的递增函数[16]。

$$\chi = 1 + \frac{5}{8}b\rho + 0.2869(b\rho)^2 + 0.1103(b\rho)^3 + 0.0386(b\rho)^4 \tag{4-51}$$

式中　b——分子直径，nm，$b = 2\pi d^3/3m$，甲烷分子直径为 0.3758nm；

　　m——分子质量，kg，单个甲烷分子质量为 $M_w/N_A = 2.66 \times 10^{-26}$kg；

　　N_A——阿伏伽德罗常数。

由公式（4-48）和公式（4-49）可得到考虑体积扩散效应非理想气体的格子 Boltzmann 模型：

$$\frac{\partial f}{\partial t} + \boldsymbol{\xi} \cdot \nabla f + \boldsymbol{a} \cdot \nabla_\xi f = -\frac{\chi}{\tau}[f - f^{eq}] + J^{(1)} + D\nabla^2 f \tag{4-52}$$

与 Boltzmann – BGK 方程对比发现，公式（4-52）多引入一个参数 χ 以及两个源项 $J^{(1)}$ 和 $D\nabla^2 f$。$J^{(1)}$ 为碰撞算子 $J_\xi(f)$ 基于 Chapman – Enskog 展开的一阶近似值，$D\nabla^2 f$ 为分子扩散项。通过 Chapman – Enskog 分析，由公式（4-52）可以推出宏观连续性方程和动量方程：

$$\frac{\partial\rho}{\partial t} + \nabla \cdot j = 0, j = \rho\boldsymbol{u} - D\nabla\rho \tag{4-53}$$

$$\frac{\partial(\rho\boldsymbol{u})}{\partial t} + \nabla(j\boldsymbol{u}) = -\nabla p + \nabla \cdot \{\rho v[\nabla\boldsymbol{u} + (\nabla\boldsymbol{u})^T]\} \tag{4-54}$$

非理想气体状态方程可表示为：

$$p = \rho RT(1 + b\rho\chi) \tag{4-55}$$

黏度为：

$$\mu = \mu^{id}[1 + 2b\rho\chi/(D+2)]^2/\chi \tag{4-56}$$

式中　μ^{id}——相应稀释气体的剪切黏度，Pa·s；

由格子 Boltzmann 方法中黏度系数与松弛时间的关系可得：

$$\mu = c_s^2\rho(\tau - \frac{1}{2})\delta_t = p(\tau - \frac{1}{2})\delta_t \tag{4-57}$$

根据努森数的定义容易得到：

$$\tau = \sqrt{\frac{\pi}{6}}\frac{Kn}{\Delta}(1 + 0.5b\rho\chi)^2 + 0.5\chi \tag{4-58}$$

式中,$\Delta = \delta x/h$,这里定义一个质量速度 $\boldsymbol{u}_m$,则公式(4-53)中的速度项可写为:

$$\boldsymbol{u} = \boldsymbol{u}_m + \rho^{-1}D\,\nabla\rho \qquad (4-59)$$

可以发现,在 Klimontovich 动力学方程中,$\boldsymbol{u}$ 等于质量速度加上自扩散项,类似地,在 Brenner 体积扩散理论中 $\boldsymbol{u}$ 被称为体积速度。近几年,从气体动力学理论出发,"双速度"模型也得到了证明[17-19]。

2. 微流动格子 Boltzmann 方程离散

采用本章第 1 节中的离散方式,离散后的微流动格子 Boltzmann 方程为:

$$f_i(x + \boldsymbol{e}_i\delta_t, t + \delta_t) - f_i(x,t) = -\frac{\chi}{\tau}[f_i(x,t) - f_i^{eq}(x,t)] + J^{(1)} + D\,\nabla^2 f \qquad (4-60)$$

式中,$J^{(1)}$ 表征了非理想气体效应的影响;$D\,\nabla^2 f$ 表征了扩散效应的影响。

松弛时间 τ 为:

$$\tau = \frac{v}{c_s^2\delta_t} + 0.5 \qquad (4-61)$$

离散的平衡分布函数为:

$$f_i^{eq} = \omega_i\rho\Big[1 + \frac{\boldsymbol{e}_i\cdot\boldsymbol{u}^{eq}}{c_s^2} + \frac{(\boldsymbol{e}_i\cdot\boldsymbol{u}^{eq})^2}{2c_s^4} - \frac{\boldsymbol{u}^{eq}\cdot\boldsymbol{u}^{eq}}{2c_s^2}\Big] \qquad (4-62)$$

宏观流体密度和质量速度的表达式为:

$$\rho = \sum_i f_i, \boldsymbol{u}_m = \frac{1}{\rho}\sum_i f_i\boldsymbol{e}_i \qquad (4-63)$$

基于非理想气体状态方程和黏度系数与松弛时间的关系,把有限体积效应表征为 $-\dfrac{\delta_t}{2}[b\rho\chi\cdot\nabla\ln(\rho^2\chi)]$ [20,21];采用扩散速度 $\rho^{-1}D\,\nabla\rho$ 表征扩散效应[22],则平衡速度方程为:

$$\boldsymbol{u}^{eq} = \boldsymbol{u}_m - \frac{\delta_t}{2}[b\rho\chi\cdot\nabla\ln(\rho^2\chi)] + \rho^{-1}D\,\nabla\rho \qquad (4-64)$$

其中密度梯度 $\nabla\rho$ 可由中心差分计算得出:

$$\boldsymbol{e}_i\cdot\nabla\rho(x)\delta_t = \frac{1}{2}[\rho(x + \boldsymbol{e}_i\delta_t) - \rho(x - \boldsymbol{e}_i\delta_t)] \qquad (4-65)$$

扩散系数采用 Brenner 体积扩散理论中的定义[11-13],即:

$$D = \frac{k}{c_p\rho} \qquad (4-66)$$

式中 k——热传导系数;

c_p——定压比热,J/(kg·K)。

由普朗特数的定义 $Pr = \mu c_p/k$,进而公式(4-66)可写成:

$$D = \frac{\mu}{Pr\rho} \tag{4-67}$$

为了便于分析,以上采用单松弛时间进行推导,通过改变松弛时间的形式,即可构建出相应的 MRT – LBM 模型。

3. Bosanquet – type 有效黏度

根据努森数的定义 $Kn = \lambda / h$,λ 为气体的平均分子自由程,h 为特征长度,可知,随着流动尺度的减小,流动的特征尺寸与分子平均自由程的尺度趋于同一数量级,此时,微流动中的分子平均自由程应考虑流动边界的作用,即采用有效分子平均自由程,相应地,一些微流动参数也应采用有效值。当 $Kn \to 0$ 时,气体黏性系数为:

$$\mu = a_0 \rho \bar{c} \lambda \tag{4-68}$$

式中 a_0——与分子模型有关的常数;

$\bar{c}$——分子平均热速度。

当 $Kn \to \infty$ 时,气体黏性系数为:

$$\mu_\infty = a_\infty \rho \bar{c} h \tag{4-69}$$

式中 a_∞——与 a_0 对应的常数。

因此当 $0 < Kn < \infty$ 时,根据 Bosanquet 有效黏度的定义有[23,24]:

$$\frac{1}{\mu_e} = \frac{1}{\mu} + \frac{1}{\mu_\infty} \tag{4-70}$$

由此可得:

$$\mu_e \approx \mu \frac{1}{1 + aKn} \tag{4-71}$$

式中 a——稀薄参数,或被称为 Bosanquet 参数,$a = a_0 / a_\infty$。

a 不是常数,取值与努森数有关。Michalis 等的研究表明当 $a = 2$ 时,有效黏度的取值可以满足过渡流动区域。相应地,有效平均分子自由程、有效努森数、有效努森数修正后的松弛时间以及有效扩散系数可表示为:

$$\begin{cases} \lambda_e = \frac{\mu_e}{p} \sqrt{\frac{\pi RT}{2}} \\ Kn_e = Kn \frac{1}{1 + aKn} \\ \tau_{es} = \frac{v}{c_s^2 \delta_t} \frac{1}{1 + aKn} + 0.5,\ 或\ \tau_{es} = \sqrt{\frac{6}{\pi}} \frac{Kn_e}{\Delta} + 0.5 \\ D_e = \frac{\mu}{Pr\rho} \frac{1}{1 + aKn} \end{cases} \tag{4-72}$$

4. 滑移边界条件

目前,常用的滑移公式为 Succi 提出的将无滑移的反弹格式与无穷滑移的镜面反射格式组合起来的混合格式[25](Bounceback – Specular – Reflection,BSR):

$$\begin{cases} f_2 = f_4^c + 2r\rho w_2 e_2 \cdot u_s/c_s^2 \\ f_5 = rf_7^c + (1-r)f_8^c + 2r\rho w_5 e_5 \cdot u_s/c_s^2 \\ f_6 = rf_8^c + (1-r)f_7^c + 2r\rho w_6 e_6 \cdot u_s/c_s^2 \end{cases} \quad (4-73)$$

式中　f^c——碰撞后的粒子分布函数;

　　　u_s——无量纲滑动固壁速度;

　　　r——组合系数。

对于二维 Poiseuille 流动,不同的 r 值能够影响壁面滑移速度,如图 4-6 所示。

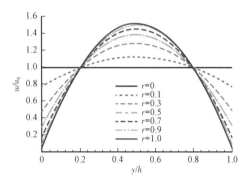

图 4-6　不同组合系数 r 条件下的速度分布

以 D2Q9 MRT – LBM 模型为例,壁面滑移速度为:

$$u_s = \frac{4(1-r)}{r}\sqrt{\frac{6}{\pi}}Kn + \frac{2\omega}{\pi(\tau_s-0.5)^2}Kn^2 \quad (4-74)$$

或:

$$u_s = \frac{2(1-r)(2\tau_s-1)}{r}\Delta + \frac{\overline{\omega}}{3}\Delta^2 \quad (4-75)$$

其中,

$$\overline{\omega} = 16(\tau_s-0.5)(\tau_q-0.5) - 3 \quad (4-76)$$

式中　τ_s,τ_p——无量纲松弛时间。

在郭照立等[5]提出的广义二阶滑移边界基础上,李庆等[26]采用 MRT – LBM 模型,对过渡区的微流动进行了数值模拟研究,并得到了较好的结果,本章参考郭照立、李庆等采用的滑移边界条件,具体相关滑移参数取值如下:

$$r = \frac{1}{1+B_1\sigma_v\sqrt{\pi/6}}$$

$$\tau_q = \frac{1}{2} + \frac{3+4\pi\tilde{\tau}_s^2 B_2}{16\tilde{\tau}_s}$$

$$\tilde{\tau}_s = \tau_s - 0.5 \quad (4-77)$$

式中　σ——切向动量协调系数,$\sigma_v = (2-\sigma)/\sigma$。

以上滑移格式可以实现麦克斯韦二阶滑移边界条件,即:

$$U_s - U_w = A_1 \lambda_e \frac{\partial u}{\partial y}\bigg|_{wall} - A_2 \lambda_e^2 \frac{\partial^2 u}{\partial y^2}\bigg|_{wall} \qquad (4-78)$$

式中　U_s——滑移速度,m/s;

　　　U_w——固壁速度,m/s;

　　　λ_e——有效平均分子自由程,m;

　　　A_1, A_2——分别为一阶,二阶滑移系数。

不同滑移边界模型的取值不同,见表 4 – 1。

表 4 – 1　不同滑移模型 A_1 和 A_2 的取值

研究学者	A_1	A_2	研究学者	A_1	A_2
Maxwell[27]	1	0	Cercignani[29]	1.1466	0.9756
Deissler[28]	1	1.6875	Sreekanth[30]	1.1466	0.1400

5. 对比和验证

通过模拟压力驱动的微平板流动进行相关对比验证[31],流动区域如图 4 – 7 所示,长 L,宽 w,高 h,$L/h = 50$,由于 $w \gg h$,因此可视为二维流动。

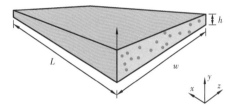

对于图 4 – 7 所示的流动问题,纳维—斯托克斯方程可化简为:

$$\mu \frac{\partial^2 u_x}{\partial y^2} = \frac{dp}{dx} \qquad (4-79)$$

图 4 – 7　微平板流动示意图

在满足公式(4 – 78)给出的二阶边界条件时,式(4 – 79)的解为:

$$u_x = \frac{1}{8\mu}\frac{dp}{dx}(4y^2 - h^2 - 4A_1\lambda h - 8A_2\lambda^2) \qquad (4-80)$$

将式(4 – 80)在 y 方向积分并乘以流道宽度 w,即可得到体积流量 Q:

$$Q = \int_{-h/2}^{h/2} wu_x dy = -\frac{wh^3}{12\mu}\frac{dp}{dx}(1 + 6A_1 Kn + 12A_2 Kn^2) \qquad (4-81)$$

表 4 – 2 列举了模拟所需参数。

表 4 – 2　模拟参数

参数	R	μ	T	Pr
数值	2078.5J/(kg·K)	1.967×10^{-5}Pa·s	296K	2/3

平均努森数定义为[11,32]:

$$Kn_m = \frac{\mu}{h\dfrac{p_{in} + p_{out}}{2}}\sqrt{\frac{\pi RT}{2}} = \frac{\mu\sqrt{2\pi RT}}{h(p_{in} + p_{out})} \qquad (4-82)$$

二维平板通道进出口采用压力边界条件,上下壁面采用滑移边界条件,并采用半步长反弹形式,调整出入口压力及 h 值,开展不同平均努森数条件下的流动模拟。u/u_0 为无量纲水平流速,u_0 为平板截面平均水平速度,模拟结果与 Navier-Stokes 方程采用 Sreekanth 二阶滑移边界条件的解以及 Ohwada 等[33] 的线性 Boltzmann 方程的解进行对比。

图 4-8 为滑移区模拟值与 Sreekanth 二阶滑移边界条件解的对比结果。在滑移区域内两者整体上吻合较好,当 Kn_m 等于 0.01128 和 0.02257 时,模拟值与 Sreekanth 值之间存在微小误差。

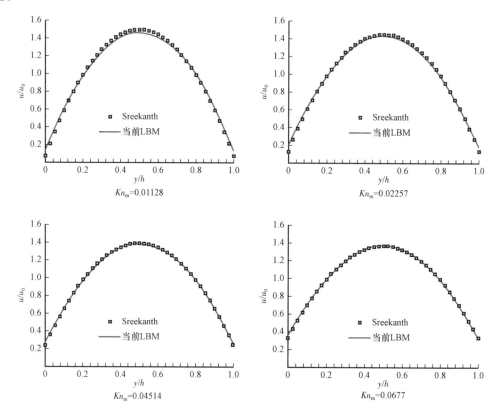

图 4-8　滑移区不同平均努森数条件下速度分布对比

图 4-9 为过渡区和部分自由分子流区内模拟结果与 Sreekanth 的解以及线性 Boltzmann 方程解的对比结果。随着平均努森数的增加,壁面滑移速度显著增加,无量纲速度剖面形状趋于平缓。当 $0.4514 \leqslant Kn_m \leqslant 4.5135$ 时,微流动格子 Boltzmann 模型结果与线性 Boltzmann 方程的解几乎完全一致;当 $Kn_m \geqslant 0.4514$ 时,在壁面模拟得到的滑移速度明显大于与其相邻的内层流体速度;当 $6.77 \leqslant Kn_m \leqslant 11.28$ 时,模拟结果与线性 Boltzmann 方程的解存在微小误差;当 $Kn_m \geqslant 0.2257$ 时,Sreekanth 二阶滑移边界条件的解与模拟结果和线性 Boltzmann 方程的解开始发生较大偏离;当 $Kn_m \geqslant 4.5135$ 时,Sreekanth 二阶滑移边界条件得出的速度基本保持水平状态。

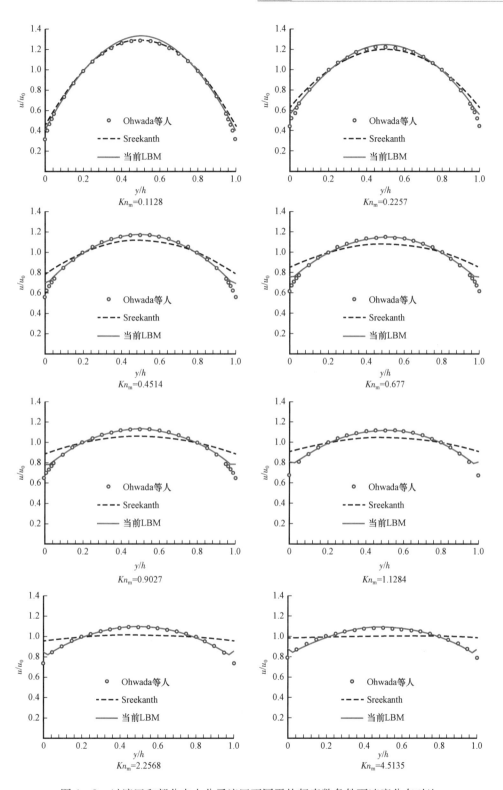

图4-9 过渡区和部分自由分子流区不同平均努森数条件下速度分布对比

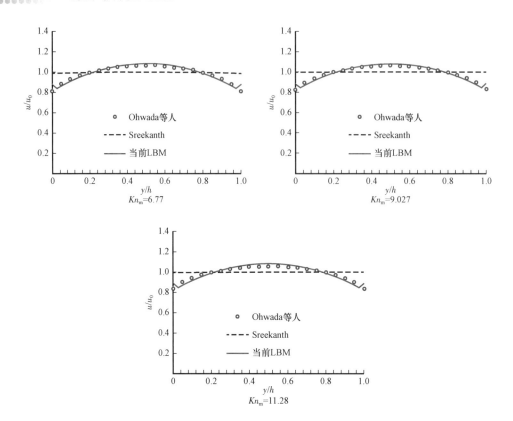

图 4-9 过渡区和部分自由分子流区不同平均努森数条件下速度分布对比(续)

除了速度分布,气体流量也是微尺度流动中的重要参数,为了进一步对比验证微流动格子 Boltzmann 模型的可靠性,下面对比分析不同模型的无量纲质量流量随平均努森数的变化规律。为了便于对比,将气体质量流量(体积流量乘以气体密度)除以自由分子质量流量可以得到无量纲气体质量流量,平板流动的自由分子质量流量的计算公式为:

$$M_{FM} = \frac{wh^2(p_{in} - p_{out})}{L \sqrt{2RT}} \qquad (4-83)$$

图 4-10 统计了无量纲质量流量随平均努森数的变化曲线。"LBGK"表示基于 MRT - LBM 模型,采用无滑移边界条件得到的模拟值,与 Navier - Stokes 方程的解对比发现两者吻合较好,但是在本节模拟的平均努森数范围内($0.02 \leqslant Kn_m \leqslant 60$),在无滑移边界条件下,Navier - Stoke 方程和传统 MRT - LBM 模型在该区域内的结果与其他结果之间有较大差异,且随着平均努森数的增加这种差异不断加大,说明了在高努森数的流动条件下这两种方法不再适用。

与 Ewart 等[34]的实验值对比发现,采用 Maxwell 一阶滑移边界条件,Deissler、Cercignani、Sreekanth 二阶滑移边界条件时 Navier - Stoke 方程的解分别能够满足平均努森数小于 0.1、0.2、0.3 和 3 的流动。Dadzie - Brenner 等通过体积扩散得到的预测值普遍低于实验值,该模型的预测能力能够达到的平均努森数为 10 左右。然而 Dadzie - Brenner 模型体现出了更好的预测能力,这主要是由于其所采用的平均努森数计算公式为:

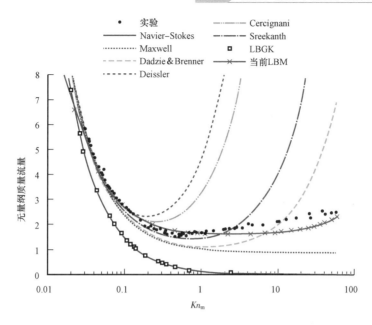

图4－10　微平板气体流动的无量纲质量流率随Kn_m的变化曲线

$$Kn_m = \frac{2\mu}{h(p_{in} + p_{out})}\sqrt{\pi RT} \tag{4-84}$$

观察发现,此时Kn_m值是本节模型中对Kn_m取值的$\sqrt{2}$倍。

通过与实验对比发现,本节所推导的微尺度格子Boltzmann模型的适用范围可到平均努森数50左右,尤其在$0.1 \leqslant Kn_m \leqslant 10$这一范围内,该模型的预测精度更高,其在过渡区流动的良好表现为下文多孔介质内的流动模拟提供了基础。

二、煤岩基质孔隙中的流动模拟

利用第1章中基于QSGS法构建的多孔介质几何模型,根据多孔介质平均孔径,调整出入口压力,即可得到不同平均努森数的流动模型,分别利用MRT－LBM模型和微流动格子Boltzmann模型分别进行流动模拟。图4－11给出了不同孔隙度下多孔介质流动的流线以及速度和压力云图,由图4－11可知,孔隙度越大,孔隙连通性越好,流道越多,流速也越大[35]。

选取四组LBM模拟得到的表观渗透率修正系数与理论值对比发现(图4－12),当$Kn >$ 0.01时,随努森数的增加,修正因子不断增加。模拟值普遍高于BKC和克林伯格(Klinkenberg)模型预测值,主要是由于模拟采用的多孔介质结构复杂,与基于圆管流动推导的模型之间存在一定误差。当努森数较小时($Kn < 0.01$),修正因子近似等于1,多孔介质中的流动符合达西定律。随着努森数的增加,修正因子开始增大,当$Kn > 0.1$时,Beskok－Karniadakis－Civan模型与克林伯格模型之间开始偏离。前人研究表明,较克林伯格模型,BKC修正模型具有更高的准确性。

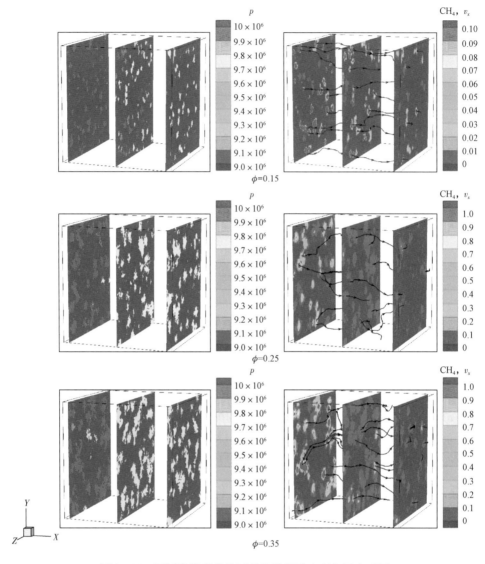

图 4 - 11   不同孔隙度条件下的流线以及速度和压力云图

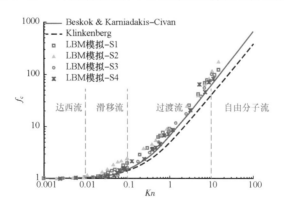

图 4 - 12   LBM 模拟与理论计算得到的表观渗透率修正系数对比图

第3节 微米尺度裂隙网络中的气体运移格子 Boltzmann 方法

煤储层具有独特的裂隙系统,被称为"割理"。通常情况下,割理系统是煤层气流动的主要通道,并贡献了煤岩绝大部分渗透率。大量实验研究发现影响煤岩渗透率的因素繁多,包括应力、基质吸附膨胀/基质解吸收缩效应、煤体结构等。在理论模型方面,前人提出了众多煤岩渗透率模型。其中,以火柴杆或方糖块概念模型为基础的煤岩裂隙渗透率模型应用最为广泛,基于该概念模型,衍生出了众多煤岩渗透率模型,包括 Cui - Bustin(C&B)模型[36,37]、Shi - Durucan(S&D)模型[38,39]、Palmer - Mansoori(P&M)模型[40,41]、改进 P&M 模型[42]以及 W&Z 模型[43]。而真实煤岩的裂隙系统比火柴杆或方糖块概念模型要复杂得多,研究流体在煤岩割理中的流动特征,对煤岩渗透率的预测具有重要意义。

本节基于第1章中重构的煤岩三维裂隙网络模型,利用格子 Boltzmann 方法,对煤岩三维裂隙网络中的气体流动开展模拟,得到了裂隙密度、粗糙度、开度以及应力对煤岩渗透率的影响规律[44]。

一、裂隙网络中的流动模拟

1. 单条裂隙中的流动模拟

首先对单条裂隙中的流动进行模拟。图 4 - 13(a)为单条光滑裂隙中流动的流线及压力云图,可以看出流线分布规则且相互平行。随着粗糙度的增加,流线开始变得曲折。

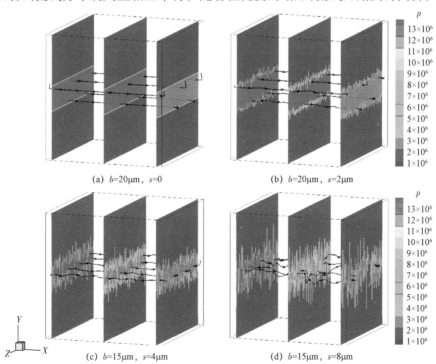

(a) $b=20\mu m$, $s=0$ (b) $b=20\mu m$, $s=2\mu m$

(c) $b=15\mu m$, $s=4\mu m$ (d) $b=15\mu m$, $s=8\mu m$

图 4 - 13 单条裂隙中的流线及压力分布

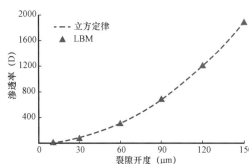

图 4 - 14 模拟得到的不同开度单条
裂隙渗透率与理论值对比

待流动稳定后,利用达西公式可计算出相应裂隙的渗透率。图 4 - 14 为模拟得到的不同裂隙开度条件下,单条光滑裂隙渗透率与理论值的对比曲线,由图 4 - 14 可知,LBM 模拟值与理论值吻合较好。

由图 4 - 13 可知,粗糙度对裂隙中的流动有较大影响。表 4 - 3 列举了不同裂隙开度条件下,通过实验、LBM 模拟以及立方定律得到的裂隙渗透率值。由表 4 - 3 可知,模拟值与实验值之间的误差随着裂隙开度的增加,平均误差为 15.53%。侧面反映了随着有效应力的增加,裂隙粗糙度系数 h 以及裂隙接触面积发生了变化,而 LBM 模拟中仍采用定值,由此带来了误差。

另外,由表 4 - 3 可知,立方定律过高地预测了粗糙裂隙的渗透率,立方定律预测值与实验值的比值可达 2 ~ 4 个数量级(531 ~ 42852),大量前人的研究也得到了类似的认识[45 - 50]。一般情况下,对于开度较大的裂隙,粗糙度对流动的影响可以忽略,此时立方定律具有较好的适用性。随着裂隙开度减小到与粗糙度同一数量级的尺度时,粗糙度对流动的影响往往不能忽略。

表 4 - 3 模拟值与实验值对比

煤样	有效应力 （MPa）	裂隙孔隙度 $\phi - \phi_0$（%）	裂隙开度 b （μm）	立方定律 （mD）	实验值 （mD）	LBM 模拟值 （mD）	模拟值与实验值的 误差（%）	立方定律值与 实验值之比
A1	2	0.570	111.83	5936.06	8.7522	8.923	1.95	678
	6	0.422	82.86	2414.77	0.7874	0.880	11.77	3067
	10	0.310	60.79	953.42	0.0893	0.076	14.94	10671
	14	0.264	51.93	594.33	0.0110	0.009	18.38	53896
	18	0.190	37.22	218.83	0.0051	0.004	21.67	42852
A2	3	0.537	105.49	4982.40	9.3912	9.659	2.85	531
	6	0.403	79.10	2100.16	1.5572	1.410	9.45	1349
	9	0.276	54.14	673.54	0.5514	0.469	14.94	1222
	12	0.251	49.32	509.26	0.0980	0.081	17.34	5197
	15	0.219	43.04	338.40	0.0387	0.029	24.99	8753
	18	0.193	37.86	230.25	0.0119	0.008	32.55	19414

2. 裂隙网络中的流动模拟

首先模拟具有光滑表面的裂隙网络中的流动,通过改变裂隙开度,生成随机点 N 个数,可以得到不同孔隙度的裂隙网络几何模型。当模拟稳定后,基于达西公式计算出相应的渗透率。

由于 Kozeny - Carman（KC）公式适合表征颗粒堆积型孔隙的渗透率—孔隙度规律,这里采用应用广泛的火柴杆模型来分析裂隙渗透率—孔隙度的关系[51]:

$$K = \frac{1}{48}a^2\phi^3 \qquad (4 - 85)$$

式中 a——裂隙间距。

引入初始渗透率(K_0)和初始孔隙度(ϕ_0),可得:

$$\frac{K}{K_0} = \left(\frac{\phi}{\phi_0}\right)^3 \qquad (4 - 86)$$

图 4 – 15 列出了 LBM 模拟得到的 K/K_0 与 ϕ/ϕ_0 的关系,观察发现,对于不同的随机点 N,渗透率均随孔隙度的增加而增加。LBM 模拟结果与公式(4 – 86)给出的理论值之间存在一定误差,误差基本在 30% 以内。前人研究也发现该模型存在一定误差[52 – 54]。在方糖块或火柴杆模型中,煤岩割理或裂隙系统被理想化为均匀光滑的平板,本节模拟采用的裂隙网络模型结构更为复杂,不同的几何结构对流动影响较大,由此带来了一定的误差。

由上文分析可知,裂隙开度和粗糙度是影响裂隙中流动的主导因素,下面模拟并分析裂隙开度和粗糙度对流动的影响规律。

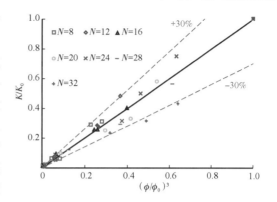

图 4 – 15   火柴杆模型孔隙度—
渗透率关系与模拟值对比

图 4 – 16(a),(c)和(e)为裂隙网络几何结构,为了便于对比分析,所有几何结构的孔隙度均为 27.5%。图 4 – 16(b),(d)和(f)为模拟得到的流线和压力云图。图 4 – 17 为渗透率

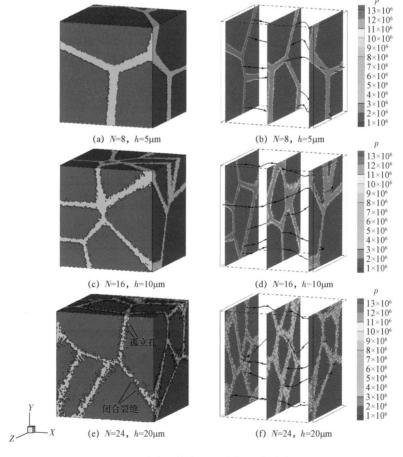

图 4 – 16   裂隙网络中的压力与速度分布云图

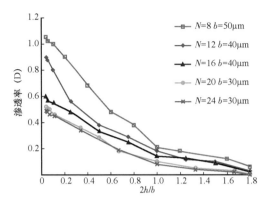

图 4-17 不同结构的裂隙网络模型渗透率模拟值

和 $2h/b$ 的关系。当 $2h/b$ 小于 1 时,渗透率随 $2h/b$ 的增加显著下降,当 $2h/b$ 大于 1 时渗透率下降趋势减缓。当 $2h/b$ 等于 1 时,裂隙开始闭合,部分流道被堵塞,随着 $2h/b$ 的进一步增加,裂隙表面的接触面积变得有限,渗透率下降因此趋于平缓。

另外,当 $2h/b$ 一定时,随机点 N 越多,渗透率越低,这是由于随 N 的增大,裂隙网络的迂曲度增加,从而导致渗透率下降。然而,当 N 增加到一定数量时(例如 $N=20$ 和 $N=24$),迂曲度对流动的影响减弱。

二、应力条件下裂隙网络中的流动模拟

为了研究有效应力对煤岩裂隙网络模型渗透率的影响规律,基于第 1 章中重构的应力条件下的裂隙网络模型,分别对应力条件下的二维和三维裂隙网络模型中的流动开展模拟[55]。

1. 二维裂隙网络中的流动模拟

构建几何模型 CA1 至 CA5,为了便于对比分析,初始孔隙度均为 33%,具体参数见表 4-4。采用应力—应变模型,构建不同有效应力条件下 CA1 至 CA5 所对应的几何模型,具体力学参数见表 4-5。

表 4-4 二维孔隙网络模型初始几何参数

模型编号	裂隙开度 $b(\mu m)$	粗糙度参数 $h(\mu m)$	$2h/b$	随机数 N
CA1	25	2.5	0.2	10
CA2	20	2.0	0.2	20
CA3	14	3.5	0.5	30
CA4	12	6.0	1.0	40
CA5	10	5.0	1.0	50

表 4-5 模拟中的力学参数

杨氏模量 $E(GPa)$	剪切模量 $G(GPa)$	泊松比	初始有效应力 $\sigma_0(MPa)$
2	0.76	0.32	3

图 4-18 为二维网络模型中流动的压力和速度云图,其中图 4-18(a)、(c)、(e)分别为算例 CA1、CA3 和 CA5 初始条件下的压力和速度分布,图 4-18(b)、(d)、(f)分别为算例 CA1、CA3 和 CA5 在有效应力 13MPa 条件下的压力和速度分布,由图 4-18 可知,在有效应力的作用下,裂隙开度显著减小,裂隙中的流速也明显下降,N 值越大,裂隙中的流线越曲折。

图 4-19 为不同有效应力条件下的渗透率模拟值,由图 4-19 可知,当有效应力小于 7MPa 时,随有效应力的增加样品渗透率下降显著,当有效应力大于 7MPa 时,随有效应力的增加,样品渗透率下降平缓并趋于 0。另外,当有效应力一定时,随机点 N 越多,渗透率越低,这是由于随着 N 的增大,裂隙网络的迂曲度不断增大,从而导致渗透率下降。

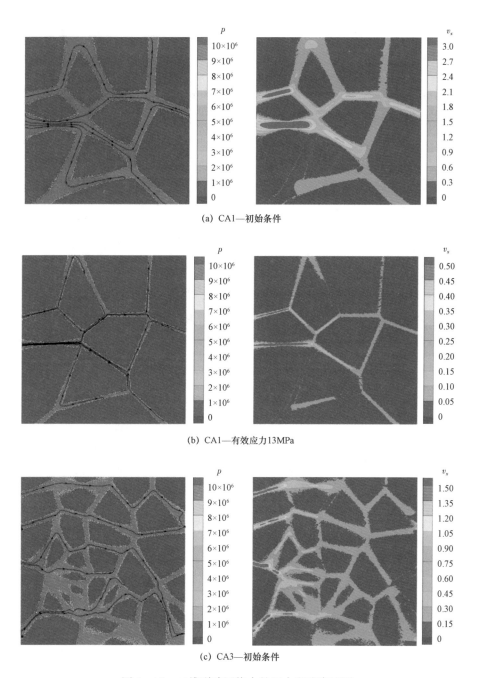

(a) CA1—初始条件

(b) CA1—有效应力13MPa

(c) CA3—初始条件

图 4-18 二维裂隙网络中的压力和速度云图

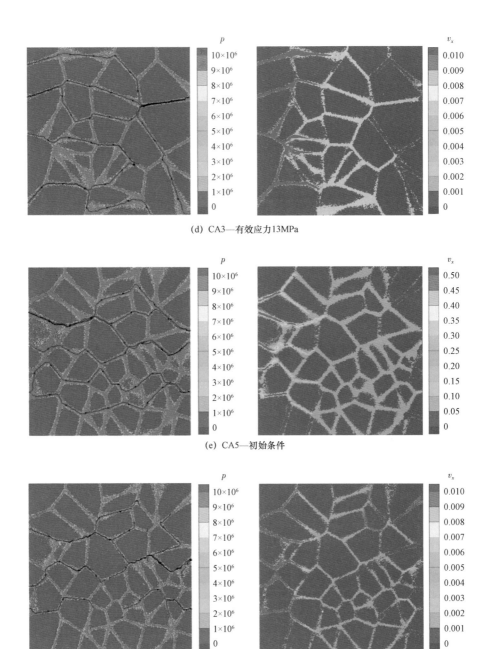

(d) CA3—有效应力13MPa

(e) CA5—初始条件

(f) CA5—有效应力13MPa

图4-18 二维裂隙网络中的压力和速度云图(续)

2. 三维裂隙网络中的流动模拟

构建几何模型 SA1 至 SA5,具体参数见表 4-6。采用应力—应变模型,构建不同有效应力条件下 SA1 至 SA5 所对应的几何模型,具体力学参数见表 4-5。

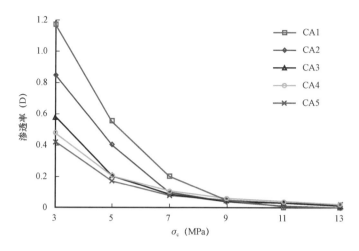

图 4-19 不同结构的裂隙网络模型在不同有效应力条件下的渗透率模拟值

表 4-6 三维孔隙网络模型初始几何参数

模型编号	裂隙开度 $b(\mu m)$	粗糙度参数 $h(\mu m)$	$2\sqrt{2}h/b$	随机数 N
SA1	2	0.10	0.141	24
SA2	3	0.25	0.236	20
SA3	4	0.50	0.354	12
SA4	5	0.80	0.453	8
SA5	6	1.10	0.519	8

图 4-20(a)为应力作用前的裂隙网络模型,图 4-20(b)为有效应力 13MPa 条件下裂隙网络模型,由图 4-20 可知,有效应力对裂隙开度有显著影响,应变后裂隙开度明显变小,部分位置出现裂隙闭合现象,另外,应力作用还可造成孤立不连通的孔隙。

(a) 应变前　　　　　　　　　　　　(b) 应变后

图 4-20 应力作用前后的裂隙网络模型,$N=24$,$\sigma_e=15$MPa

为了研究有效应力对裂隙网络结构渗透率的影响规律,利用格子 Boltzmann 模型对不同有效应力作用后的裂隙网络几何模型进行流动模拟,图 4-21 为数值模拟与 Walsh 模型得到

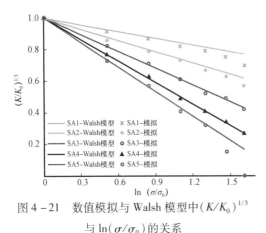

图 4 - 21　数值模拟与 Walsh 模型中 $(K/K_0)^{1/3}$
与 $\ln(\sigma/\sigma_0)$ 的关系

的 $(K/K_0)^{1/3}$ 与 $\ln(\sigma/\sigma_0)$ 的关系,由图 4 - 21 可知,当有效应力较低时,模拟值与 Walsh 模型吻合度普遍较高。当裂隙密度较高时,例如当 $N = 24$,$N = 20$ 时(SA1,SA2),模拟结果与 Walsh 模型间具有一定误差,模拟得到 $(K/K_0)^{1/3}$ 值普遍偏小,这很可能是由于当裂隙密度较高时,裂隙网络几何模型迂曲度较大,由此带来了模拟值与 Walsh 模型之间的误差。SA3 和 SA4 模拟结果与 Walsh 模型值吻合较好。当 $\ln(\sigma/\sigma_0)$ 值较大时,SA5 模拟结果出现较大误差,这主要是由于 SA5 这组的几何模型

中 h 的相对值较大,在高有效应力条件下,裂隙闭合,裂隙接触面发生变化,由此造成模拟值与 Walsh 模型值之间的误差。

第 4 节　REV 尺度煤储层中的气体运移格子 Boltzmann 方法

　　格子 Boltzman 方法作为一种介观方法能够有效地模拟微尺度流动,然而对于更大尺度的渗流模拟,基于表征体元(Representative Elementary Volume,REV)尺度的流动模拟在计算效率上则更具优势。目前,REV 的概念已被广泛接受并成功应用在诸多领域的研究中。当既要关注某一连续性变量在孔隙尺度的波动现象,又要满足该连续性变量满足连续体假设,即满足"宏观上充分小,微观上足够大"时,REV 尺度可被视为最佳选择(图 4 - 22)。

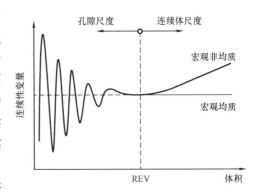

图 4 - 22　REV 尺度示意图

　　本节基于格子 Boltzmann 方法模拟了真实煤样孔隙内部的流动,得到了孔隙尺度煤样的固有渗透率场。通过局部机械能耗散率这一物理量,定量分析得到了合适的 REV 尺寸,进而在 REV 尺度的基础上,采用灰色格子 Boltzmann 方法对原煤样内部的渗流进行模拟,实现了尺度升级。

一、REV 尺度格子 Boltzmann 模型

　　目前,表征体元尺度的格子 Boltzmann 模型主要分为阻力模型和部分反弹模型两类。阻力模型中以 Freed[56] 和郭照立[57] 提出的 REV 模型应用最为广泛。阻力模型在格子 Boltzmann 模型的基础上,通过对多孔介质中的流动施加黏性阻力,可将宏观控制方程恢复为含外力项的 Navier - Stokes 方程或 Darcy - Brinkman 方程。在部分反弹模型中,碰撞与迁移过程与传统 Boltzmann - BGK 模型完全一样。与传统格子 Boltzmann 方法不同的是部分反弹模型在 Boltzmann – BGK 演化方程的基础上,增加了部分反弹项 $n_s(x)\delta f$,部分反弹模型的演化方程为:

$$f_i(\boldsymbol{r}_t + \boldsymbol{e}_i\delta_t, t + \delta_t) - f_i(\boldsymbol{r}_t, t) = -\frac{1}{\tau}[f_i(\boldsymbol{r}_t, t) - f_i^{eq}(\boldsymbol{r}_t, t)] + n_s(\boldsymbol{r}_t)\delta f(\boldsymbol{r}_t, t)$$

$$(4 - 87)$$

式中　$n_s(x)$——多孔介质中固体颗粒所占的体积分数。

由于固体颗粒的存在,流体微团的回弹量由 δf 表示。实际上部分反弹模型是对经典的固壁标准反弹模式的修正,通过控制反弹量或渗透量来实现与达西定律的拟合,因此部分反弹模型又被称为灰色格子 Boltzmann 模型(GLBM)。

目前常用的部分反弹模型有 Gao 和 Sharma 提出的 GS 模型[58],Dardis 和 McCloskey 提出的 DMC 模型[59],Thorne 和 Sukop 提出的 TS 模型[60],Walsh,Burwinkle 和 Saar 提出的 WBS 模型[61]以及 Yehya,Naji 和 Sukop 提出的 YNS 模型[62]。表 4 – 7 中分别列举了这五种模型中 δf 的形式以及模型重要参数。

表 4 – 7　部分反弹模型及其参数

模型	δf	$n_s(x)$上限值	有效渗透率 K
GS	$f_{-i}(x,t) - f_i(x,t)$	0.289	$v/2n_s$
DMC	$f_{-i}(x + \boldsymbol{e}_i\delta_t, t) - f_i(x,t)$	0.234	$v/2n_s$
TS	$f_{-i}^c(x + \boldsymbol{e}_i\delta_t, t^*) - f_i^c(x,t^*)$	1.000	$v/2n_s$
WBS	$f_{-i}(x,t) - f_i^c(x,t^*)$	1.000	$(1 - n_s)v/2n_s$
YNS	$f_i(x,t) - f_i^c(x,t^*)$	1.000	$(1 - n_s)v/2n_s$

表 4 – 7 中,$f_{-i}(x,t)$ 为 i 反向的粒子分布函数,例如:$f_{-1} = f_3$。t^* 是碰撞前的时间,满足 $t < t^* < t + 1$。$f_i^c(x,t)$ 表示碰撞后的粒子分布函数。由表 4 – 7 可知,TS 模型、WBS 模型和 YNS 模型中 $n_s(x)$ 取值范围最广。当 $n_s(x) = 1$ 时,WBS 模型中的 δf 可以恢复成固壁反弹模式,因此在计算过程中不需要再额外添加固壁反弹边界条件。另外,Walsh 等的研究指出,DMC 和 TS 模型,在非均匀介质中的流动中不能保证质量守恒,而 GS 模型和 WBS 模型能够保证流体的质量守恒。综上,本节采用 WBS 部分反弹模型来实现一定程度上的尺度升级。

二、REV 尺度的确定

在连续体假设的基础上,由达西公式可得出煤样固有渗透率。确定合适的 REV 尺寸是实现尺度升级的关键,若 REV 尺度太小,达西尺度上的多孔介质连续体假设将不再适用;若 REV 尺度选取过大,一方面会增加单个 REV 在孔隙尺度上的计算量,另一方面将无法表征孔隙尺度的流动特征,多孔介质的非均质性以及各向异性也可能由于"平均化"处理被掩盖。因此,找到合适的参数来定量表征从孔隙尺度过渡到达西尺度的 REV 大小是尺度升级的难点。

2002 年,Pilotti[63]等的研究表明,针对多孔介质渗透率多尺度演化问题,采用局部机械能耗散这一物理量可以有效地确定多孔介质 REV 尺度的大小[64]。不同于 Pilotti 提出的确定 REV 尺度大小的方法中,仅关注流体部分的局部机械能耗散,本节通过计算整个流动区域每个节点(包括流体、固体基质以及流固界面)的局部机械能耗散来确定合适的 REV 尺度,以此方法确定的 REV 尺度能够同时兼顾多孔介质的几何结构,流体及流固界面处的流动特征,因此更适合非均质性强、流固界面滑脱现象显著以及考虑扩散的 REV 尺度的确定。局部机械能耗散率可表示为:

$$D(x) = (2\mu)S_{\alpha\beta}S_{\alpha\beta} \tag{4-88}$$

式中 α,β——坐标轴方向;

$S_{\alpha\beta}$——应变张量。

且有,

$$S_{\alpha\beta} = \frac{1}{2}\left(\frac{\partial u_\beta}{\partial x_\alpha} + \frac{\partial u_\alpha}{\partial x_\beta}\right) \tag{4-89}$$

在 LBM 体系中,$S_{\alpha\beta}$ 可由式(4-90)计算[65]:

$$S_{\alpha\beta} = -\frac{3}{2\rho c^2 \tau}\sum_{i=1}^{9}f_i^{(1)}\boldsymbol{e}_{i\alpha}\boldsymbol{e}_{i\beta} \tag{4-90}$$

式中 $f_i^{(1)} \approx f_i^{neq} = f_i - f_i^{eq}$——粒子分布函数中的非平衡项。

三、REV 尺度的流动模拟

利用煤岩 CT 扫描结果,分别选取三块煤样典型二维切片图像:D1、D2 和 D3。图 4-23(a)、(c)、(e)为煤样二维灰度 CT 扫描切片,样品直径 2mm,图片像素 2018×1937,分辨率 1.1μm。扫描图片包括煤岩骨架和孔隙,其中深黑色区域代表样本内的孔隙,灰色和白色区域代表岩石的固体基质(白色为较高密度物质),由图 4-23 可以发现该 D1 煤岩切片均质性较好,D2 煤岩切片具有一定非均质性,D3 煤岩切片中有明显裂隙发育。选取典型区域,通过调整扫描图片的阈值,即可对原始扫描灰度图像进行二值化处理或者称作阈值分割。图 4-23(b)、(d)、(f)为对应切片二值化处理后的局部图片,煤岩骨架和孔隙得到了较好的区分。图片像素为 500×500,黑色代表煤岩基质,白色代表煤岩孔隙。

利用图 4-23 中的 CT 二值图像,可以得到 500×500 个像素的点云数据,其中 1 代表固体骨架,0 代表孔隙。将图像的点云数据导入自主开发的 LBM 程序中,即可进行相应的流动模拟。采用压力衰减式流动,多孔介质内部饱和压力与入口相同,即 1.5MPa,出口设置为 0.9MPa,上下为周期性边界。内部固体骨架与流体之间的流固界面采用无滑移的半步长反弹边界,气体黏度为 1.967×10^{-5}Pa·s。待各节点处的流速在两个时间步长内的收敛误差小于 0.001% 时,可视为整个流场稳定。当流场稳定后可以得到多孔介质内的速度分布和压力分布等流动信息。

由公式(4-88)可以计算出每个节点处的局部机械能耗散率,图 4-24 为整个流场区域内所有节点的局部机械能耗散率分布图。由图 4-24 可知,D1 煤样局部机械能耗散率波动范围较大,主要分布在 0~0.5 之间,该范围内的节点数占总流动区域内节点数的 44.5% 左右。局部机械能耗散率为 0 的节点主要由固体基质内部以及被基质包围的孤立孔隙组成,占 13.2% 左右,局

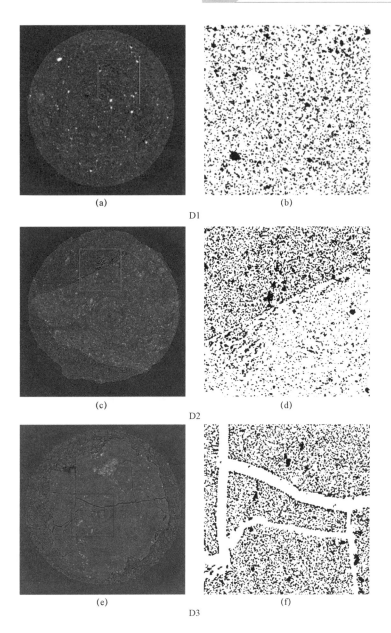

图4-23　CT扫描图片与二值化处理后的图片

部机械能耗散率大于2的节点所占比例较小。D2煤样局部机械能耗散率波动范围相对较小,主要分布在0~1之间。D3煤样局部机械能耗散率主要分布在0.01~0.5之间。

　　与图4-22类似可以得到平均机械能耗散率随REV大小的变化关系,如图4-25所示,D代表平均机械能耗散率,s为单个网格的边长,L代表整个多孔介质的边长,s/L即可表示无量纲REV尺寸的大小。显然平均机械能耗散率与节点所处的流场位置有关,因此,选取不同位置多个节点的平均机械能耗散率,有助于更加充分地了解整个流场的机械能耗散率波动情况。

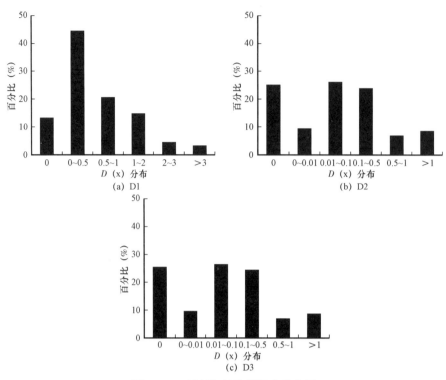

图4-24　局部机械能耗散率分布图

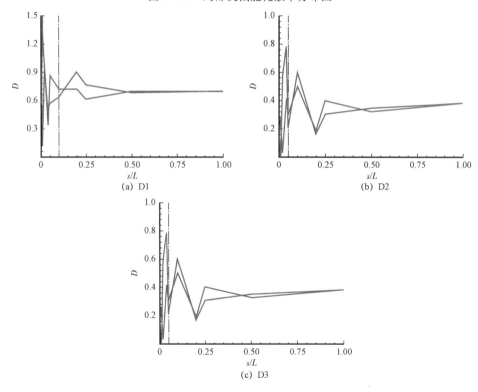

图4-25　平均机械能耗散率随REV大小的变化关系

选取两个不同位置处的平均机械能耗散率作为研究对象,分别由红色和蓝色线表示。由图4-25可知,当REV尺寸较小时,平均机械能耗散率波动较大,此时流动受微尺度效应主导。随着REV尺寸的增大,平均机械能耗散率波动变得平缓,流动表现出宏观平均特性。基于图4-25可以选取合适的REV大小,本章中D1、D2和D3煤岩的s/L取值分别为0.1、0.04、0.05。至此,将500×500的流动区域分别划分为$10×10,25×25,20×20$个REV单元,每个REV单元分别包含原网格$50×50,20×20,25×25$的区域。

以D1为例,利用得到的速度场,由达西公式可得到各节点处的局部渗透率,图4-26(a)即为渗透率分布图。图4-26(b)为多孔介质内的压力分布,由图4-26可知,由于流动区域均质性较好,在流动方向上,压力梯度分布较为均匀,压力基本呈线性下降。将图4-26(a)的渗透率场平均处理后,可得到每个REV单元的渗透率,图4-26(c)即为平均处理后的渗透率场,将被用于基于GLBM的流动模拟[66]。

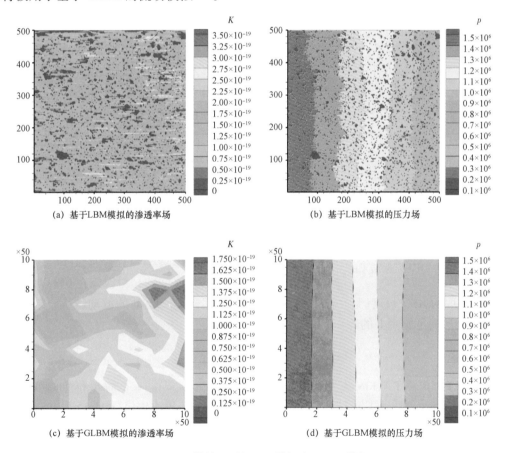

(a) 基于LBM模拟的渗透率场　　　　(b) 基于LBM模拟的压力场

(c) 基于GLBM模拟的渗透率场　　　(d) 基于GLBM模拟的压力场

图4-26　煤样D1的LBM模拟和GLBM模拟

由WBS灰色格子Boltzmann模型中渗透率与n_s的关系可得$n_s=A/(2K+A)$,其中A为格子单位转化为真实物理单位后的系数,本节中取$2.016×10^{-19}$。至此每个格点对应的渗透率值均反映在了该格点的n_s值上。基于WBS灰色格子Boltzmann模型,对$10×10$个REV单元的区域进行模拟,保持压力梯度、流体黏度等参数与孔隙尺度LBM模拟的值一致。当收敛误差小于 0.001% 时,流动被视为稳定,模拟结束。图 4 - 26(d) 为基于 GLBM 模拟的压力场,由此可知,模拟结果与图 4 - 26(b) 中基于 LBM 模拟的压力分布基本吻合。

计算效率方面,本章中的模拟全部基于 2.30GHz 处理器,对于 500 × 500 的孔隙尺度模拟,流动到达稳定需要数十小时。而对于 10 × 10 的 REV 尺度模拟,流动到达稳定仅需要数秒。

以上所得到的均是格子 Boltzmann 模拟尺度上的物理参数,若要对模型进行定量研究,还需要实施相应的变换才能得到实际的物理量,比如:真实多孔介质的渗透率。由毛细管束渗透率理论模型可知,渗透率与多孔介质孔隙半径的平方成正比,基于此,可以认为渗透率与模型尺度的平方成正比,即:

$$\frac{K_s}{K_r} = \left(\frac{L_s}{L_r}\right)^2 \tag{4 - 91}$$

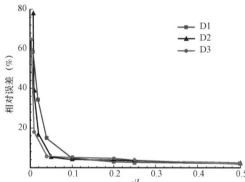

图 4 - 27 不同 REV 大小条件下的 GLBM 渗透率预测值与 LBM 模拟结果的相对误差

由此可得该煤样的真实固有渗透率为:$K_r = K_s(L_r/L_s)^2$,其中 K_s 为格子 Boltzmann 模拟所得岩样渗透率,L_s 为格子 Boltzmann 模型尺度,L_r 为真实岩样尺度。本章 L_r 值为 1.1μm,即 CT 扫描图片的分辨率,L_s 取 Boltzmann 模型中一个格子 δ_x 的真实长度。

为了进一步确定 REV 尺寸选择的合理性,选取了不同尺寸的 REV 进行模拟,并计算出相应的固有渗透率。通过与原始孔隙尺度 LBM 模拟所得到的渗透率对比,如图 4 - 27 所示,可以发现,在本节的 s/L 取值条件下(D1:s/L=0.1,D2:s/L=0.04,D3:s/L=0.05),基于 REV 尺度模拟的渗透率与孔隙尺度 LBM 模拟所得到的渗透率之间的相对误差在 6% 以内,当 s/L 小于本章选取的 REV 尺度时,相对误差急剧增加,说明微尺度流动的波动较大,该范围内的 REV 尺寸无法满足宏观上的连续体假设。

参 考 文 献

[1] Bhatnagar P L, Gross E P, Krook M. A Model for Collision Processes in Gases. I. Small Amplitude Processes in Charged and Neutral One - Component Systems[J]. Physical Review, 1954, 94(3):511 - 525.

[2] Qian Y H, D'humires D, Lallemand P. Lattice BGK Models for Navier - Stokes Equation[J]. Epl, 1992, 17(6BIS):479.

[3] D'humires. Generalized lattice - Boltzmann equations[J]. Theory and simulations, 1994.

[4] 何雅玲, 王勇, 李庆. 格子 Boltzmann 方法的理论及应用[M]. 北京:科学出版社, 2009:55.

[5] 郭照立, 郑楚光. 格子 Boltzmann 方法的原理及应用[M]. 北京:科学出版社, 2009.

[6] Zou Q S, He X Y. On pressure and velocity boundary conditions for the lattice Boltzmann BGK model[J]. Physics of Fluids, 1997, 9(6):1591 - 1598.

[7] Schaaf S A, Chambre P L. Flow of Rarefied Gases[M]. Princeton University Press, Princeton, 1961.

[8] Roy S, Raju R, Chuang H F, et al. Modeling gas flow through microchannels and nanopores[J]. Journal of Applied Physics, 2003, 93(8):4870 – 4879.

[9] Klimontovich Y L. On the need for and the possibility of a unified description of kinetic and hydrodynamic processes[J]. Theoretical & Mathematical Physics, 1992, 92(2):909 – 921.

[10] Klimontovich Y L. From the Hamiltonian mechanics to a continuous media. Dissipative structures criteria of self – organization[J]. Theoretical & Mathematical Physics, 1993, 96(3):1035 – 1056.

[11] Brenner H. Kinematics of volume transport[J]. Physica A Statistical Mechanics & Its Applications, 2005, 349 (1):11 – 59.

[12] Brenner H. Phoresis in fluids[J]. Physical Review E, 2011, 84(84):066317.

[13] Brenner H. Fluid mechanics in fluids at rest[J]. Physical Review E Statistical Nonlinear & Soft Matter Physics, 2012, 86(2):016307.

[14] Luo L S. Unified Theory of Lattice Boltzmann Models for Nonideal Gases[J]. Physical Review Letters, 1998, 81 (8):1618 – 1621.

[15] Shi Y, Zhao T S, Guo Z. Lattice Boltzmann simulation of dense gas flows in microchannels[J]. Physical Review E Statistical Nonlinear & Soft Matter Physics, 2007, 76(2):016707.

[16] Chapman S. Cowling T G. The Mathematical Theory of Non – uniform Gases[M]. Cambridge:Cambridge University Press, 1970.

[17] Kokou D S. A thermo – mechanically consistent Burnett regime continuum flow equation without Chapmanâ Enskog expansion[J]. Journal of Fluid Mechanics, 2013, 716(2).

[18] Dadzie S K, Reese J M, mcinnes C R. A continuum model of gas flows with localized density variations[J]. Physica A Statistical Mechanics & Its Applications, 2015, 387(24):6079 – 6094.

[19] Dadzie S K, Reese J M. On the thermodynamics of volume/mass diffusion in fluids[J]. Eprint Arxiv, 2012.

[20] Shan X, Chen H. Lattice Boltzmann model for simulating flows with multiple phases and components[J]. Physical Review E Statistical Physics Plasmas Fluids & Related Interdisciplinary Topics, 1993, 47(3):1815.

[21] Shan X, Doolen G. Multicomponent lattice – Boltzmann model with interparticle interaction[J]. Journal of Statistical Physics, 1995, 81(1 – 2):379 – 393.

[22] 赵岩龙. 煤层气运移格子 Boltzmann 模型及层间干扰模拟研究[D]. 北京:中国石油大学(北京), 2018.

[23] Ali Beskok G E K. Report:A model for flows in channels, pipes, and ducts at micro and nano scales[J]. Microscale Thermophysical Engineering, 1999, 3(1):43 – 77.

[24] Michalis V K, Kalarakis A N, Skouras E D, et al. Rarefaction effects on gas viscosity in the Knudsen transition regime[J]. Microfluidics & Nanofluidics, 2010, 9(4 – 5):847 – 853.

[25] Succi S. Mesoscopic Modeling of Slip Motion at Fluid – Solid Interfaces with Heterogeneous Catalysis[J]. Physical Review Letters, 2002, 89(6):064502.

[26] Li Q, He Y L, Tang G H, et al. Lattice Boltzmann modeling of microchannel flows in the transition flow regime [J]. Microfluidics & Nanofluidics, 2011, 10(3):607 – 618.

[27] Maxwell J C. On Stresses in Rarified Gases Arising from Inequalities of Temperature[J]. Philosophical Transactions of the Royal Society of London, 1879, 170:231 – 256.

[28] Deissler R G. An analysis of second – order slip flow and temperature – jump boundary conditions for rarefied gases[J]. International Journal of Heat & Mass Transfer, 1964, 7(6):681 – 694.

[29] Curtiss C F. Mathematical Methods in Kinetic Theory by C. Cercignani[M]. Plenum Press, 1990.

[30] Sreekanth A K. Slip flow through long circular tubes[C]. Proc. Sixth Int. Symp. on Rarefied Gas Dynamics, 1, 667, 1969.

[31] Zhao Y L,Wang Z M. Lattice Boltzmann Simulation of Micro Gas Flows Over a Wide Range of Knudsen Numbers[J]. Journal of Fluids Engineering,2019,141:091401 – 4.

[32] Shen C,Tian D B,Xie C,et al. Examination of the LBM in simulation of microchannel flow in transitional regime [J]. Microscale Thermophysical Engineering,2004,8(4):423 – 432.

[33] Ohwada T,Sone Y,Aoki K. Numerical analysis of the shear and thermal creep flows of a rarefied gas over a plane wall on the basis of the linearized Boltzmann equation for hard – sphere molecules[J]. Physics of Fluids A Fluid Dynamics,1989,1(9):1588 – 1599.

[34] Ewart T,Perrier P,Graur I A,et al. Mass flow rate measurements in a microchannel,from hydrodynamic to near free molecular regime[J]. J. Fluid Mech. 2007,584,337 – 356.

[35] Zhao Y L,Wang Z M. Prediction of apparent permeability of porous media based on a modified lattice Boltzmann method[J]. Journal of Petroleum Science and Engineering. 2019,174:1261 – 1268.

[36] Cui X J,Bustin R M. Volumetric strain associated with methane desorption and its impact on coalbed gas production from deep coal seams[J]. AAPG Bull 2005,89(9):1181 – 1202.

[37] Cui X J,Bustin R M,Chikatamarla L. Adsorption – induced coal swelling and stress:Implications for methane production and acid gas sequestration into coal seams[J]. J Geophys Res 2007,112(B10):1 – 16.

[38] Shi J Q,Durucan S. Drawdown induced changes in permeability of coalbeds:A new interpretation of the reservoir response to primary recovery[J]. Transport Porous Med 2004,56(1):1 – 16.

[39] Shi J Q,Durucan S. A model for changes in coalbed permeability during primary and enhanced methane recovery [J]. SPE Reserv Eval Eng 2005,8(4):291 – 299.

[40] Palmer I,Mansoori J. How permeability depends on stress and pore pressure in coalbeds:a new model[C],SPE – 36737. In:SPE Annual Technical Conference and Exhibition. Denver,Colorado,USA;6 – 9 Oct 1996.

[41] Palmer I,Mansoori J. How permeability depends on stress and pore pressure in coalbeds:A new model[J]. SPE Reserv Eval Eng 1998,1(6):539 – 543.

[42] Palmer I. Permeability changes in coal:Analytical modeling[J]. Int J Coal Geol 2009,77(1 – 2):119 – 126.

[43] Zeng Q S,Wang Z M. A new cleat volume compressibility determination method and the corresponding modification to coal permeability model[J]. Transport in Porous Media,2017,119(3):689 – 706.

[44] Zhao Y L,Wang Z M,Ye JP. Lattice Boltzmann simulation of gas flow and permeability prediction in coal fracture networks[J]. Journal of Natural Gas Science and Engineering. 2018,53:153 – 162.

[45] Tsang Y W. The effect of tortuosity on fluid flow through a single fracture[J]. Water Resources Research,1984, 20(9):1209 – 1215.

[46] Zhang X,Knacksted M A,Sahimi M. Fluid flow across mass fractals and self – affine surfaces[J]. Physica A Statistical Mechanics & Its Applications,1996,233(s3 – 4):835 – 847.

[47] Zimmerman R W,Bodvarsson G S. Hydraulic conductivity of rock fractures[J]. Transport in Porous Media, 1996,23(1):1 – 30.

[48] Auradou H,Drazer G,Hulin J P,et al. Permeability anisotropy induced by the shear displacement of rough fracture walls[J]. Water Resources Research,2005,41(9):477 – 487.

[49] Nazridoust K,Ahmadi G,Smith D H. A new friction factor correlation for laminar,single – phase flows through rock fractures[J]. Journal of Hydrology,2006,329(1 – 2):315 – 328.

[50] Crandall D,Bromhal G,Karpyn Z T. Numerical simulations examining the relationship between wall – roughness and fluid flow in rock fractures[J]. International Journal of Rock Mechanics & Mining Sciences,2010,47(5): 784 – 796.

[51] Seidle J. Fundamentals of coalbed methane reservoir engineering[M]. PENNWELL CORP,2011.

［52］Somerton W H,Soylemezoglu I M,Dudley R C. Effect of stress on permeability of coal［J］. International Journal of Rock Mechanics & Mining Sciences & Geomechanics Abstracts,1975,12(5－6):129－145.

［53］Gu F,Chalaturnyk R. Permeability and porosity models considering anisotropy and discontinuity of coalbeds and application in coupled simulation［J］. Journal of Petroleum Science & Engineering,2010,74(3－4):113－131.

［54］Zhang Z,Zhang R,Xie H,et al. The relationships among stress,effective porosity and permeability of coal considering the distribution of natural fractures:theoretical and experimental analyses［J］. Environ Earth Sci. 2015,73(10),5997－6007.

［55］Zhao YL,Wang ZM. Stress－dependent permeability of coal fracture networks:A numerical study with Lattice Boltzmann method［J］. Journal of Petroleum Science and Engineering. 2019,173:1053－1064.

［56］Freed D M. Lattice－Boltzmann method for macroscopic porous media modeling［J］. International Journal of Modern Physics C,1998,9(8):1491－1503.

［57］Guo Z,Zhao T S. Lattice Boltzmann model for incompressible flows through porous media［J］. Physical Review E,2002,66(3Pt 2B):036304.

［58］Gao Y,Sharma M. A LGA model for fluid flow in heterogeneous porous media［J］. Transport in Porous Media,1994,17(1):1－17.

［59］Dardis O,Mccloskey J. Lattice Boltzmann scheme with real numbered solid density for the simulation of flow in porous media［J］. Physical Review E,1998,57(4):4834－4837.

［60］Thorne D T,Sukop M C. Lattice Boltzmann model for the Elder problem［J］. Developments in Water Science,2004,55:1549－1557.

［61］Walsh S D,Burwinkle H,Saarm O. A new partial－bounceback lattice－Boltzmann method for fluid flow through heterogeneous media［J］. Computers & Geosciences,2009,35(6):1186－1193.

［62］Yehya,Naji H,Sukop M. Simulating flows in multi－layered and spatially－variable permeability media via a new Gray Lattice Boltzmann model［J］. Computers and Geotechnics,2015,70:150－158.

［63］Pilotti M,Succi S,Menduni G. Energy dissipation and permeability in porous media［J］. Epl,2002,60(1):72.

［64］White J A,Borja R I,Fredrich J T. Calculating the effective permeability of sandstone with multiscale lattice Boltzmann/finite element simulations［J］. Acta Geotechnica,2006,1(4):195－209.

［65］Conrad D,Schneider A,Bohle M. A viscosity adaption method for Lattice Boltzmann simulations［J］. Journal of Computational Physics,2014,276(276):681－690.

［66］Zhao YL,Wang ZM. Multi－scale analysis on coal permeability using the lattice Boltzmann method［J］. Journal of Petroleum Science and Engineering. 2019,174:1269－1278.

第5章　煤层气储层和井筒煤粉运移

煤层气流动通道中煤粉的产出和运移严重威胁煤层气高产和稳产目标的实现。从储层角度来说,煤粉产出和运移会堵塞煤储层中的天然裂隙系统以及支撑剂充填层的裂缝,使得裂隙和裂缝的有效开度降低,进而导致煤储层渗透能力降低,煤层气井产能过早地出现衰减。从井筒角度分析,钻完井、压裂等会导致大量次生煤粉产生,这些煤粉聚集于垂直井筒底部和排采系统内,造成埋泵和卡泵事故以及频繁的检泵作业,部分煤粉在返排压裂液、煤层产出水和煤层气的携带作用下迁移到水平井筒中,这些煤粉沉积在水平井筒较低一侧,会降低井筒有效流通面积,增加水平井筒内的摩阻压降,严重时甚至会堵塞井筒。煤粉的产生和运移会对煤层气的稳定开采带来严重的负面影响,因此正确认识和理解煤粉运移对煤层气生产过程中煤粉管理和高产稳产目标的实现至关重要。

第1节　煤层气生产煤粉产出机理及特性

对煤层气井进行监测,从而获取井口产出煤粉的煤粉浓度、粒径分布和颗粒形状的阶段性变化规律,可以揭示产气初期煤粉大量产出对排采的影响规律,进而可以通过采取提升排采设备携粉能力、定时定量捞砂等措施对煤粉产出进行有效管控,避免事故发生,有利于稳定产能。

一、煤岩特性及组分特征

煤岩组分可以分为有机显微组分和无机矿物成分,其中,有机组分包含壳质组、镜质组以及惰质组,无机矿物成分主要由黏土矿物、碳酸盐、硫酸盐等多种矿物成分组成。对于有机组分而言,镜质组分脆度较高并且硬度较低,所以如果煤岩中镜质组含量较大,则易产生煤粉。

对于无机矿物组分而言,其主要成分为黏土矿物。黏土矿物对骨架颗粒附着力差,矿物晶体之间结合力弱。各种黏土矿物中,高岭石为双层结构,易于分散和运移;伊利石具有层间结构,难以保持稳定。在流体流动形成的剪切力作用下,黏土矿物易从骨架颗粒上脱落,亦即煤粉从骨架上脱落为自由煤粉。

煤层内产出煤粉的浓度、粒度等特征都是以煤岩物理性质为基础的,其中,煤岩力学性质是煤粉产出的主要影响因素。表5-1将煤岩与其他岩石的力学参数进行对比,清晰地反映了煤储层易于产出煤粉的原因。煤岩力学性质与其他岩石有较大差异,通常来讲,煤岩的弹性模量低,泊松比高,抗拉强度和抗压强度很低,因此在相同的外力和地质作用下,煤岩更易发生破坏,导致煤粉脱落,进入煤层气运移通道中。

表 5 – 1 常用岩石力学参数对比[1]

岩石种类	密度 （g/cm³）	弹性模量 （GPa）	抗压强度 （MPa）	抗拉强度 （MPa）	泊松比
主焦煤	1.05 ~ 1.20	0.29 ~ 2.45	4.90 ~ 49.00	0.24 ~ 5.79	0.10 ~ 0.50
无烟煤	1.35 ~ 1.80	2.45 ~ 6.37	9.81 ~ 15.70	1.47 ~ 2.45	0.10 ~ 0.50
页岩	2.30 ~ 2.90	8.83 ~ 22.60	4.50 ~ 78.50	0.98 ~ 39.60	0.09 ~ 0.35
石砂岩	2.61 ~ 2.70	9.81 ~ 25.50	78.50 ~ 137.00	4.90 ~ 12.70	0.18 ~ 0.35
大理岩	2.60 ~ 2.80	9.81 ~ 67.30	29.40 ~ 186.00	4.90 ~ 19.60	0.30 ~ 0.35
泥灰岩	2.30	9.81 ~ 25.50	9.81 ~ 255.00	0.98 ~ 24.50	0.18 ~ 0.35

刘升贵等对潘河 15#煤层纵向剖面上的各岩层进行了力学参数的收集和测试,结果如图 5 – 1 所示。分析可以发现,煤岩的强度较低,受到机械作用冲击、气液冲蚀和压力波动,煤体易破碎,煤粉产出量大。

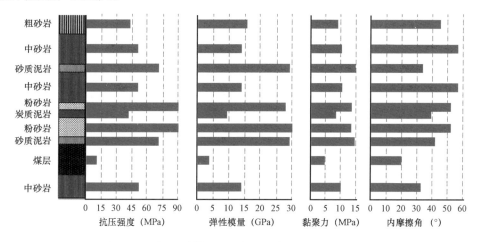

图 5 – 1 潘河 15#煤层纵向剖面上各岩层力学参数对比

此外,相比于其他岩样,煤岩中存在大量割理及裂隙,这使得煤岩受力而产生的变形特征及强度特点表现出明显的各向异性。通过煤岩抗压强度实验可以得知,煤岩平行层理方向的抗压强度显著低于垂直层理方向的抗压强度,煤岩各向异性强的特征会对其压裂裂缝形态产生显著影响。同时由于岩体本身脆性强,表现出明显的易碎性,使得煤岩表面容易脱落形成煤粉,煤粉在水基压裂液下不易分散,相互之间容易形成聚结物,会在压裂裂缝的前部形成堵塞,增大裂缝内压裂压力,导致裂缝宽度增大,形成复杂的水力裂缝缝网。

二、煤粉种类划分

根据煤粉产生的不同阶段,可以将煤粉种类划分为以下几种。

1. 钻井与射孔作业中的煤粉产出

在煤层气钻井过程中,由于煤储层本身脆性较大且容易脱落,当钻井管柱与煤层岩石碰撞时,会使煤岩表面发生破坏造成煤粉产出;由于钻井液内包含各种化学成分,有时会与煤层矿物发生反应,造成固相脱落,影响煤岩结构稳定性;另外,由于钻井液大量注入,会导致近井地带煤岩应力平衡状态破坏,从而发生骨架破坏;在射孔作业过程中,射孔弹的穿透灼蚀会对近井地带造成冲击破坏,导致煤粉产出。

2. 水力压裂作业中的煤粉产出

对于压裂作业而言,支撑剂对煤岩骨架的机械作用会导致骨架表面产生物理性破坏,导致煤岩壁面磨损,产生过量煤粉。由于煤岩自身性质特殊,其裂缝的扩展形式也与常规储层不同,在近井地带通常形成大量短裂缝,集聚大量煤粉。同时,大量泵入的压裂液也会导致储层应力状态变化,从而产生煤粉。

3. 煤层气排采阶段中的煤粉产出

在煤层气排水阶段,排采流量和井底压力波动会影响煤粉的产生。基于渗流公式可知,对于平面径向流而言,近井地带流体的流速远大于储层内流速,地层流体流动会对裂缝内壁产生拖曳力,流体流速越大则相应的拖曳力越大,由此可知,在储层靠近井筒的部位容易产生大量煤粉,产生的煤粉颗粒一方面可能会运移到井筒中造成卡泵、埋泵等事故,另一方面可能会滞留在储层或者人造裂缝中,造成储层渗透率大幅下降,严重影响煤层气藏的进一步开发。

此外,煤层气储层为双重孔隙结构,由煤岩基质孔隙和煤岩裂隙割理组成,基质孔隙为煤层气储集空间,煤岩裂隙割理是沟通孔隙、气体运移的通道。在排采阶段,随着储层流体的不断排出,储层压力降低,煤岩所受有效应力不断增加,导致煤体发生挤压破裂,产生煤粉。

4. 地质成因导致的煤粉产出

在漫长的地质构造运动中,煤储层逐渐形成目前的应力平衡状态,由于煤层不断的挤压变形作用及煤岩弹性自调节效应,储层产生大量煤粉,构成了地层中的原生煤粉。

通过分析煤粉产生的原因及对应的开发阶段,将煤储层中煤粉种类划分为储层固有煤粉、机械破坏生成煤粉及应力改变生成煤粉,具体分类如图 5 - 2 所示。

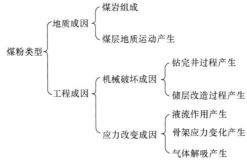

图 5 - 2　煤粉种类划分

三、井口煤粉产出特征

煤层气排水降压开采过程中,随着产水量和产气量的变化,可以将其生产过程大体分为四个阶段:排水阶段、初期产气阶段、产气稳定阶段和产气下降阶段。不同阶段,产出煤粉的量和相关特征都存在一定变化。

刘升贵等[2]根据沁水盆地南部和鄂尔多斯盆地的煤层气井井口产出煤粉数据,依据产出煤粉颗粒粒径的变化特征,将其分为四个阶段。通过图5-3可以发现,第一阶段煤粉粒径主要分布在7~10mm,颗粒粒径较大,此阶段煤粉浓度相对较低,一般低于0.01;第二、三阶段煤粉粒径主要分布在1~3mm,颗粒粒径亦较大,此阶段煤粉浓度最大为0.03;第四阶段煤粉粒径很小,浓度很低。

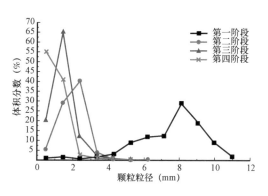

图5-3　煤粉颗粒在各阶段的粒径分布

魏迎春等[3]通过采集和分析韩城煤层气井所产煤粉,发现煤粉粒径分布在0.2~2000μm区间,其中主要分布在900~2000μm,即煤粉粒径主要集中在10~20目的区间里。

赵俊芳等[4]研究了成庄煤粉形状以及煤粉粒径的分布情况。总体上,较大的煤粉颗粒多呈现块状而粒径较小的煤粉颗粒一般多为片状或层状,在研究煤粉运移时应考虑形状因子的影响。由图5-4可知,成庄煤粉粒径一般大于0.3mm,主要集中在0.3~1mm和2mm以上这两个区间里,即煤粉的粒径范围主要集中在50目以下。

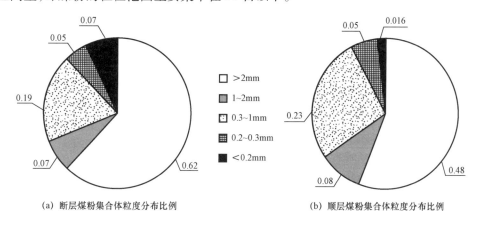

(a) 断层煤粉集合体粒度分布比例　　　　(b) 顺层煤粉集合体粒度分布比例

图5-4　煤粉集合体颗粒分布比例

煤粉产出量方面,李瑞等[5]大体描述了沁水盆地煤层气生产过程中的煤粉产出量变化,采用排出水的清晰度(色标法)对煤粉产出量进行表征,将煤粉产出分为三个等级:清、浅灰和深灰,对应的煤粉浓度是递增的。煤粉产出量动态变化曲线如图5-5所示,可以发现在排水降压阶段产水量较大,煤层内固有的煤粉颗粒会大量产出,同时因前期钻完井和压裂等工程操作产生的机械破坏煤粉也会同步产出。总体上,在产水阶段,煤粉产出量较大;气水同产阶段产出的煤粉主要是煤层有效应力变化和流体速敏效应导致产生的煤粉,相对来说量较大;稳定的纯产气阶段,产水量骤降,流体的携煤粉能力降低,此时煤粉产出量很少。

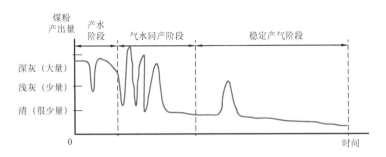

图 5 – 5　煤粉产出量动态变化曲线

刘升贵等统计了潘河 15# 煤层气井煤粉浓度测试数据,依据色标法,获取了各阶段的煤粉浓度变化,变化曲线如图 5 – 6 所示。整体来看,煤粉产出呈现上升趋势,煤粉产出量受排采速度影响显著,随着产水产气量的波动出现同步波动。

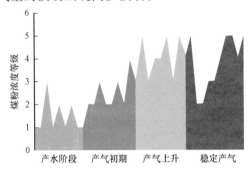

图 5 – 6　潘河 15# 煤层气井煤粉浓度统计图(平均值)

第 2 节　煤层裂隙内煤粉运移

煤储层是包含面割理和端割理两组不同天然裂缝的天然裂缝性储层。面割理是主要的裂隙系统,由发育较好的、贯穿的、基本平行的裂隙组成。端割理是次要的裂隙系统,垂直于面割理,由发育不完全的裂隙组成,也基本平行,通常在与面割理相交后停止延伸。裂隙系统是煤层气和地层水的主要流动通道,贡献了绝大部分的渗透率,裂隙开度的变化范围从几微米到煤层厚度,地层条件下的裂隙开度和连通性显著影响煤层渗透率。裂隙内煤粉运移是一种微观的流固耦合现象,物理过程相对复杂,实验研究是当前研究煤岩裂隙内煤粉运移的主要手段。此外,部分学者也进行了相应的模型研究。

一、物理模型

煤岩裂隙系统是储层煤粉的主要赋存空间,从煤粉来源的角度分析,裂隙系统内煤粉主要为地质构造运动生成的原生煤粉,后期伴随着储层压力降低,地层有效应力增加,以及压力波动和速敏效应等也会导致一部分煤粉的产生。从煤粉尺寸的角度来说,根据裂隙尺寸的不同,煤粉的粒径从几微米到几十微米不等。这些煤粉并不是静止不动的,在流体作用力的携带作用下,会在裂隙内发生运移、滞留,甚至会堵塞裂隙,从而改变裂隙系统的开度和有效连通性,进而引起煤层渗透率的变化。在排采过程中,依据不同的排采阶段,裂隙内的流动介质会发生变化,如图5-7所示,排水阶段裂隙内主要饱和地层水,此时煤粉主要受到地层水的流体作用力、裂隙壁面施加的附着力和摩阻力,而在气水同产阶段,除了受到以上作用力外,还会受到气液界面的表面张力,文献[6,7]研究表明,表面张力对煤粉的运移具有重要影响。

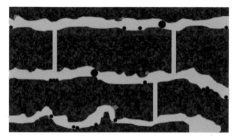 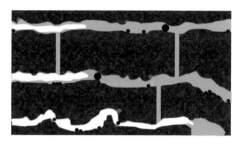

(a) 裂隙内水携煤粉运移示意图　　　　　(b) 裂隙内气水携煤粉运移示意图

图5-7　裂隙内煤粉运移示意图

二、运移模型

1. 实物模型研究

目前国内外针对裂隙内煤粉运移的实验研究较为丰富,此类实验总体来说可以理解为基于煤岩或相关多孔介质的驱替实验。从多孔介质类型方面考虑,大体可以划分为原始煤样[7-12]和劈裂煤样[6,13]两类。从驱替介质类型方面考虑,可以划分为单相水、气水交替、气泡流和单相气驱替等四类,分别对应着煤层气生产的几个主要阶段。裂隙内煤粉运移实验研究的主要对象包括:煤岩渗透率随着流体流速、驱替时间、煤粉性质等的变化规律以及产出液内煤粉颗粒的粒径分布和浓度变化等。具体的实验研究情况见表5-2。

表5-2　裂隙内煤粉运移实验研究概况

时间	学者	实验装置	裂隙类型	流体介质	测试对象
2011	白建梅	岩心夹持器	天然裂隙	单相水	渗透率
2014	Paul Massarotto	真三轴煤岩渗透率测试仪	—	—	—
2015	韦重韬	岩心夹持器	天然裂隙	单相水	渗透率、临界启动流速
2015,2016	Zhenghuai Guo	导流器	天然裂隙	单相水	渗透率
2017,2018	康毅力	岩心夹持器	劈裂裂缝	单相水、气泡流	渗透率、产出煤粉特征
2017	Zhongwei Chen	导流器	天然裂隙	单相水	渗透率
2018	刘曰武	岩心夹持器	天然裂隙	单相	渗透率

2. 理论和数值模型研究

1) 颗粒临界启动模型

皇和康等[6,13]建立了排水阶段和产气初期裂隙壁面颗粒受力模型,获取了煤粉的启动条件,如式(5-1)和式(5-2)所示。此模型中,综合考虑了颗粒与裂隙壁面的黏附力、流体拖曳力和升力以及摩阻力,建立了颗粒的受力和力矩模型。其中,黏附力采用了改进的 DLVO 理论,将双层静电力、Lifshitz - van der waals 力、Lewis acid - base 力和 Born 斥力综合分析。在产气初期,认为裂隙内为气泡流,添加了颗粒所受气水界面张力,获取了煤粉的启动条件。颗粒在排水阶段和产气初期的受力如图5-8和图5-9所示。

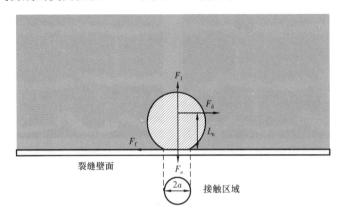

图5-8 煤层气储层内单相水携煤粉时煤粉受力示意图

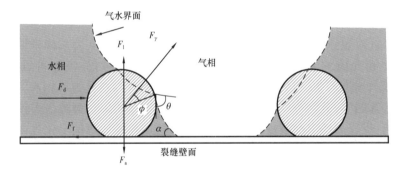

图5-9 煤层气储层内气水两相携煤粉时煤粉受力示意图

单相水携煤粉模型中,当颗粒所受力矩平衡被打破后,颗粒就会启动,而在气水两相携煤粉模型中,气水界面张力起主导作用,当颗粒所受力平衡或力矩平衡被打破后,颗粒就会有启动的可能性。

$$F_d L_n = (F_a - F_l)a \tag{5-1}$$

$$\begin{cases} R_{F\_z} = \dfrac{F^z_{\gamma,max}}{F_a} = 1 \\ R_{F\_y} = \dfrac{F^y_{\gamma,max}}{F_f} = 1 \\ R_{T\_p} = \dfrac{F^y_{\gamma,max}r + F^z_{\gamma,max}a}{F_a a} = 1 \end{cases} \tag{5-2}$$

式中 F_d ——颗粒所受流体拖曳力,N;

$\quad\quad F_a$ ——裂隙壁面黏附力,N;

$\quad\quad F_1$ ——升力,N;

$\quad\quad L_n$ ——拖曳力力臂,m;

$\quad\quad a$ ——颗粒与壁面接触区域半径,m;

$\quad\quad F_{\gamma,max}^y$ ——气水界面张力 y 方向最大值,N;

$\quad\quad F_{\gamma,max}^z$ ——气水界面张力 z 方向最大值,N;

$\quad\quad R_{F\_z}$ ——颗粒在 z 方向所受力的比值;

$\quad\quad R_{F\_y}$ ——颗粒在 y 方向所受力的比值;

$\quad\quad R_{T\_p}$ ——颗粒所受力矩的比值;

$\quad\quad F_f$ ——摩阻力,N;

$\quad\quad r$ ——颗粒半径,m。

2)数值模型研究

Mitchell 和 Leonardi[14]采用格子玻尔兹曼方法模拟流体流动,离散元方法模拟颗粒运移,使用浸没移动边界条件将两者耦合,从而在颗粒尺度上对排水阶段的煤粉颗粒运移进行直接数值模拟。模拟基于 Derjaguin – Landau – Verwey – Overbeek(DLVO)理论,除了考虑了传统的流体拖曳力、升力和重力外,充分考虑了颗粒所受范德华力和双层静电力,能够在一定程度上准确反映单颗粒的运移情况。该方法模拟尺度较小,对计算机的计算能力要求较高,主要用于煤粉运移的机理性研究。

浸没移动边界条件最早由 Noble 和 Torczynski[15]提出,固相颗粒由位于颗粒边界内部的格子节点表示,为了保持 LBM 计算的局部性优势,依据非平衡分布函数的反弹规则,对 LBM 方程碰撞项进行改进,获得了改进的碰撞算子,对碰撞项进行改进后的格子玻尔兹曼方程如式(5-3)所示,其中等式左侧为迁移步,等式右侧为改进的碰撞算子。

$$f_i(\boldsymbol{x} + \boldsymbol{c}_i\Delta t, t + \Delta t) - f_i(\boldsymbol{x},t) = -(1 - B_n)\frac{\Delta t}{\tau}[f_i(\boldsymbol{x},t) - f_i^{eq}(\boldsymbol{x},t)] + B_n\Omega_i^s \quad (5-3)$$

式中 B_n ——与格子的固相分数相关的权重函数;

$\quad\quad \Omega_i^s$ ——额外的碰撞项。

在离散元方法中,颗粒的平移和旋转运动由牛顿第二定律表示:

$$m_i\boldsymbol{a}_i + \boldsymbol{c}_t\boldsymbol{v}_i = \sum_j \boldsymbol{F}_{ij} \quad\quad\quad (5-4)$$

$$I_i\frac{\mathrm{d}\boldsymbol{\omega}_i}{\mathrm{d}t} + \boldsymbol{c}_r\boldsymbol{\omega}_i = \sum_j \boldsymbol{T}_{ij} \quad\quad\quad (5-5)$$

式中 m_i ——颗粒质量,kg;

$\quad\quad I_i$ ——颗粒转动惯量,kg·m^2;

$\quad\quad \boldsymbol{a}_i$ ——颗粒加速度,m/s^2;

$\quad\quad \boldsymbol{c}_t$ ——平移运动的阻尼系数;

$\quad\quad \boldsymbol{c}_r$ ——旋转运动的阻尼系数;

v_i——颗粒线速度,m/s;

$\boldsymbol{\omega}_i$——颗粒角速度,rad/s;

$\boldsymbol{F}_{ij}$——颗粒间作用力,N。

$\boldsymbol{T}_{ij}$——颗粒间作用力矩,N·m。

图 5 – 10 为一条具有粗糙度且开度随着 x 方向变化的裂隙几何模型,在入口一端预先生成颗粒,这些颗粒在流体作用力的携带作用下,进入裂隙内,并在裂隙内发生运移和堵塞,通过模拟可以探究裂隙渗透率的损害程度。

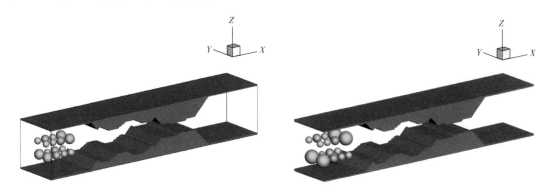

图 5 – 10　裂隙多孔介质几何模型

裂隙多孔介质几何模型的参数特征见表 5 – 3。

表 5 – 3　裂隙壁面及颗粒参数表

多孔介质尺寸(mm×mm×mm)	7.5×1.5×1.5
裂缝开度(mm)	0.225~1.4
颗粒粒径分布(mm)	0.2(50%)、0.25(25%)、0.3(25%)和0.2(50%)、0.25(25%)、0.4(25%)
颗粒和壁面弹性模量(GPa)	0.99
颗粒和壁面泊松比	0.31

基于 LBM – IMB – DEM 理论,通过数值模拟可以获得不同粒径分布下的颗粒运移情况,速度云图如图 5 – 11 所示。利用模拟所得的截面流量和相应压差,通过达西公式计算可以获得不同情况的渗透率,由计算结果可知,发生堵塞情况下的渗透率损害率能够达到 72.8%。

3)对流—扩散模型

通常在实验室和矿场尺度下,采用溶质输运质量守恒方程表征胶体运移、滞留和启动。在用此方程描述颗粒运移时,颗粒的滞留和启动分别作为汇项和源项。

$$\frac{\partial}{\partial t}(\phi c + \sigma) + U\frac{\partial c}{\partial x} = D_0\frac{\partial^2 c}{\partial x^2} \tag{5-6}$$

$$\frac{\partial \sigma}{\partial t} = \lambda(\sigma)cU - k_{\text{det}}\sigma \tag{5-7}$$

式中　c——悬浮颗粒浓度,kg/m³;

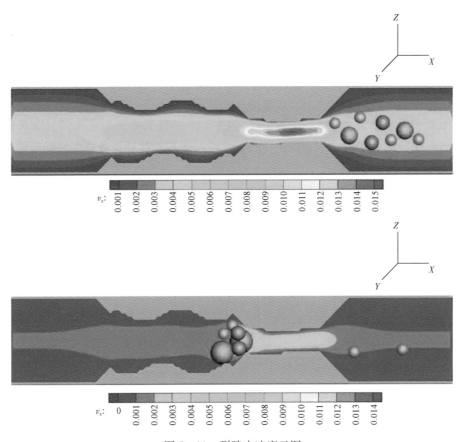

图 5 - 11　裂隙内速度云图

σ ——滞留颗粒浓度,kg/m^3;

ϕ ——多孔介质孔隙度;

U ——流体流速,m/s;

D_0 ——扩散系数;

λ ——过滤系数;

k_{det} ——脱离速度系数。

过滤系数 λ 与颗粒和基质以及颗粒间相互作用、流体流速、布朗扩散以及重力沉降有关,而脱离速度系数 k_{det} 是一个经验常数,不同的情况需要通过开展具体的实验进行确定。另一方面,压力梯度陡增或者是流体矿化度变化后,储层就会有相当数量的颗粒释放,实验结果表明此时的滞留颗粒浓度和多孔介质渗透率会发生即时变化,而动力学模型却呈现出渐进变化的趋势。

从根本上来说,颗粒的滞留和启动是因为颗粒受力或力矩不平衡导致的,但是对流扩散模型并不能反映这种不平衡,因此缺乏力学基础。Bedrikovetsky 等[16] 提出最大滞留函数模型,通过引入一个临界滞留函数,对颗粒的启动模型进行修正。临界滞留函数是指:孔喉内的滞留颗粒浓度存在一个最大值,当滞留颗粒的浓度低于这个最大值时,会不断地有新颗粒滞留在孔喉内,相反滞留颗粒的浓度将不再变化。最大滞留颗粒浓度主要与水的流速、离子强度和 pH

值有关,由颗粒所受静电吸引力、流体拖曳力、升力和重力的力矩平衡获取。

三、运移规律

通过实验研究发现,煤粉的启动和运移对煤岩渗透率的影响极为显著,白建梅等[6]在实验中发现实验所用煤岩的渗透率损害程度最高能达到34.96%,Tianhang Bai 等[7]的实验结果表明渗透率在驱替过程中能下降一个数量级,图 5 - 12 是煤岩渗透率在不同的驱替压差下随驱替时间的变化曲线,从图 5 - 12 中可以看到,煤粉产生和运移导致渗透率的降幅最大可以达到 90% ,因此煤粉对煤储层渗透率的影响不可忽略。

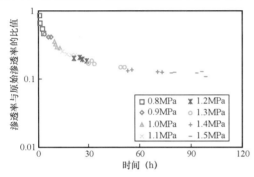

图 5 - 12 渗透率随驱替时间的变化

实验结果还表明,煤粉的速敏效应显著,当流体流速达到煤粉的临界启动流速后,启动的煤粉在流体携带作用下,在裂隙系统内运移。如前文所述,裂隙的开度并不是固定的,其会随着空间位置的改变而发生变化,启动的煤粉在运移过程中遇到开度较小的裂隙,很可能会被阻塞滞留,从而导致裂隙的连通性降低,此外当生产中断,储层流体流速降低时,原先已经启动的煤粉会逐渐沉降下来,降低裂隙的有效开度,从而导致渗透率降低。

尽管当前还不能确定煤层气气水同产阶段,储层内气水两相流动是分段流动还是气泡流形式,但是实验结果均表明,气相的加入使得产出煤粉浓度增加,还会导致渗透率损害加剧。模型计算也表明,气水界面张力在颗粒运移中起主导作用,气水两相流更容易使得煤粉启动运移。

通过总结实验研究和数值研究的结果,可以得到:尽管煤粉运移很难在煤层渗透率的计算中量化,但是在实际的生产中却不容忽视,很多煤层气井提前进入产气下降阶段的主要原因就是煤粉运移导致的储层渗透率损害,因此在排水阶段应该将排水速度控制在煤粉临界启动速度水平之下,防止煤粉迁移和渗透率损害。此外,也有部分学者认为提升流体携粉能力,能够促使原先沉积在裂隙内的煤粉启动排出,有助于储层渗透率的改善[17],但是这种改善具有很强的不确定性,因为只有确保裂隙开度足够大,且连通性良好,才能保证储层渗透率的有效提升。

第 3 节 人工裂缝中煤粉运移

大部分煤岩自身脆性强,胶结差,故煤粉颗粒容易在煤层气开发过程中发生脱落、运移。压裂起裂过程和压裂液的返排过程会导致大量煤粉产生,如图 5 - 13 所示,煤粉在压裂裂缝中的沉积、堵塞等现象会导致裂缝导流能力降低,从而妨碍煤层气进一步高效开发,因此需要对支撑剂充填裂缝内煤粉的运移机理及影响因素进行研究。

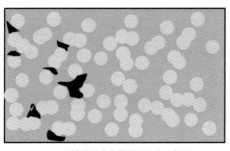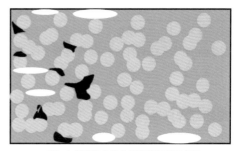

(a) 支撑裂缝内水携煤粉运移示意图　　　　(b) 支撑裂缝内气水携煤粉运移示意图

图 5 - 13　支撑裂缝内煤粉运移示意图

一、物理模型

在人工支撑剂裂缝内，流体的流动空间是支撑剂间的空隙，如图 5 - 14 所示，因此煤粉颗粒能否顺利排出除了取决于流体流速，很大程度上还受空隙的大小和连通性的影响。当流体流速较大时，较大颗粒的煤粉开始在空隙壁面上滑动或者滚动，这部分颗粒即为推移质；细小颗粒煤粉则由壁面底部跃迁，在流体中悬浮，成为悬移质。从密度角度来讲，煤粉颗粒大于水的密度，但是之所以

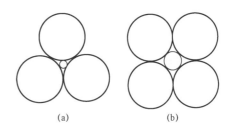

图 5 - 14　支撑剂空隙示意图

能够悬浮运移是因为颗粒在竖直方向受到上举力作用及重力作用，当液流带来的上举力超过重力，煤粉颗粒具有上升的倾向，当液流带来的上举力低于重力，煤粉颗粒倾向于沉降。

一般而言，对于支撑裂缝内的煤粉颗粒，当水流主动力克服了颗粒运动阻力后，颗粒就会由保持静止变为开始运动，运动形式通常分为滑动、滚动以及跃移。

对于不同的颗粒运移方式而言，滑动及跃移的发生应当满足颗粒在法向及切向的受力平衡，而滚动发生的临界条件为力矩平衡，故滚动是球形颗粒最易发生的运动形式。

需要注意的是，对于颗粒在液流中的临界启动而言，当液流流速超过颗粒临界启动流速时，绝大多数煤粉颗粒会发生启动，但由于在实际裂缝中，煤粉颗粒大小、形状、排列方式、受力状况等都具有随机性，所以也会存在少量没有启动的煤粉。为了研究方便，现在的研究方法一般都将煤粉启动作为必然事件来研究，简化为某流速下某些颗粒启动数量最多，即认为是该颗粒的临界启动速度。

二、运移模型

1. 实物模型研究

当前，针对煤粉在支撑剂充填裂缝内的运移实验研究较少，少数学者采用裂缝导流仪对煤粉运移导致的裂缝导流能力和渗透率进行了研究[18,19]，见表 5 - 4。其中，曹代勇等使用煤粉压制而成的型煤岩板模拟裂缝壁面，以模拟支撑剂在围压作用下的嵌入作用。

表 5 - 4 裂缝内煤粉运移实验研究概况

时间	学者	实验装置	裂隙类型	流体介质	测试对象
2013	曹代勇	裂缝导流仪	型煤岩板 + 支撑剂充填	单相水	渗透率、煤粉产出量
2014	张士诚	裂缝导流仪	支撑剂充填多孔介质	单相水	裂缝导流能力

2. 煤粉临界启动流速

在煤粉颗粒运移过程中,单个颗粒所受的力归纳为如下三种:液体作用于球形颗粒上的定常阻力、加速度力(包含附加质量惯性力、Basset 力)、流体不均匀力(包含 Magnus 力、Saffman 力等),针对本节研究的情况,着重考虑以下几种力的作用,其他力的作用可以忽略不计。

1)流体对煤粉的拖曳力及上举力

当恒速流体绕流球形固相颗粒时,黏性流体会对颗粒产生阻力作用,包括摩擦阻力和压差阻力,整体而言,流体对煤粉颗粒拖曳力公式如下所示:

$$F_x = \frac{\pi}{8} C_D \rho_f d_c^2 (u_f - u_c) |u_f - u_c| \tag{5-8}$$

式中　F_x——流体对煤粉颗粒拖曳力,N;

　　　C_D——拖曳力阻力系数;

　　　ρ_f——液相流体密度,kg/m^3;

　　　d_c——球形煤粉颗粒直径,m;

　　　u_f——液相流体流速,m/s;

　　　u_c——煤粉颗粒流速,m/s。

对于均匀流中的球形颗粒,当压强在水流方向上呈现非轴对称时,会导致球体上、下表面压差不为零,该压力差会形成上举力,流体对煤粉颗粒上举力[20]公式如下所示:

$$F_y = \frac{\pi}{8} C_L \rho_f d_c^2 (u_f - u_c) |u_f - u_c| \tag{5-9}$$

式中　F_y——流体对煤粉颗粒上举力,N;

　　　C_L——上举力系数。

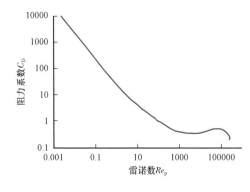

图 5 - 15 阻力系数随雷诺数变化实验曲线

基于流体力学理论,通过 N - S 方程可以求解得到固相颗粒阻力系数。但由于固相颗粒形状多变,现在主要通过拟合实验公式来计算颗粒阻力系数。通过开展实验测定颗粒匀速运动时的颗粒雷诺数及对应的阻力系数,得到标准实验阻力系数曲线如图 5 - 15 所示[21]。

阻力系数随雷诺数的变化没有统一规律,实验曲线难以用一个公式来准确拟合,分段后得到下列拟合公式:

$$\begin{cases} C_D = \dfrac{24}{Re_p}, Re_p \leqslant 0.2 \\[3mm] C_D = \dfrac{24}{Re_p}(1 + 0.15Re_p^{0.687}), 0.2 < Re_p < 800 \end{cases} \tag{5-10}$$

煤粉颗粒雷诺数表达式如下：

$$Re_c = \frac{|u_f - u_c|d_c}{v_f} \tag{5-11}$$

式中 Re_c——煤粉颗粒雷诺数；

v_f——液相运动黏性系数，m^2/s。

若颗粒为非球体，修正阻力系数如下：

$$C_D = \frac{24}{Re_p}(1 + b_1 Re_p^{b_2}) + \frac{b_3 Re_p}{b_4 + Re_p} \tag{5-12}$$

$$\begin{cases} b_1 = \exp(2.3288 - 6.4581\phi_p + 2.4486\phi_p^2) \\ b_2 = 0.0964 + 0.5565\phi_p \\ b_3 = \exp(4.905 - 13.8944\phi_p + 18.4222\phi_p^2 - 10.2599\phi_p^3) \\ b_4 = \exp(1.4681 + 12.2584\phi_p - 20.7322\phi_p^2 + 15.8855\phi_p^3) \end{cases} \tag{5-13}$$

球形度表达式如下：

$$\phi_p = \frac{A_s}{A_p} \tag{5-14}$$

式中 ϕ_p——球形度；

A_s——球体表面积，m^2；

A_p——固体颗粒表面积，m^2。

煤粉颗粒在流体中的自重为：

$$F_G = \frac{\pi}{6}(\rho_c - \rho_f)gd_c^3 \tag{5-15}$$

式中 F_G——煤粉颗粒在流体中的自重，N；

ρ_c——煤粉颗粒的密度，kg/m^3；

ρ_f——液相流体密度，kg/m^3；

g——重力加速度，m/s^2。

2）煤粉颗粒间黏性力

通常情况下，宏观颗粒之间的分子间作用力可以直接忽略，因为相对于质量力而言过于微小，但由于支撑裂缝中的煤粉颗粒直径普遍较小，其粒度在 300μm 以内，故颗粒间的范德华力必须考虑在内（表 5-5）。

表 5 – 5　物体间的范德华力及范德华势能

模型	范德华相互作用力	范德华相互作用势能
两个无限厚平板间	$\dfrac{A}{6\pi h^3}$	$\dfrac{A}{12\pi h^2}$
半径分别为 R_1 和 R_2 的球体间	$\dfrac{A}{6h^2}\dfrac{R_1 R_2}{R_1 + R_2}$	$\dfrac{A}{6h}\dfrac{R_1 R_2}{R_1 + R_2}$
半径为 R 的球体与无限大平板间	$\dfrac{AR}{6h^2}$	$\dfrac{AR}{6h}$

微粒本质上由大量分子构成,基于 Hamaker 理论,微粒间里的作用相当于分子作用之和。

半径分别为 R_1 和 R_2 的球体间,其范德华力为:

$$F_N = -\frac{A}{6h^2}\frac{R_1 R_2}{R_1 + R_2} \qquad (5-16)$$

式中　h ——物体间距离,通常计算中取值为 $R/1000$,m;

　　　R ——球体的半径,m;

　　　A ——Hamaker 常数,J。

通常利用式(5 – 17)来计算介质 3 中物质 1、物质 2 间的 Hamaker 常数:

$$A_{132} = (\sqrt{A_{11}} - \sqrt{A_{33}})(\sqrt{A_{22}} - \sqrt{A_{33}}) \qquad (5-17)$$

式中　A_{11} ——物质 1 在真空中的 Hamaker 常数,J;

　　　A_{22} ——物质 2 在真空中的 Hamaker 常数,J;

　　　A_{33} ——介质 3 在真空中的 Hamaker 常数,J。

煤在真空中的 Hamaker 常数 $A_{11} = 6.1 \times 10^{-20}$ J,水在真空中的 Hamaker 常数 $A_{33} = 3.7 \times 10^{-20}$ J,则煤粉颗粒之间在水中的 Hamaker 常数为:

$$A_{131} = (\sqrt{A_{11}} - \sqrt{A_{33}})^2 = 2.98 \times 10^{-21} \text{J} \qquad (5-18)$$

对于等径球形煤粉颗粒,颗粒间的黏性力为:

$$F_N = \frac{A_{131} d_c}{24h^2} \qquad (5-19)$$

3)煤粉颗粒排列方式影响

对于煤粉颗粒而言,在支撑裂缝中的排列形式一般不是单一颗粒,通常与其他颗粒相互接触形成简单堆积,而不同的排列方式也会直接影响煤粉的受力情况,从而影响煤粉颗粒的临界启动流速。如图 5 – 16 所示,定义煤粉颗粒之间的连心线与竖直方向的夹角为 θ 角,则可以定义煤粉颗粒埋没深度 h_c:

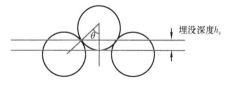
图 5 – 16　煤粉颗粒堆积方式

$$h_c = \frac{d_c}{2} - \frac{d_c}{2}\cos\theta \qquad (5-20)$$

(1)不同的煤粉颗粒排列方式对力臂的影响。

不同的煤粉颗粒排列方式使得流体动力臂和阻力臂的长度有明显改变,由几何关系可知:

$$\begin{cases} l_1 = \dfrac{d_c}{2}\cos\theta \\[2mm] l_2 = \dfrac{d_c}{2}\sin\theta \\[2mm] l_3 = \dfrac{d_c}{2}\sin2\theta \end{cases} \tag{5-21}$$

式中 l_1 ——拖曳力的动力臂长度,m;

$\qquad l_2$ ——上升力的动力臂长度,m;

$\qquad l_3$ ——范德华力的动力臂长度,m。

(2)不同的煤粉排列方式对液流拖曳力的影响。

对于拖曳力而言,煤粉的拖曳力公式里包含煤粉与流体之间的接触面积项,不同的煤粉排列方式会导致有效迎流面积的改变,故在此对有效迎流面积项进行修正:

$$d_{ce} = \sqrt{\frac{180-\theta}{180}}d_c \tag{5-22}$$

式中 d_{ce} ——煤粉颗粒的有效迎流直径,m。

修改后的拖曳力及上举力公式为:

$$F_x = \frac{\pi}{8}C_D\rho_f d_{ce}^2(u_f-u_c)\,|\,u_f-u_c\,| \tag{5-23}$$

$$F_y = \frac{\pi}{8}C_L\rho_f d_{ce}^2(u_f-u_c)\,|\,u_f-u_c\,| \tag{5-24}$$

4)煤粉颗粒临界启动流速公式推导

如图5-17所示,由几何分析及受力分析可知:

$$F_x \cdot l_1 + F_y \cdot l_2 \geqslant F_G \cdot l_2 + F_N \cdot l_3 \tag{5-25}$$

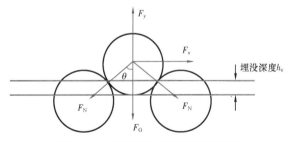

图5-17 煤粉颗粒力矩平衡示意图

求解式(5-25),得到:

$$u_{fs} \geqslant \left[\frac{\dfrac{\pi}{12}(\rho_c-\rho_f)gd_c^4\sin\theta + 2.483\times10^{-16}\sin2\theta}{\dfrac{\pi}{16}C_D\rho_f d_c^3\dfrac{180-\theta}{180}\cos\theta + \dfrac{\pi}{16}C_L\rho_f d_c^3\dfrac{180-\theta}{180}\sin\theta}\right]^{0.5} \tag{5-26}$$

代入阻力系数及上升力系数,可以得到:

$$u_{fs} \geqslant \frac{\frac{\pi}{12}(\rho_c - \rho_f)gd_c^4\sin\theta + 2.483 \times 10^{-16}\sin2\theta}{\frac{3}{2}d_c^2\mu\pi\frac{180-\theta}{180}\cos\theta + \frac{3}{8}d_c^2\mu\pi\frac{180-\theta}{180}\sin\theta} \tag{5-27}$$

另外,公式(5-27)是在假设堆积煤粉颗粒粒径相同且颗粒都为标准球体的前提下进行推导得出的,但在现实情况中,裂缝中的煤粉颗粒粒径不均,同时多为非球体,为此对上述公式进行修正如下。

假设综合考虑煤粉颗粒粒径均匀程度与圆球度后,认为煤粉颗粒直径取 d':

$$d' = Td_c \tag{5-28}$$

代入公式(5-27)可得:

$$u'_{fs} \geqslant \frac{\frac{\pi}{12}(\rho_c - \rho_f)gT^4d_c^4\sin\theta + 2.483 \times 10^{-16}\sin2\theta}{\frac{3}{2}T^2d_c^2\mu\pi\frac{180-\theta}{180}\cos\theta + \frac{3}{8}T^2d_c^2\mu\pi\frac{180-\theta}{180}\sin\theta} \tag{5-29}$$

推导可知:

$$u'_{fs} = T^2u_{fs} + C \tag{5-30}$$

T 值及 C 值由实验进行测定,需要注意的是,对于理想模型而言,C 值中不仅包含了颗粒粒径均匀程度及圆球度造成的影响,还包含了颗粒之间由于不平整表面机械啮合、挤压变形等原因造成的影响。

3. 直接数值模拟研究

煤岩裂缝渗透率以及颗粒运移亦可由 LBM – IMB – DEM 方法进行模拟研究。图 5-18 所示为以一定颗粒粒径分布,按照沉降法生成的颗粒充填多孔介质,对生成的松散颗粒进行压实,用于模拟支撑剂充填的人工裂缝。

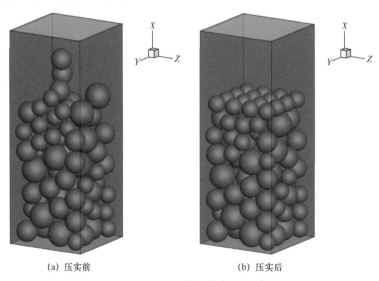

(a) 压实前　　　　　　　　　(b) 压实后

图 5-18　颗粒充填多孔介质

颗粒充填多孔介质的主要参数特征见表 5 - 6。

表 5 - 6 颗粒充填多孔介质参数表

裂缝开度(mm)	0.9
裂缝长度(mm)	2.5
颗粒粒径分布(mm)	0.2(50%),0.25(30%),0.3(20%)
颗粒和壁面弹性模量(GPa)	0.99
颗粒和壁面泊松比	0.31
压实压力(MPa)	1.0

基于 LBM - IMB - DEM 理论,在上述多孔介质出入口分别施加压力边界条件,待流动达到稳定状态,利用模拟所获得的流动参数,可以求取多孔介质的导流能力为 19.89μm² · cm,其中,导流能力的计算公式为:

$$Kw = \frac{Q\mu}{\Delta p}\frac{L}{A}w \qquad (5-31)$$

式中 Kw——导流能力,$\mu m^2 \cdot cm$;

Q ——流体的流量,cm^3/s;

μ ——流体的黏度,$mPa \cdot s$;

L ——岩样的长度,cm;

Δp ——压差,$0.1MPa$;

A——孔隙介质流动截面积,cm^2;

w ——裂缝的宽度,cm。

如图 5 - 19 所示为简易的颗粒运移几何模型,流动通道中放置一层静止大颗粒,用于模拟充填层,较小的颗粒在流体流动的携带作用下运移,并堵塞多孔介质内的部分通道,导致多孔介质渗透率降低。

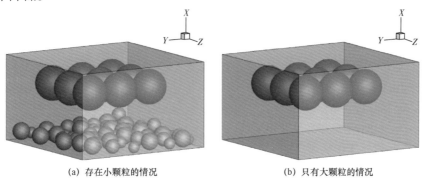

(a) 存在小颗粒的情况   (b) 只有大颗粒的情况

图 5 - 19 颗粒运移几何模型示意图

颗粒运移几何模型主要的参数特征见表 5 - 7。

表 5 - 7 颗粒运移几何模型参数表

模型尺寸(mm × mm × mm)	1.5 × 2.5 × 2.5	小颗粒直径(mm)	0.2,0.25,0.3
大颗粒直径(mm)	0.6		

图 5 – 20 为基于 LBM – IMB – DEM 理论模拟的颗粒运移及流场示意图。从图 5 – 20 中可以看出,静止大颗粒层会阻塞小颗粒通过,进而引起部分流动通道堵塞,导致渗透率降低。基于模拟数据可以得到因颗粒运移引起孔隙的堵塞,从而导致的渗透率损害可以达到 60%以上。

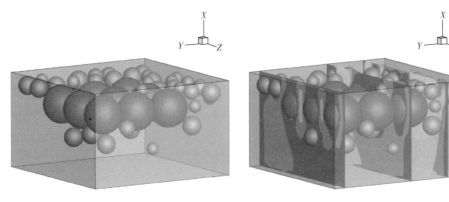

(a) 运移后小颗粒的分布情况   (b) 存在小颗粒情况下的 x 方向速度云图

图 5 – 20 颗粒运移及流场示意图

图 5 –21 煤岩支撑剂充填裂缝示意图

式中 Q ——通过的流量,cm^3/s;

     A ——孔隙介质流动截面积,cm^2;

     L ——流动长度,cm;

     $p_1 - p_2$ ——两端压力差,0.1MPa;

     K_o ——孔隙介质渗透率,D;

     μ ——流体黏度,mPa·s。

如图 5 – 22 所示,毛细管束模型将不规则孔道简化为等直径的平行毛细管束组成的理想岩石模型。

对于等价后的毛细管理想岩石,借助泊肃叶公式,流量与压差之间的关系为:

4. 充填煤粉对支撑裂缝渗透率伤害的表征

1)毛细管束渗流模型

如图 5 – 21 所示,对充填满支撑剂的裂缝而言,其孔隙空间由不规则孔道组成。

对于真实渗流模型,借助达西公式,其流量与压差之间的关系如下所示:

$$Q = \frac{K_o A(p_1 - p_2)}{\mu L} \quad (5-32)$$

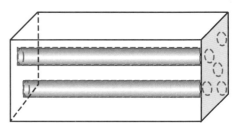

图 5 – 22 支撑裂缝等效毛细管模型

$$Q = N \frac{\pi r_o^4 (p_1 - p_2)}{8\mu L} \tag{5-33}$$

式中　r_o——等效毛细管半径,cm;

　　　N——流动截面上毛细管根数。

联立式(5-32)和式(5-33)可以得到:

$$K_o = \frac{N\pi r_o^4}{8A} \tag{5-34}$$

由孔隙度定义及几何关系可知:

$$\begin{cases} \phi_o = nA\pi r_o^2 L/(AL) = n\pi r_o^2 \\ n = \dfrac{N}{A} \end{cases} \tag{5-35}$$

式中　n——单位截面积上的毛细管根数,根/cm^2;

　　　ϕ_o——模型孔隙度。

联立上述关系式,得到渗透率的简化表达式:

$$K_o = \frac{\phi_o r_o^2}{8} \tag{5-36}$$

2) 几何关系推导

图5-23为支撑剂充填裂缝截面示意图,基于图示几何关系,进行以下推导。

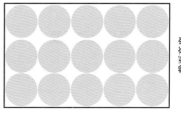

$$\begin{cases} N = \dfrac{\phi_o bc}{\pi r_o^2} \\ n_p = \dfrac{bc}{d_p^2} \end{cases} \tag{5-37}$$

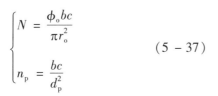

图5-23　支撑裂缝截面示意图

$$N = n_p \tag{5-38}$$

式中　n_p——流动截面上支撑剂个数;

　　　d_p——支撑剂直径,cm;

　　　b——模型截面长度,cm;

　　　c——模型截面高度,cm。

定义煤粉颗粒数目与支撑剂颗粒数目之比为煤粉填充率:

$$\varepsilon = \frac{n_c}{n_p} \tag{5-39}$$

式中　ε——煤粉填充率;

　　　n_c——煤粉颗粒数目。

则煤粉颗粒占裂缝总体积的比例为：

$$\alpha = \frac{V_c}{V_{总}} = \frac{\frac{4}{3}\pi r_c^3 n_c}{\frac{4}{3}\pi r_p^3 n_p \frac{1}{1-\phi_o}} = \varepsilon \left(\frac{d_c}{d_p}\right)^3 (1-\phi_o) \qquad (5-40)$$

由上述定义，可知充填煤粉后的模型孔隙度及毛细管半径为：

$$\phi' = \frac{V_o - V_c}{V_{总}} = \phi_o - \alpha \qquad (5-41)$$

$$r' = r_o - r_c \qquad (5-42)$$

支撑裂缝内充填煤粉后渗透率为：

$$K' = \frac{\phi' r'^2}{8} = K_o \left[1 - \varepsilon \left(\frac{d_c}{d_p}\right)^3 \frac{1-\phi_o}{\phi_o}\right]\left(1 - \sqrt{\frac{\pi}{4\phi_o}}\frac{d_c}{d_p}\right)^2 \qquad (5-43)$$

定义渗透率衰减系数如下：

$$\delta = \left(1 - \varepsilon \frac{d_c^3}{d_p^3}\frac{1-\phi_o}{\phi_o}\right)\left(1 - \sqrt{\frac{\pi}{4\phi_o}}\frac{d_c}{d_p}\right)^2 \qquad (5-44)$$

三、运移规律

1. 煤粉临界启动速度

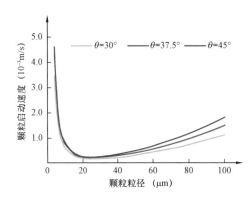

图 5-24　不同粒径颗粒临界启动速度

分析图 5-24 可知，阻碍煤粉颗粒启动的力有颗粒间的黏性力与自身重力，对于粒径较小的煤粉而言，黏性力起主要的阻碍作用，对应曲线的左半部分；随着煤粉粒径的增加，煤粉重力起主要的阻碍作用，对应曲线的右半部分。

2. 煤粉运移对裂缝导流能力的损害

对于煤粉颗粒而言，在流体携带至支撑裂缝的过程中，煤粉颗粒可能会发生壁面沉积、直接堵塞以及架桥堵塞等情况，导致支撑剂孔道之间互不连通，严重降低裂缝渗透率，Zou 等[19]的实验结果表明，2% 的煤粉就可以导致支撑剂充填裂缝的导流能力下降 24.4%。

由于煤层本身产生煤粉粒径种类变化大，不同粒径煤粉对支撑裂缝会产生不同的影响。对于大颗粒煤粉而言，在流速低的时候难以运移，对支撑裂缝影响较小，但当流速进一步增大，达到其临界启动速度的时候，则可能直接堵塞孔喉；对于小粒径煤粉，虽然不会存在直接堵塞孔喉的现象，但由于临界启动速度低，容易大量煤粉颗粒同时启动，造成架桥堵塞的风险；同时，由于煤粉颗粒疏水性强，容易集聚成团，这进一步增大了堵塞孔道的可能性。

煤粉填充比、煤粉与支撑剂颗粒粒径比对渗透率衰减系数影响如图5-25所示,分析图5-25可知,对于充填煤粉后的支撑裂缝而言,煤粉填充率越大,颗粒粒径比越大,则支撑裂缝渗透率衰减系数越大,后续实验将对这些参数分别进行实验,以确定其对渗透率的真实影响。

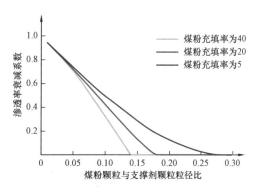

图5-25　粒径比及煤粉填充率
对裂缝渗透率的影响

综上所述,对于煤层支撑裂缝而言,煤粉颗粒的存在对裂缝渗透率具有较大的负面作用,一旦较大煤粉开始运移,则有可能造成支撑剂孔道堵塞,在近井地带形成一个致密的环状堵塞带,使裂缝导流能力无效,阻碍排水降压,对生产造成较大影响。但如果排采速率适中,则可以使小粒径煤粉顺利排出,保证裂缝带具有较高导流能力。为此,精细控制单相排水阶段排量对现场生产有实际意义。

第4节　垂直井筒气水携煤粉流动

煤层气开发过程中,钻完井、压裂等都会导致大量煤粉产生,这些煤粉沉积在垂直井筒底部,当产水产气量达到煤粉的临界流速,这些煤粉就会被携带进入井筒中,如果煤粉进入泵内而又不能及时排出,一定时间后就会导致卡泵事故,威胁煤层气井排采连续性,此外虽然某些大颗粒煤粉和支撑剂在筛网的阻隔下不会进入泵筒,但是这些颗粒会在泵抽吸口附近聚集,将泵和套管间环空密实充填,把泵吸入口堵死,影响调节泵深和正常排水作业。

垂直井筒内在排水阶段是单相水流动,在气水同产阶段是气水两相流,由于煤粉的形状多变,大小不一,且气液流型也会发生变化,所以垂直井筒内流体携煤粉流动比较复杂。基于室内大尺寸多相复杂流动实验装置,开展垂直井筒气水两相携煤粉流动测试,旨在获取滇东黔西地区煤层气直井在典型工况下的携煤粉能力,为直井筒气水两相携煤粉流动模型的建立提供数据保障。

一、流型

基于当前煤层气井产水产气量,实验过程中总共观察到两种流型,分别为泡状流和段塞流。产气量较小时,整个生产套管内主要是泡状流,如图5-26(a)所示,由于水流速较低,此种流型并不能有效携带大颗粒煤粉;随着产气量的增加,逐渐出现段塞流型,如图5-26(b)所示,这类流型具有较强的携煤粉能力,能够将较大颗粒煤粉携带至井筒内。多煤层合采煤层气井内的流型示意图如图 5-27 所示,位于下面煤层的井筒内由于井底流压较大,气量供给有限,可能出现泡状流流型,此时井筒内分散着一些细小的气泡,如果水流速度达不到煤粉的临界启动流速,一般不会将煤粉携带到上面的井筒中;位于中部煤层的井筒内,气量供给增加,井底流压降低,可能出现一些大气泡,但此时这些大气泡并不能占据整个井筒的界面,故而依然认为是泡状流,此时的气—水两相流具有一定的携煤粉能力,可以将一些片状和粒径较小的煤粉携带起来;位于上层的井筒内,气量供应充足,含气率较高,井底流压较小,主要出现段塞流流型,这时气—水两相流的携煤粉能力很强,会将煤粉扬至泵口。

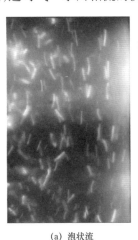 
(a) 泡状流　　　　(b) 段塞流

图 5-26　垂直井筒气—水携煤粉流型

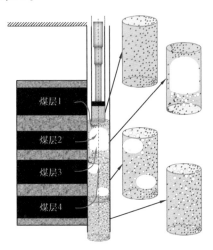

图 5-27　垂直井筒气—水携煤粉流型示意图

二、携煤粉浓度变化特征

1. 水携煤粉

在不同煤粉目数条件下,不同水表观流速下的最大可携煤粉浓度如图 5-28 所示。由图 5-28 可知,在一定的水表观流速范围内,不同粒径的煤粉颗粒都存在一个临界的启动流速,本实验中,8~10 目、10~20 目和 20~30 目煤粉在单相水流动中的临界启动流速分别为:0.07m/s、0.0639m/s 和 0.0408m/s。当水表观流速高于煤粉的临界启动流速后,井筒可携带

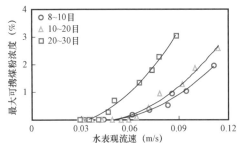

图 5-28　直井筒水携煤粉最大可携煤粉
浓度随水表观流速的变化

的煤粉浓度随着水表观流速的增加呈现抛物线增加的趋势,且在相同的水表观流速下,煤粉粒径越小,可以携带的最大煤粉浓度越大。

2. 气—水携煤粉

在不同煤粉目数、不同水表观流速和不同气相表观流速下的最大可携煤粉浓度如图 5-29 所示。由图 5-29 可知,在一定液相流速下,当气相表观流速增加到某一值时,开始有煤粉被携带出来,此时的气相表观流速即为该液相流速下煤粉

的临界气相启动速度;在液相表观流速相同的情况下,随着气相表观流速的增加,最大可携煤粉质量分数也相应增加,但增加的幅度逐渐降低,也就是说与单纯的水携煤粉,随着水流速增加,液相携带能力越来越强的情况不同,气水携煤粉过程中,液相流速一定的情况下,随着气相表观流速的增加,气相对于煤粉携带的贡献率降低。这是因为固相颗粒主要存在于液相中,气相对煤粉的携带是通过液相间接作用在煤粉颗粒上的,即气相影响了液相的实际流速,进而提升了液相的携粉能力。此外,还可以发现,相比于大颗粒煤粉,小颗粒煤粉更容易启动和携带。

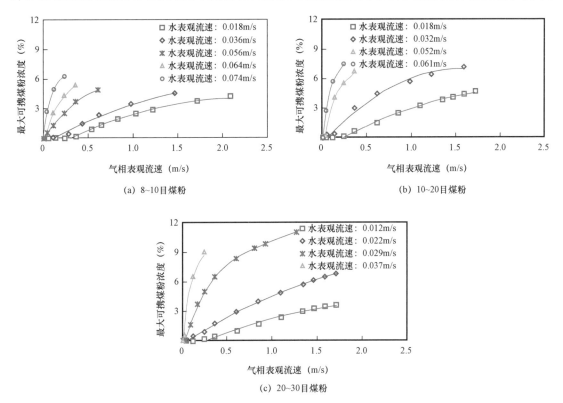

图5-29　垂直井筒气—水携煤粉最大可携煤粉浓度的变化

三、流动压降

煤层气生产井井底流压计算方法基于垂直井筒气液两相流动模型,可以将回声探测器反馈的井内动液面高度准确换算成井底流压,以提供给控制系统。需要说明的是,在现有煤层气井井筒尺寸和产水产气量情况下,井筒内的气液两相流型主要为泡状流和段塞流,因此只写明这两种流型下的流动模型。此外,井筒内流体流速较低,基于垂直圆管均相流模型计算了各种情况下的摩阻压降,远远小于重力压降。综合来说,在进行井底流压计算时,只考虑泡状流和段塞流两种流型情况和重力压降。

垂直井筒内气液两相流动的重力压降:

$$\frac{\mathrm{d}p}{\mathrm{d}z} = \rho_l (1 - \alpha_g) + \rho_g \alpha_g \tag{5-45}$$

式中 ρ_l ——液相密度，kg/m^3；

ρ_g ——气相密度，kg/m^3；

α_g ——垂直井筒内气液两相流动的平均含气率，%。

1. 泡状流

平均含气率通过下面的隐式方程计算[22]：

$$1.53 \left[\frac{\sigma g (\rho_l - \rho_g)}{\rho_g^2} \right]^{0.25} (1 - \alpha_g)^{0.5} = \frac{v_{sg}}{\alpha_g} - 1.2 (v_{sg} + v_{sl}) \tag{5-46}$$

式中 σ ——气水界面张力，N/m；

v_{sg} ——气相的折算流速，m/s；

v_{sl} ——液相的折算流速，m/s。

2. 段塞流

当气相表观流速达到一个临界值，井筒内流型由泡状流转变为段塞流，此临界气相折算流速[23]为：

$$v_{sg}^{cr} = v_{sl} \left\{ \frac{1}{3} + \frac{\left[(\rho_l - \rho_g) g \sigma \right]^{0.25}}{3 \rho_l^{0.5} v_{sl}} \right\} \tag{5-47}$$

段塞流流型的井筒平均含气率由以下的一系列方程组合计算得到。其中，液段截面含气率由式（5-48）[24]计算：

$$\alpha_L = 0.058 \left\{ 2 \left[\frac{0.4 \sigma}{(\rho_l - \rho_g) g} \right]^{0.5} \left(\frac{\rho_l}{\sigma} \right)^{0.6} \left[\frac{2 c_1}{D} \left(\frac{\rho_l D}{\mu_l} \right)^{-n} \right]^{0.4} v_M^{2(3-n)/5} - 0.725 \right\}^2 \tag{5-48}$$

式中 α_L ——液段截面含气率；

c_1 ——系数，与液相雷诺数有关；

μ_l ——液相黏度，$Pa \cdot s$；

v_M ——气液两相的混合流速，m/s；

n ——常数，与雷诺数有关。

$$Re_l = \frac{\rho_l v_{sl} D}{\mu_l} \tag{5-49}$$

如果液相雷诺数 Re_l 小于 2100，则 $c_1 = 16, n = 1$；如果 Re_l 大于 2100，则 $c_1 = 0.0791, n = 0.25$。

液段气相体积守恒方程：

$$\alpha_L v_{Lg} + (1 - \alpha_L) v_{Ll} = v_M \tag{5-50}$$

液段气泡群真实速度由修正的气泡在静止液体中的上升速度[25]计算：

$$v_{Lg} = v_{Ll} + 1.53(1 - \alpha_L)^{0.5}\left[\frac{\sigma g(\rho_l - \rho_g)}{\rho_l^2}\right]^{0.25} \tag{5-51}$$

式中　v_{Lg}——液段气泡群真实速度,m/s;

　　　v_{Ll}——液段液相真实速度,m/s。

联立式(5-50)和式(5-51)可以分别求得 v_{Lg} 和 v_{Ll}。

Taylor 气泡的上升速度由式(5-52)和式(5-53)[26]计算。

$$Z_{TB} = \left[\frac{(\rho_l - \rho_g)gD}{\rho_l}\right]^{0.5} \tag{5-52}$$

$$v_{TB} = C_0 v_{Ll} + c Z_{TB} \tag{5-53}$$

式中　Z_{TB}——Taylor 气泡在静液中的上升速度,m/s;

　　　v_{TB}——Taylor 气泡段气弹真实速度,m/s;

　　　C_0——系数,与液段中水相雷诺数有关;

　　　c——黏性力、惯性力和界面力对 Taylor 气泡的影响系数。

联立式(5-52)和式(5-53)可以分别求得 Z_{TB} 和 v_{TB}。

$$Re_s = \frac{(1 - \alpha_L)\rho_l v_{Ll} D}{\mu_l} \tag{5-54}$$

如果液段中水相雷诺数 Re_s 小于2100,则 $C_0 = 2$;若 Re_s 大于等于2100,则 $C_0 = 1.2$。影响系数由式(5-55)[27]计算:

$$c = 0.345\left[1 - \exp\left(-\frac{0.01 N_L}{0.345}\right)\right]\left[1 - \exp\left(3.37 - \frac{E_0}{\zeta}\right)\right] \tag{5-55}$$

式中　N_L——液相黏度准数;

　　　E_0——Eotvos 准则数;

　　　ζ——校正系数。

具体计算公式如式(5-56)至式(5-58)所示:

$$N_L = \frac{\left[(\rho_l - \rho_g)\rho_l gD^3\right]^{0.5}}{\mu_l} \tag{5-56}$$

$$E_0 = \frac{(\rho_l - \rho_g)gD^2}{\sigma} \tag{5-57}$$

$$\zeta = \begin{cases} 10 & N_L \geqslant 250 \\ 69 N_L^{-0.35} & 18 \leqslant N_L \leqslant 250 \\ 25 & N_L < 18 \end{cases} \tag{5-58}$$

气段气相体积守恒方程:

$$\alpha_{TB} v_{TB} - (1 - \alpha_{TB}) v_F = v_M \tag{5-59}$$

$$\left(\frac{v_F}{v_{Ll}}\right)^{2-n} = (1 - \alpha_{TB})^{n+1} \frac{Y}{X^2} \tag{5-60}$$

式中 α_{TB} ——Taylor 气泡段气相截面含气率;

v_F ——Taylor 气泡段下降液膜的真实速度,m/s;

n ——取值同式(5-48);

X ——洛—马参数;

Y ——管路倾角对流型的影响参数。

联立式(5-59)和式(5-60)求得 α_{TB} 和 v_F。

$$X^2 = \frac{\dfrac{4c_l}{D}\left(\dfrac{\rho_l v_{sl} D}{\mu_l}\right)^{-n} \dfrac{\rho_l v_{sl}^2}{2}}{\dfrac{4c_g}{D}\left(\dfrac{\rho_g v_{sg} D}{\mu_g}\right)^{-m} \dfrac{\rho_g v_{sg}^2}{2}} \tag{5-61}$$

$$Y = \frac{(\rho_l - \rho_g) g}{\dfrac{4c_g}{D}\left(\dfrac{\rho_g v_M D}{\mu_g}\right)^{-m} \dfrac{\rho_g v_{sg}^2}{2}} \tag{5-62}$$

$$Re_g = \frac{\rho_g v_{sg} D}{\mu_g} \tag{5-63}$$

如果气相雷诺数 Re_g 小于2100,则 $c_g = 16, m = 1$;若 Re_g 大于2100,则 $c_g = 0.0791, m = 0.25$。

整个段塞单元段气相体积守恒方程:

$$\alpha_{TB} v_{TB} \frac{L_{TB}}{L_U} + \alpha_L v_{Lg}\left(1 - \frac{L_{TB}}{L_U}\right) = v_{sg} \tag{5-64}$$

其中, L_{TB}/L_U 为 Taylor 泡状段与段塞单元段长度比,无量纲。

平均含气率:

$$\alpha_g = \alpha_{TB} \frac{L_{TB}}{L_U} + \alpha_{Lg}\left(1 - \frac{L_{TB}}{L_U}\right) \tag{5-65}$$

在不同煤粉目数、不同水表观流速和不同气相表观流速下的单位长度井筒压降变化如图5-30所示。综合考虑不同水流量和气相流量引起的井筒含气率变化(模型计算获取)和各种情况下的携煤粉浓度,获得单位井筒长度上的压降。总体来说,随着产气量增加,单位井筒长度压降逐渐降低。因为煤层气井产水量较低,在较小的水流量变化范围内,相同的气流量情况下,压降变化不大。

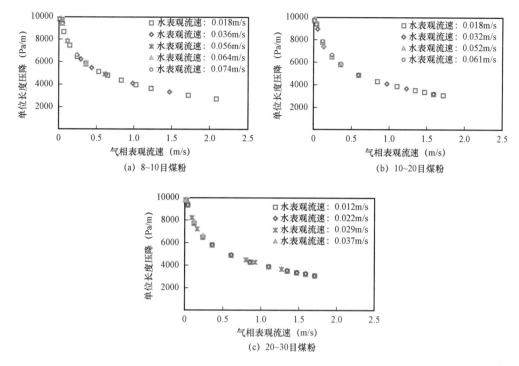

图 5 - 30 垂直井筒气—水携煤粉单位长度压降

第 5 节 水平井筒气水携煤粉流动

煤层气开发过程中,钻完井、压裂等都会导致大量煤粉产生,一些煤粉滞留在水平井筒中,还有一部分存于裂缝内的煤粉在返排压裂液、煤层产出水和煤层气的携带作用下迁移到水平井筒中。井筒中煤粉的粒径一般分布在 $0 \sim 2000\mu m$ 之间,形状也多不规则。这些煤粉沉积在水平井筒较低一侧,降低井筒有效流通面积,增加水平井筒内的摩阻压降,严重时甚至会堵塞井筒。

无论是在煤层气开采的排水阶段还是水气同产阶段,水的流量一般不会超过 $10m^3/d$,如此低的液相流量并不能使沉积在井筒较低一侧的煤粉颗粒全部参与运移,也就是说井筒内总会存在静止床层,而且床层高度会随着煤粉的不断产出和气水产量波动而发生变化。此外,产水产气量一定的情况下,静止床层高度不同,井筒内有效流通面积不同,由此井筒内的气液流型也会发生变化。

因此,煤层气水平井筒内存在复杂的气液固三相流动,煤层气产量、产水量、煤粉产出浓度、煤粉粒径等会影响水层高度、煤粉床高度以及井筒内气液两相流型,而且水层高度、煤粉床高度和气液两相流型还会相互影响。基于室内大尺寸多相复杂流动实验装置,开展水平井筒气水两相携煤粉流动测试,旨在获取滇东黔西地区煤层气水平井在典型工况下的携煤粉能力,为水平井筒气水两相携煤粉流动模型的建立提供数据保障[28]。

一、流型

实验过程中,主要观察到三种流型,分别是:段塞流、分层光滑流和分层波浪流,如图 5 – 31 所示。其中,左侧为水流量低于 1m³/h 情况下的流型图,右侧为水流量高于(含)1m³/h 情况下的流型图。

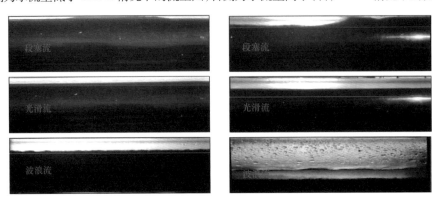

图 5 – 31　气—水两相流型实拍图

图 5 – 31 中红色直线标示的是水层与煤粉床层的分界面。从图 5 – 31 中可以看出,无论是低水流量还是高水流量,整个实验过程最先出现的是段塞流,随着气相流量的增加,依次出现光滑流和波浪流。但是,低水流量下的水层厚度明显较薄。

依据不同气、水流量以及不同粒径煤粉情况下的流型情况,绘制了流型分布图,如图 5 – 32 和图 5 – 33 所示。不同于经典的水平圆管气液两相流动,本实验水平圆管中存在静止的煤粉床层,压缩了流体的有效流通截面积,因此不能够再以流体的表观流速去表征流型分布,取而代之的是基于有效流通截面积(圆管截面积减去静止床层截面积)计算获得的真实表观流速。基于真实表观流速,以经典的水平圆管气液两相流动流型图为参照,获得了水平圆管内气—水携煤粉流动的流型分布图。需要说明的是,由于低水流量下,计算得到的水的真实表观流速很低,不适用于绘制在 Taitel & Dukler 流型图中,所以在进行数据处理时,将低水流量情况下的流型分布绘制在 Scott 改进的 Baker 流型图中。

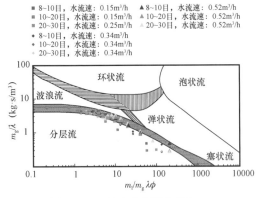

图 5 – 32　低流速水平井筒气—
水携煤粉流动流型分布图

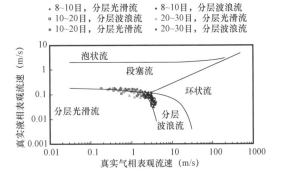

图 5 – 33　较高流速水平井筒气—
水携煤粉流动流型分布图

图 5 - 32 为水流量低于 1m³/h 情况下的流型分布图,绘制在 Scott 改进的 Baker 流型图中,其中灰色部分为两种流型的过渡区域。图 5 - 33 为水流量高于(含)1m³/h 情况下的流型分布图,绘制在 Taitel&Dukler 流型图中。由图 5 - 32 和图 5 - 33 可以发现,实验所获流型数据点均分布在流型的过渡线附近。

二、水层和煤粉床高度

在不同煤粉目数、气相和水表观速度下,煤粉床层和水层高度如图 5 - 34 和图 5 - 35 所示。

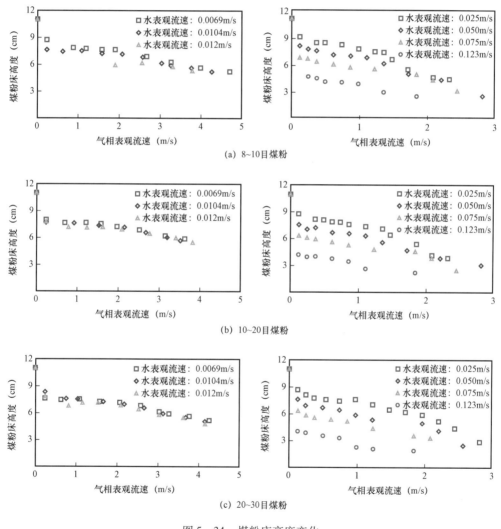

(a) 8~10目煤粉

(b) 10~20目煤粉

(c) 20~30目煤粉

图 5 - 34　煤粉床高度变化

由图 5 - 34 可知,一定的水表观流速下,随着气相表观流速的增加,煤粉床高度呈现下降趋势。具体而言,气相表观流速比较小时,煤粉床高度较高,管内有效流通面积较小,出现段塞流流型,由于段塞流携粉能力较强,煤粉床高度随着气相表观流速的增加下降速率很快;随后,当煤粉床高度降低到一定程度时,流型转变为分层光滑流动,此种流型的携粉能力较弱,煤粉床高度随着气相表观流速的增加下降缓慢;当气相表观流速继续增加,出现分层波浪流流型,此时流体携粉能力增强,煤粉床高度随着气相表观流速的增加下降速率增加。从图 5 - 34 还可以看出,相同的气相表观流速下,煤粉床高度随着水表观流速的增加而降低。

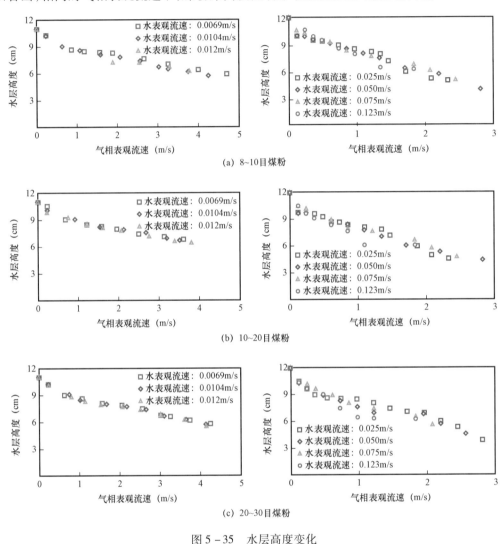

(a) 8~10目煤粉

(b) 10~20目煤粉

(c) 20~30目煤粉

图 5 - 35　水层高度变化

由图 5 - 35 可知,水层高度随着气相表观流速的增加而呈现线性下降的趋势,且水表观流速对于水层高度的影响较小。

三、流动压降

煤粉沉积会导致井筒流通截面积减小,截面形状也会发生变化,进而对压降产生影响[29]。由图 5 - 36 可知,单位长度摩阻压降随着气相表观流速的增加,呈现先增加后减小的趋势。这是因为气流量比较低时,水的真实流速未达到煤粉的启动速度,气相表观流速的增加并不能导致煤粉床高度降低,从而导致压降增加。当气流量增加到一定程度,其带动水的流速增加到煤粉临界启动流速,这时大量煤粉被携带走,导致煤粉床高度减小,流体有效流通面积增大,压降出现下降的趋势。

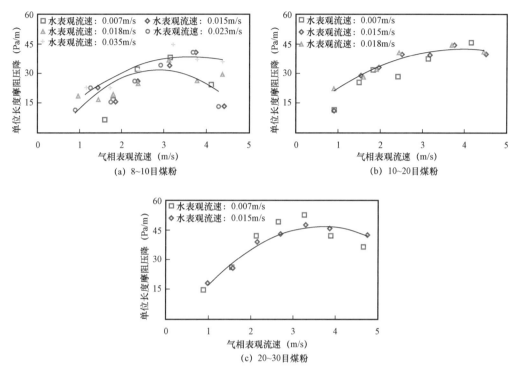

图 5-36 单位长度摩阻压降变化

参 考 文 献

[1] 李世平. 岩石力学简明教程[M]. 北京:煤炭工业出版社,1996.

[2] 刘升贵,贺小黑,李惠芳. 煤层气水平井煤粉产生机理及控制措施[J]. 辽宁工程技术大学学报(自然科学版),2011,(4):508-512.

[3] 魏迎春,曹代勇,袁远,等. 韩城区块煤层气井产出煤粉特征及主控因素[J]. 煤炭学报,2013,38(8):1424-1429.

[4] 赵俊芳,王生维,秦义,等. 煤层气井煤粉特征及成因研究[J]. 天然气地球科学,2013,24(6):1316-1320.

[5] 李瑞,王生维,陈立超,等. 煤层气排采中煤粉产出量动态变化及影响因素[J]. 煤炭科学技术,2014,42(6):122-125.

[6] Huang F, Kang Y, You L, et al. Massive fines detachment induced by moving gas - water interfaces during early stage two - phase flow in coalbed methane reservoirs[J]. Fuel,2018,222:193-206.

[7] Bai T, Chen Z, Aminossadati S M, et al. Experimental investigation on the impact of coal fines generation and migration on coal permeability[J]. Journal of Petroleum ence & Engineering,2017,159:257-266.

[8] 白建梅,孙玉英,李薇,等. 高煤阶煤层气井煤粉产出对渗透率影响研究[J]. 中国煤层气,2011(6):18-21.

［9］Wei C T ,Zou M J ,Sun Y M ,et al. Experimental and applied analyses of particle migration in fractures of coal-bed methane reservoirs［J］. Journal of Natural Gas Science and Engineering,2015,23:399 – 406.

［10］Guo Z ,Hussain F ,Cinar Y . Permeability variation associated with fines production from anthracite coal during water injection［J］. International Journal of Coal Geology,2015,147 – 148:46 – 57.

［11］Guo Z ,Hussain F ,Cinar Y . Physical and analytical modelling of permeability damage in bituminous coal caused by fines migration during water production［J］. Journal of Natural Gas ence and Engineering,2016:331 – 346.

［12］Wang B ,Qin Y ,Shen J ,et al. Influence of stress and formation water properties on velocity sensitivity of lig-nite reservoir using simulation experiment［J］. Fuel,2018,224:579 – 590.

［13］Huang F ,Kang Y , You Z ,et al. Critical Conditions for Massive Fines Detachment Induced by Single – Phase Flow in Coalbed Methane Reservoirs:Modeling and Experiments［J］. Energy & Fuels,2017,31(7).

［14］Mitchell T R ,Leonardi C R . Micromechanical investigation of fines liberation and transport during coal seam dewatering［J］. Journal of Natural Gas Science and Engineering,2016,35:1101 – 1120.

［15］Noble D R ,Torczynski J R . A Lattice – Boltzmann Method for Partially Saturated Computational Cells［J］. In-ternational Journal of Modern Physics C,1998.

［16］Bedrikovetsky P ,Siqueira F D ,Furtado C A ,et al. Modified Particle Detachment Model for Colloidal Transport in Porous Media［J］. Transport in Porous Media,2011,86(2):353 – 383.

［17］綦耀光,张芬娜,刘冰,等 . 煤层气井产气通道内煤粉运动特征分析［J］. 煤炭学报,2013,38(9):1627 – 1633.

［18］曹代勇,李小明,魏迎春,等 . 单相流驱替物理模拟实验的煤粉产出规律研究［J］. 煤炭学报,2013,38(4):624 – 628.

［19］Zou Y S ,Zhang S C ,Zhang J . Experimental Method to Simulate Coal Fines Migration and Coal Fines Aggrega-tion Prevention in the Hydraulic Fracture ［J］. Transport in Porous Media,2014,101(1).

［20］梅文荣 . 用微模型实验研究颗粒运移机理［J］. 石油钻采工艺,1994,16(5):66 – 69.

［21］唐学林,余欣,任松长,等 . 固 – 液两相流体动力学及其在水力机械中的应用［M］. 郑州:黄河水利出版社 . 2006. 69 – 72.

［22］Ansari A M ,Sylvester N D ,Sarica C ,et al. Supplement to SPE 20630,A Comprehensive Mechanistic Model for Upward Two – Phase Flow in Wellbores［J］. Spe Production & Facilities,1994,9(2):143 – 151.

［23］张昌艳 . 垂直井筒油气水三相混合物流动规律研究［D］. 中国石油大学,2008.

［24］Barnea D ,Brauner N . Holdup of the liquid slug in two phase intermittent flow［J］. International Journal of Mul-tiphase Flow,1985,11(1):43 – 49.

［25］Zuber N. ,Hench J. Steady State and Transient Void Fraction of Bubbling Systems and Their Operating Limit Part I:Steady State Operation［R］. General Electric Co. Report,1962,62 (100).

［26］Nicklin D J,Wilks J O,Davidson J. F. Two – phase Flow in Vertical Tubes［J］. Trans. Institution Chemical En-gineers,1962,40:61 ~ 65.

［27］Wallis G. B. One – Dimensional Two – phase Flow［R］. McGraw Hill Book Co. ,1969.

［28］Wang D,Wang Z,Zeng Q. An experimental study on gas/liquid/solid three – phase flow in horizontal coalbed methane production wells［J］. Journal of Petroleum Science and Engineering,2018,174:1009 – 1021.

［29］Wang,D. ,Wang,Z. ,Chen,S. ,Wang,X. ,& Zeng,Q. Experimental Investigation of Transport Mechanisms of Coal Particles and Gas – Water Interfacial Friction Factor for Stratified Flow in Coal – Bed Methane Horizontal Wellbore［C］. Society of Petroleum Engineers,(2020,November 12).

第6章 多煤层层间流动

多煤层层间流动,是指在多煤层气合采过程中,煤层与相邻储层中的流体通过孔隙、天然裂隙和人工裂缝等流动通道进行流体交换的过程。多煤层地区相邻多薄层合采时,各层压降漏斗具有差异,储层内对应位置处存在压差,由此导致层间流动,从而影响合采产能。

随着多煤层层间流动问题研究的深入,学者们对多煤层层间流动类型和流体流动规律的认识有了较大的提高,同时,也认识到层间流动是多煤层合采过程中流体运移的重要环节。因此,将多煤层层间流动作为一个关键问题来考虑,正确认识其流动机理,对多煤层气合采产能预测具有重要意义。

第1节 多煤层层间流动类型

原始储层条件下,煤层与相邻储层间存在层间界面,可分为熔合型界面、过渡型界面和裂隙型界面,不同类型的层间界面下多煤层层间流动存在差异;此外,压裂产生的人工裂缝也会导致层间流动方式变化。多煤层层间流动类型的划分有利于理解多煤层层间流动机理,且可进一步指导建立多煤层合采层间流动模型。

一、原始储层条件下的层间流动

对于相邻多薄层合采储层,由于此类储层埋深跨度较小,在煤层与煤层之间,存在其他类型含气储层,例如致密砂岩气等,故现场通常对相邻多个薄层进行合采。目前国内外都有工程实践,并获得了良好的产能效果,例如,国外加拿大典型的多煤层气区块马蹄谷、美国黑勇士盆地、美国阿巴拉契亚盆地,国内鄂尔多斯盆地的河东煤田、陕西韩城地区、滇东—黔西地区,以上所述煤层气藏均有单层厚度薄、含气层位多的特点[1-8]。

当上煤层与下煤层之间夹层为可渗透砂岩层时,在排水开采过程中,由于各层压降漏斗具有差异,使得各储层内部对应位置存在压差,而煤层中的一部分割理与砂岩夹层的孔隙连通,导致上、下煤层之中的煤层气透过砂岩层渗流,影响各层内的压力分布,进而对多煤层气井的生产造成干扰,如图6-1和图6-2所示,其中图6-1表示的是包含砂岩夹层的上下两煤层合采时流线的分布情况。

1994年,Carmen[9]将煤岩中矿物组分的界面分为四个类型,包括:过渡界面(Transitional interface)、熔合界面(Fused interface)、裂隙型界面(Fissured interface)和非熔合界面(Unfused interface)。在沉积过程中,由于煤层和砂岩界面胶结状态的不同,煤层与砂岩层界面也有相似的结构,依据煤层与砂岩层界面的几何特征,可将煤岩与砂岩层界面划分为三种理想界面类型,即熔合型界面、过渡型界面和裂隙型界面,在真实地层条件下,层与层之间同时存在着熔合型界面、过渡型界面和裂隙型界面三种界面。砂岩与煤岩层间界面的类型划分与界面特征见表6-1,界面几何特征如图6-3所示[10-11]。

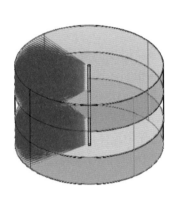

图 6 – 1　多煤层层间窜流过程示意图

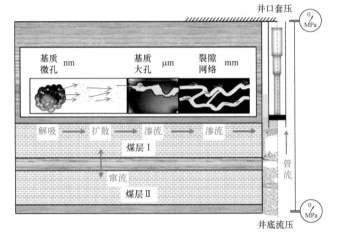

图 6 – 2　多煤层合采全过程流动示意图

表 6 – 1　煤岩与砂岩界面类型分类

界面类型	界面特征
熔合型界面	煤岩与砂岩具有明确定义的边界,但是界面处是两种岩石的熔合
过渡型界面	煤岩与砂岩没有明确的界面边界,在界面附近由一种岩石向另一种岩石逐渐过渡
裂隙型界面	煤岩与砂岩界面上小裂缝和胶结物交替出现

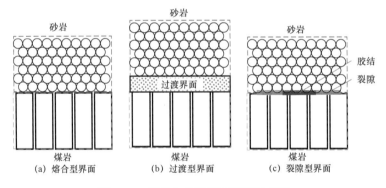

图 6 – 3　煤岩与砂岩界面类型示意图

　　熔合型界面对应的煤岩与砂岩层间流动示意图如图 6 – 4 所示,对于熔合型界面,煤岩中的一些割理孔隙和砂岩中的孔隙相连通,煤岩中的另一部分割理孔隙被砂岩颗粒所堵塞,因此当煤岩中的流体流经界面流向砂岩层时,流线在界面附近会弯曲,因此将流体的流动简化为 4 个区域,这 4 个区域具有不同的渗透率;过渡型界面存在过渡区,其附近的流体流动方式与熔合型界面类似,但过渡区渗透率介于煤岩和砂岩之间,呈线性变化;裂隙型界面由于裂隙的存在,其附近的流体流动为径向流。

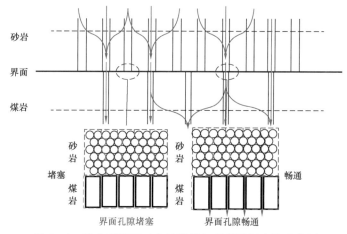

图6-4 熔合型界面对应的煤岩与砂岩层间窜流示意图

二、储层压裂条件下的层间流动

煤层气属于非常规天然气,在开发时通常需要施加压裂等增产措施,压裂方式包括煤层压裂、夹层压裂和多层同时压裂,压后储层中流体会优先向人工裂缝内汇聚,再通过人工裂缝向相邻储层流动。以夹层压裂为例,由于夹层压裂裂缝的渗流阻力远小于煤层,缝内压力与井底流压相近,在压差作用下,煤层气优先向裂缝内汇聚,再经裂缝流入井筒,其中,在垂直裂缝剖面中,煤层中的流动可简化为径向流,裂缝中流动为单向流。

第2节 多煤层层间流动模型

层间流动是多煤层合采过程中的关键问题,在多煤层层间流动类型划分的基础上,可进一步推导多煤层层间流动模型,包括原始储层条件下的层间流动模型和储层压裂条件下的层间流动模型,其对多煤层合采产能预测具有重要指导意义。

一、原始储层条件下的层间流动模型

1. 熔合型界面的层间流动模型

煤岩、砂岩和熔合型界面的理想几何模型如图6-5所示。假设流过半透壁的流量与壁面附近的局部压力梯度成比例。由于界面效应,煤层和砂岩层间的孔隙不能全部连通,靠近界面的煤层和砂岩层的渗透率远小于远离界面处的渗透率,因此,假设的窜流理论模型将煤层和砂岩层均划分为渗透率不同的两个部分,如图6-5中的区域1、区域2、区域3和区域4,远离界面的区域渗透率较高,靠近界面处的区域由于界面效应渗透率较低。

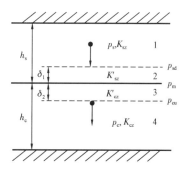

图6-5 熔合型界面对应的煤岩与砂岩层间窜流示意图

对于气体,基于达西定律和垂直于界面方向的质量守恒定律,得到:

$$\rho_{sg}\frac{K_{sz}(p_s - p_{sd})}{\mu_{sg}(h_s - \delta_1)/2} = \rho_{1g}\frac{K'_{sz}(p_{sd} - p_m)}{\mu_{1g}\delta_1} = \rho_{2g}\frac{K'_{cz}(p_m - p_{cu})}{\mu_{2g}\delta_2} = \rho_{cg}\frac{K_{cz}(p_{cu} - p_c)}{\mu_{cg}(h_c - \delta_2)/2}$$

$$(6-1)$$

式中 p_s, p_c ——区域 1、区域 4 的孔隙压力,MPa;

  p_{sd} ——区域 1 与区域 2 界面处的孔隙压力,MPa;

  p_m ——煤岩和砂岩界面处的压力,MPa;

  p_{cu} ——区域 3 与区域 4 界面处的孔隙压力,MPa;

  $K_{sz}, K'_{sz}, K'_{cz}, K_{cz}$ ——区域 1、区域 2、区域 3、区域 4 的垂向渗透率,mD;

  $\rho_{sg}, \rho_{1g}, \rho_{2g}, \rho_{cg}$ ——区域 1、区域 2、区域 3、区域 4 中气体的密度,kg/cm^3;

  $\mu_{sg}, \mu_{1g}, \mu_{2g}, \mu_{cg}$ ——区域 1、区域 2、区域 3、区域 4 中气体的黏度,mPa·s;

  $h_s, \delta_1, \delta_2, h_c$ ——砂岩层、区域 2、区域 3、煤岩层的厚度,m。

煤层与砂岩层之间的气体窜流速率见式(6-2):

$$q_{gcross} = \frac{A(p_s - p_c)}{\dfrac{\mu_{sg}(h_s - \delta_1)}{2\rho_{sg}K_{sz}} + \dfrac{\mu_{1g}\delta_1}{\rho_{1g}K'_{sz}} + \dfrac{\mu_{2g}\delta_2}{\rho_{2g}K'_{cz}} + \dfrac{\mu_{cg}(h_c - \delta_2)}{2\rho_{cg}K_{cz}}}\frac{1}{\rho_s}$$

$$(6-2)$$

式中 q_{gcross} ——气体窜流速率,m^3/s;

  A ——窜流横截面积,m^2;

  ρ_s ——气体在地面条件下的密度,kg/m^3。

类似地,煤层与砂岩层之间的水窜流速率见式(6-3):

$$q_{wcross} = \frac{A(p_s - p_c)}{\dfrac{\mu_{sw}(h_s - \delta_1)}{2\rho_{sw}K_{sz}} + \dfrac{\mu_{1w}\delta_1}{\rho_{1w}K'_{sz}} + \dfrac{\mu_{2w}\delta_2}{\rho_{2w}K'_{cz}} + \dfrac{\mu_{cw}(h_c - \delta_2)}{2\rho_{cw}K_{cz}}}\frac{1}{\rho_w}$$

$$(6-3)$$

式中 q_{wcross} ——水相窜流速率,m^3/s;

  $\rho_{sw}, \rho_{1w}, \rho_{2w}, \rho_{cw}$ ——区域 1、区域 2、区域 3、区域 4 中水相的密度,kg/cm^3;

  $\mu_{sw}, \mu_{1w}, \mu_{2w}, \mu_{cw}$ ——区域 1、区域 2、区域 3、区域 4 中水相的黏度,mPa·s;

  ρ_w ——水在地面条件下的密度,kg/m^3。

由于水的黏度和密度随压力变化较小,所以将其窜流方程简化为式(6-4):

$$q_{wcross} = \frac{1}{\mu_w}\frac{A(p_s - p_c)}{\dfrac{h_s - \delta_1}{2K_{sz}} + \dfrac{\delta_1}{K'_{sz}} + \dfrac{\delta_2}{K'_{cz}} + \dfrac{h_c - \delta_2}{2K_{cz}}}$$

$$(6-4)$$

对于熔合型界面,影响砂岩与煤岩层间窜流量的界面参数包括区域 2 和区域 3 的厚度(δ_1 和 δ_2)和渗透率(K'_{sz} 和 K'_{cz})。在 δ_1 分别为 0.01m、0.05m、0.1m、0.2m 的条件下,煤岩与砂岩层间窜流量随平均孔隙压力的变化如图 6-6 所示,气体窜流量随平均孔隙压力增加而增加;此外,当区域 2 的厚度从 0.01m 增加到 0.2m,由于区域 2 垂直方向的渗透率远小于砂岩的渗透率,气体窜流量急剧下降,因此层间窜流量对区域 2 的厚度非常敏感。在 K'_{sz} 分别为 0.01mD、0.008mD、0.006mD、0.004mD 的条件下,煤岩与砂岩层间窜流量随平均孔隙压力的变化如图 6-7 所示,气体窜流量随平均孔隙压力的增加而增加,随着区域 2 的渗透率的增加,渗透率对气体窜流量的影响变小。可见,与区域 2 的渗透率相比,煤岩与砂岩层间窜流量更依赖于区域 2 的厚度。

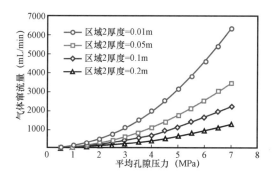

图 6-6　区域 2 的厚度对气体窜流量的影响

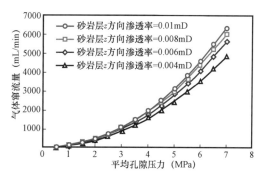

图 6-7　区域 2 的垂向渗透率对气体窜流量的影响

2. 过渡型界面的层间窜流模型

过渡型界面的理想几何模型如图 6-3(b)所示,过渡带的岩石组成和渗透率大小与过渡带到煤层和砂岩层的距离呈线性关系。因此,根据渗透性的不同将煤层和砂岩层划分成三个部分:渗透率为 K_c 的煤层、渗透率为 K_s 的砂岩层和渗透率不均匀(非均质)的过渡带,如图 6-8 所示。

对于气体,基于达西定律和垂直于界面方向的质量守恒定律,得到:

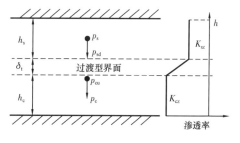

图 6-8　煤岩、砂岩和过渡界面的理想几何模型

$$\rho_{sg}\frac{K_{sz}(p_s - p_{sd})}{\mu_{sg}h_s/2} = \rho_{tg}\frac{(K_{sz} - K_{cz})(p_{sd} - p_{cu})}{\mu_{tg}\delta_t(\ln K_{sz} - \ln K_{cz})} = \rho_{cg}\frac{K_{cz}(p_{cu} - p_c)}{\mu_{cg}h_c/2} \qquad (6-5)$$

式中　δ_t ——煤层和砂岩层间过渡区的厚度,m;

　　　p_{sd} ——砂岩层底端界面处的孔隙压力,MPa;

　　　p_{cu} ——煤岩层顶端界面处的孔隙压力,MPa。

煤层和砂岩层之间的气体窜流速率见式(6-6):

$$q_{gcross} = \cfrac{A(p_s - p_c)}{\cfrac{\mu_{sg}h_s}{2\rho_{sg}K_{sz}} + \cfrac{\mu_{tg}\delta_t(\ln K_{cz} - \ln K_{sz})}{\rho_{tg}(K_{cz} - K_{sz})} + \cfrac{\mu_{cg}h_c}{2\rho_{cg}K_{cz}}}\cfrac{1}{\rho_s} \qquad (6-6)$$

同样,水的窜流速率为:

$$q_{\text{wcross}} = \frac{1}{\mu_w} \frac{A(p_s - p_c)}{\dfrac{h_s}{2K_{sz}} + \dfrac{\delta_t(\ln K_{cz} - \ln K_{sz})}{(K_{cz} - K_{sz})} + \dfrac{h_c}{2K_{cz}}} \tag{6-7}$$

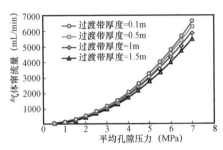

图 6-9　过渡区的厚度对气体窜流量的影响

对于过渡界面,砂岩与煤岩之间的过渡带厚度是影响层间窜流量的关键因素。在过渡带厚度分别为 0.1m、0.5m、1m、1.5m 的条件下,煤岩与砂岩层间窜流量随平均孔隙压力的变化如图 6-9 所示,随着过渡带厚度的增加,层间窜流量逐渐降低,煤岩与砂岩层间窜流量对过渡带的厚度不敏感。

3. 裂隙型界面的层间流动模型

裂隙型界面的理想几何模型如图 6-3(c)所示,煤岩与砂岩层界面胶结不完全,存在裂隙,假设界面上的裂缝均匀分布,流体从煤层流向砂岩层的流动为径向流,如图 6-10 所示。

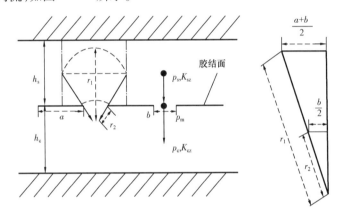

图 6-10　煤层、砂岩层和裂隙型界面的理想几何模型

r_1, r_2 和 h_c, h_s, a, b 的长度关系满足式(6-8):

$$\frac{r_1}{r_1 - r_2} = \frac{a + b}{a} \tag{6-8}$$

式中　a ——胶结带的宽度,m

　　　　b ——裂隙的开度,m;

　　　　r_1 ——径向流外边界半径,m。

　　　　r_2 ——径向流内边界半径,m。

由于 h_s 远大于 a 和 b,$r_1 - r_2 \approx \dfrac{h_s}{2}$,式(6-8)简化为:

$$r_1 = \frac{a + b}{2a} h_c \tag{6-9}$$

$$r_2 = \frac{bh_s}{2a} \tag{6-10}$$

裂隙型界面对应的煤层和砂岩层间气体窜流速率可用式（6-11）来计算：

$$q_{gcross} = A \frac{\arctan \dfrac{a}{h_s}}{\pi} \rho_{sg} \frac{K_{sz}}{\mu_{sg}} \frac{2\pi}{\ln[(a+b)/b]}(p_s - p_m) \tag{6-11}$$

对于气体，基于达西定律和垂直界面方向的质量守恒定律，得到：

$$\rho_{sg} \frac{\arctan\left(\dfrac{a}{h_s}\right)K_{sz}(p_s - p_m)}{\mu_{sg}\ln[(a+b)/b]/2} = \rho_{cg} \frac{\arctan\left(\dfrac{a}{h_c}\right)K_{cz}(p_m - p_c)}{\mu_{cg}\ln[(a+b)/b]/2} \tag{6-12}$$

气体窜流速率为：

$$q_{gcross} = \frac{A(p_s - p_c)}{\dfrac{\mu_{sg}\ln[(a+b)/b]}{2\arctan\left(\dfrac{a}{h_s}\right)\rho_{sg}K_{sz}} + \dfrac{\mu_{cg}\ln[(a+b)/b]}{2\arctan\left(\dfrac{a}{h_c}\right)\rho_{cg}K_{cz}}} \frac{1}{\rho_s} \tag{6-13}$$

同理，水的窜流速率为：

$$q_{wcross} = \frac{1}{a+b} \frac{1}{\mu_w} \frac{A(p_s - p_c)}{\dfrac{\ln[(a+b)/b]}{2\arctan\left(\dfrac{a}{h_s}\right)K_{sz}} + \dfrac{\ln[(a+b)/b]}{2\arctan\left(\dfrac{a}{h_c}\right)K_{cz}}} \tag{6-14}$$

对于裂隙型界面，裂隙的开度是影响煤岩与砂岩层间窜流的关键因素。在裂隙开度分别为0.5m、0.1m、0.05m、0.01m的条件下，煤岩与砂岩层间窜流量随平均孔隙压力的变化如图6-11所示。随着裂隙开度的增加，气体窜流量急剧增加。一般情况下，裂隙型界面对应的层间窜流量大于熔合型界面和过渡型界面。

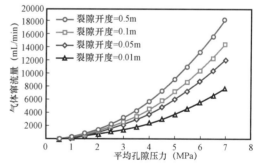

图6-11　在不同裂隙开度下气体窜流量随平均孔隙压力的变化

4. 原始储层条件下层间流动模型的应用

三种界面对应的煤岩与砂岩层间流动模型均有解析解，其中，层间窜流阻力系数为未知参数，可通过层间窜流实验获取。下面以熔合型界面类型为例，提出了获取层间窜流阻力系数的流程。

1）煤岩与砂岩层间流动

煤岩—砂岩层间窜流阻力系数求解流程如图6-12所示，首先通过渗透率测试装置获得实验煤样和砂岩岩心的渗透率，由于煤岩渗透率具有应力敏感性，需要通过S&D模型拟合获得煤岩的裂隙压缩系数 C_f，进而获得煤岩的动态渗透率。此外，通过煤岩与砂岩层间窜流实

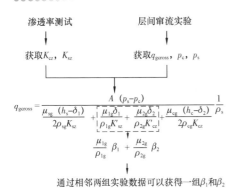

渗透率测试　　　层间窜流实验

获取K_{cz}，K_{sz}　　　获取q_{gcross}，p_c，p_s

$$q_{gcross} = \cfrac{\cfrac{A}{\cfrac{\mu_{sg}}{2\rho_{sg}K_{sz}}(h_s-\delta_1)}+\cfrac{1}{\cfrac{\mu_{1g}\delta_1}{\rho_{1g}K'_{sz}}+\cfrac{\mu_{2g}\delta_2}{\rho_{2g}K'_{cz}}}+\cfrac{\mu_{cg}}{2\rho_{cg}K_{cz}}(h_c-\delta_2)}{\cfrac{\mu_{1g}}{\rho_{1g}}\beta_1+\cfrac{\mu_{2g}}{\rho_{2g}}\beta_2}\cfrac{(p_s-p_c)}{\rho_s}$$

通过相邻两组实验数据可以获得一组β_1和β_2

对β_1和β_2取平均值：$\overline{\beta_1}$和$\overline{\beta_2}$

图 6-12　煤岩—砂岩层间窜流
阻力系数求解流程

验，获取在不同孔隙压力下的层间窜流量，代入层间窜流模型中，相邻两组窜流实验数据即可获得一组窜流阻力系数 β_1 和 β_2，最后对 β_1 和 β_2 求平均，获得平均窜流阻力系数，下面将举例说明其求解流程。

（1）依据单煤层渗透率实验可以获得煤层 1 裂隙压缩系数 C_{f1}，基于 S&D 模型可以获得任意水平有效应力条件下煤岩的渗透率，如表 6-2 和图 6-13 所示。

（2）基于多煤层气合采物理模拟实验，获得煤岩与砂岩层间窜流实验数据，通过两组窜流量数据就可以反算获得一组界面阻力系数 β_1 和 β_2。

（3）对界面阻力系数 β_1、β_2 求平均值，即可得到平均界面阻力系数 $\overline{\beta_1}$、$\overline{\beta_2}$，如表 6-3 和图 6-14。

$$\overline{\beta_1} = 67.52\mathrm{m/\mu m^2};\overline{\beta_2} = 13.35\mathrm{m/\mu m^2}$$

表 6-2　煤层 1 渗流实验数据

轴压（MPa）	围压（MPa）	入口压力（MPa）	出口压力（MPa）	C_{f1}（MPa^{-1}）	$\overline{C_{f1}}$（MPa^{-1}）	K_{fz}（mD）
9.6	6	0.141	0.100	0.065	0.0657	0.756
9.6	6	0.311	0.171	0.073	0.0657	0.752
9.6	6	1.121	1.011	0.065	0.0657	0.999
9.6	6	1.612	1.551	0.072	0.0657	1.052
9.6	6	2.119	2.082	0.072	0.0657	1.231
9.6	6	2.622	2.591	0.069	0.0657	1.232
9.6	6	3.09	3.073	0.061	0.0657	1.696
9.6	6	3.612	3.589	0.061	0.0657	1.356
9.6	6	4.111	4.092	0.056	0.0657	1.742
9.6	6	4.604	4.594	0.068	0.0657	1.741
9.6	6	5.108	5.099	0.062	0.0657	2.232
9.6	6	5.611	5.603	0.061	0.0657	2.329
9.6	6	6.112	6.104	0.069	0.0657	2.558

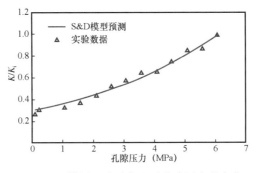

图 6-13　煤层 1 渗透率比随孔隙压力的变化

表6-3 煤岩与砂岩层间窜流实验

组数	煤层	入口压力（MPa）	出口压力（MPa）	渗透率（mD）	窜流量（mL/min）	β_1（m/μm²）	β_2（m/μm²）
1	煤岩	1.52	1.50	0.43	-9.2	—	—
	砂岩	1.50	1.48	0.16	8.7		
2	煤岩	2.02	2.00	0.42	-10.1	67.5	11.2
	砂岩	2.00	1.98	0.16	9.6		
3	煤岩	2.52	2.50	0.53	-16.5	65.2	14.7
	砂岩	2.50	2.48	0.16	14.3		
4	煤岩	3.02	3.00	0.54	-30.2	70.2	10.5
	砂岩	3.00	2.98	0.16	27.1		
5	煤岩	3.52	3.50	0.50	-31.4	68.5	14.7
	砂岩	3.50	3.48	0.16	32.2		
6	煤岩	4.02	4.00	0.74	-51.4	67.4	15.6
	砂岩	4.00	3.98	0.16	50.7		
7	煤岩	4.52	4.50	1.07	-58.6	69.3	11.8
	砂岩	4.50	4.48	0.16	55.9		
8	煤岩	5.02	5.00	1.07	-82.4	66.8	13.5
	砂岩	5.00	4.98	0.16	84.9		
9	煤岩	5.52	5.50	2.05	-96.5	68.7	14.2
	砂岩	5.50	5.48	0.16	94.6		
10	煤岩	6.02	6.00	2.96	-106.1	64.1	14.0
	砂岩	6.00	5.98	0.16	104.7		

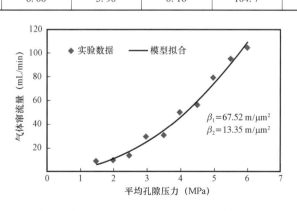

图6-14 气体窜流量随平均孔隙压力的变化

2）煤岩与煤岩层间窜流

与煤岩—砂岩层间窜流阻力系数求解方法类似,煤岩与煤岩层间窜流阻力系数求解流程如图 6 – 15 所示。

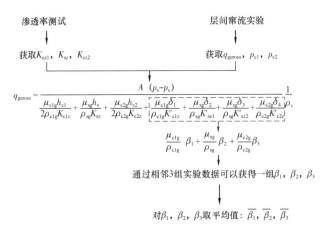

图 6 – 15　夹层为砂岩的煤岩与煤岩窜流阻力系数求解流程

（1）依据单煤层渗透率实验可以获得煤层 1 和煤层 2 裂隙压缩系数 C_{f1}、C_{f2},基于 S&D 模型可以获得任意水平有效应力条件下煤岩的渗透率。煤层 1 的渗流实验参数见表 6 – 2,煤层 2 的渗流实验数据如表 6 – 4 和图 6 – 16 所示。

表 6 – 4　煤层 2 渗流实验数据

轴压（MPa）	围压（MPa）	入口压力（MPa）	出口压力（MPa）	C_{f2}（MPa^{-1}）	$\overline{C}_{f2}$（MPa^{-1}）	K_{fz}（mD）
11.52	8	0.142	0.100	0.067	0.0648	0.443
11.52	8	0.312	0.174	0.069	0.0648	0.522
11.52	8	1.124	1.015	0.062	0.0648	0.557
11.52	8	1.614	1.557	0.065	0.0648	0.620
11.52	8	2.127	2.084	0.061	0.0648	0.720
11.52	8	2.628	2.596	0.069	0.0648	0.866
11.52	8	3.111	3.077	0.065	0.0648	0.951
11.52	8	3.614	3.585	0.064	0.0648	1.080
11.52	8	4.115	4.097	0.063	0.0648	1.100
11.52	8	4.602	4.593	0.064	0.0648	1.250
11.52	8	5.108	5.099	0.065	0.0648	1.420
11.52	8	5.611	5.605	0.062	0.0648	1.450
11.52	8	6.108	6.103	0.067	0.0648	1.656

（2）基于多煤层气合采物理模拟实验装置,获得煤岩与煤岩层间窜流实验数据,通过三组相邻窜流量数据就可以反算获得一组界面阻力系数 β_1、β_2 和 β_3,见表 6 – 5。

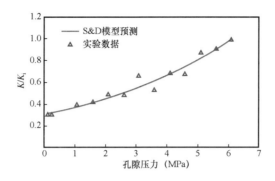

图 6 - 16 煤层 2 渗透率比随孔隙压力的变化

表 6 - 5 煤岩与煤岩层间窜流实验

组数	煤层	入口压力（MPa）	出口压力（MPa）	渗透率（mD）	窜流量（mL/min）	β_1（m/μm²）	β_2（m/μm²）	β_3（m/μm²）
1	煤岩 1	1.54	1.50	0.43	-6.1	—	—	—
	煤岩 2	1.50	1.46	0.62	5.8			
2	煤岩 1	2.04	2.00	0.42	-10.2	—	—	—
	煤岩 2	2.00	1.96	0.70	9.7			
3	煤岩 1	2.54	2.50	0.53	-16.1	69.2	41.4	52.7
	煤岩 2	2.50	2.46	0.85	15.6			
4	煤岩 1	3.04	3.00	0.54	-17.5	68.2	43.6	50.5
	煤岩 2	3.00	2.96	0.94	17.3			
5	煤岩 1	3.54	3.50	0.50	-32.2	68.5	42.9	53.7
	煤岩 2	3.50	3.46	1.01	30.5			
6	煤岩 1	4.04	4.00	0.74	-41.3	67.1	44.8	55.4
	煤岩 2	4.00	3.96	1.06	42.2			
7	煤岩 1	4.54	4.50	1.07	-51.1	68.5	43.2	51.1
	煤岩 2	4.50	4.46	1.21	50.3			
8	煤岩 1	5.04	5.00	1.07	-62.6	69.1	42.2	53.5
	煤岩 2	5.00	4.96	1.39	63.9			
9	煤岩 1	5.54	5.50	2.05	-72.1	67.6	45.7	55.1
	煤岩 2	5.50	5.46	1.46	74.2			
10	煤岩 1	6.04	6.00	2.96	-90.5	68.5	42.4	54.4
	煤岩 2	6.00	5.96	1.63	91.6			
11	煤岩 1	6.54	6.50	2.96	-101.1	69.4	43.3	54.9
	煤岩 2	6.50	6.46	1.63	101.7			

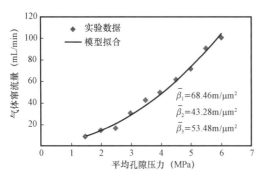

（3）对界面阻力系数 β_1、β_2 和 β_3 求平均值，即可得到平均界面阻力系数 $\overline{\beta_1}$，$\overline{\beta_2}$，$\overline{\beta_3}$，如图 6 - 17 所示。

$$\overline{\beta_1} = 68.46\mathrm{m}/\mu\mathrm{m}^2;$$

$$\overline{\beta_2} = 43.28\mathrm{m}/\mu\mathrm{m}^2;$$

$$\overline{\beta_3} = 53.48\mathrm{m}/\mu\mathrm{m}^2$$

图 6 - 17　气体窜流量随平均孔隙压力的变化

二、储层压裂条件下的层间流动模型

煤岩独有的割理系统使得其渗透率在平行层理方向和垂直层理方向存在差异，具有各向异性特征。由于煤岩垂向渗透率小于水平渗透率，在垂直于压裂裂缝方向的剖面上，泄压边界在垂向和水平方向的扩展速度不同。泄压边界到达煤层顶板前呈半椭圆形，如图 6 - 18 所示；泄压边界到达煤层顶板后为不完整半椭圆，如图 6 - 19 所示[12]。

图 6 - 18　泄压半径小于煤厚条件下压力分布图

图 6 - 19　泄压半径大于煤厚条件下压力分布图

利用 Collins[13]，Spivey[14] 等提出的空间转换方法，将渗透率各向异性空间转换为各向同性空间，转换后的汇流区域剖面如图 6 - 20 所示。

$$\overline{K} = \sqrt{K_\mathrm{h}K_\mathrm{v}}, \overline{h} = \sqrt{\frac{\overline{K}}{K_\mathrm{h}}}h, \overline{v} = \sqrt{\frac{\overline{K}}{K_\mathrm{v}}}v$$

$$(6 - 15)$$

$$R_1 = \sqrt{\frac{\overline{K}}{K_\mathrm{h}}h^2 + \frac{\overline{K}}{K_\mathrm{v}}v^2} \qquad (6 - 16)$$

$$R_2 = \left(\sqrt{\frac{\overline{K}}{K_\mathrm{h}}} + \sqrt{\frac{\overline{K}}{K_\mathrm{v}}}\right)\frac{w_\mathrm{f}}{4} \qquad (6 - 17)$$

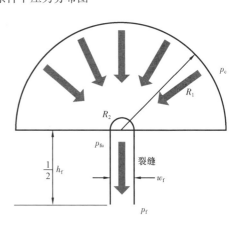

图 6 - 20　各向同性空间垂直裂缝方向汇流剖面

式中 $\overline{K}$ ——各向同性空间的煤岩渗透率,mD;

$\quad K_{h}, K_{v}$ ——煤岩水平、垂直层理方向渗透率,mD;

$\quad h, v$ ——各向异性空间中渗流剖面上的点距离裂缝中点的水平、垂直距离,m;

$\quad \overline{h}, \overline{v}$ ——各向同性空间中渗流剖面上的点距离裂缝中点的水平、垂直距离,m;

$\quad R_{1}, R_{2}$ ——渗流区域外边界和内边界,m;

$\quad w_{f}$ ——裂缝缝宽,m。

采用夹层压裂方式开采相邻多薄层时,由于煤层厚度较小,泄压半径将快速扩展至煤层上下边界处,故需分两种情况建立煤岩中的气相渗流模型。

1. 泄压半径小于煤层厚度

泄压半径小于煤层厚度时,煤层中的泄压区域为半圆形,可视为平面径向流的一半,气体在煤岩中的渗流服从达西定律,其渗流微分方程为:

$$K_{h}\frac{\partial}{\partial h}\left(\frac{p}{\mu Z}\frac{\partial p}{\partial h}\right) + K_{v}\frac{\partial}{\partial v}\left(\frac{p}{\mu Z}\frac{\partial p}{\partial v}\right) = \phi C(p)\mu\frac{p}{\mu Z}\frac{\partial p}{\partial t} \qquad (6-18)$$

由于黏度和压缩因子都是压力的函数,为简化方程,令拟压力 $\psi = \int_{p_0}^{p}\frac{2p}{\mu Z}\mathrm{d}p$,则有:

$$\begin{cases} \dfrac{1}{\overline{r}}\dfrac{\mathrm{d}}{\mathrm{d}\overline{r}}\left(\overline{r}\dfrac{\mathrm{d}\psi}{\mathrm{d}\overline{r}}\right) = 0 \\ \psi\big|_{r=R_1} = \psi_1 \\ \psi\big|_{r=R_2} = \psi_2 \end{cases} \qquad (6-19)$$

求得压力梯度 $\dfrac{\mathrm{d}p}{\mathrm{d}\overline{r}}$,代入达西公式,得单位缝长 ΔL_{f} 下的窜流量:

$$Q_{cg} = \frac{1}{2}\frac{\pi\overline{K}\Delta L_{f}}{\overline{\mu}}\frac{Z_{a}T_{a}}{p_{a}T\overline{Z}}\frac{p_{c}^{2} - p_{fu}^{2}}{\ln\dfrac{4R_{1}}{\left(\sqrt{\dfrac{\overline{K}}{K_{h}}} + \sqrt{\dfrac{\overline{K}}{K_{v}}}\right)w_{f}}} \qquad (6-20)$$

式中 Q_{cg} ——单位缝长下煤岩中的气相流量,$\mathrm{m}^{3}/\mathrm{s}$;

$\quad p_{c}$ ——煤层原始地层压力,MPa;

$\quad p_{fu}$ ——裂缝顶部压力,MPa;

$\quad \overline{\mu}$ ——平均压力下的气体黏度,$\mathrm{mPa \cdot s}$;

$\quad \overline{Z}$ ——平均压力下的气体压缩因子;

$\quad \Delta L_{f}$ ——单位缝长,m;

$\quad T$ ——温度,K;

下标 a——大气压条件。

2. 泄压半径大于煤层厚度

泄压半径大于煤层厚度时,煤岩中的泄压区域为不完整的半圆形,如图6-21所示。煤层顶板为封闭边界,利用势的叠加原理求解,等效为三汇点生产,如图 6 - 22 所示,由于仅考虑裂缝一端的汇流量,所得产量取一半。

势函数定义为:

$$\Phi = \frac{q}{2\pi} \cdot \ln r + C = \frac{\overline{K}}{2\overline{\mu}} \cdot \frac{Z_a T_a}{p_a \overline{Z} T} p^2 \qquad (6-21)$$

图 6 - 22 中 A、D 两点的势为:

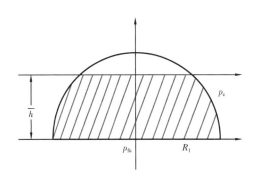

图 6 - 21　汇流边界超过煤层底板汇流区域示意图 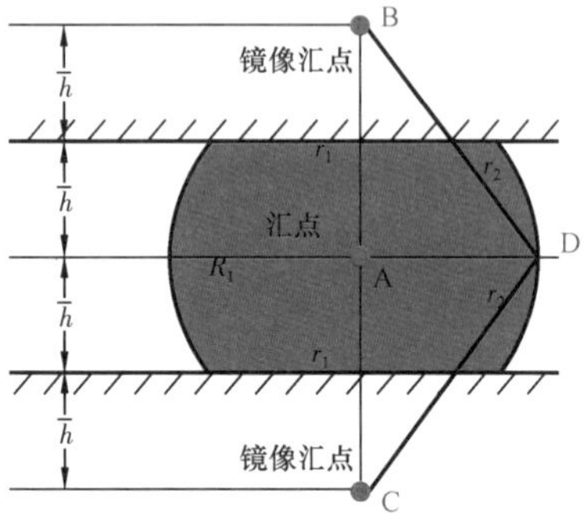　　图 6 - 22　裂缝汇流场汇点反应示意图

$$\Phi_A = \frac{q}{\pi} \ln r_1 \cdot r_1 \cdot R_2 + C \qquad (6-22)$$

$$\Phi_D = \frac{q}{\pi} \ln r_2 \cdot r_2 \cdot R_1 + C \qquad (6-23)$$

式(6 - 23)与式(6 - 22)相减并代入线性流产量公式,可得窜流量:

$$Q_{cg} = \frac{1}{2} \frac{\pi \overline{K}}{\mu} \frac{Z_a T_a \Delta L_f}{p_a \overline{Z} T} \frac{p_c^2 - p_{fu}^2}{\ln \dfrac{\left(4h^2 \dfrac{\overline{K}}{K_v} + R_1^2\right) \cdot R_1}{h^2 \dfrac{\overline{K}}{K_v} \cdot \left(\sqrt{\dfrac{\overline{K}}{K_h}} + \sqrt{\dfrac{\overline{K}}{K_v}}\right) w_f}} \qquad (6-24)$$

相比致密砂岩夹层,裂缝的渗透率大、缝内压力低,煤岩中的气体将优先向裂缝内汇聚,气体在裂缝中的流动为单向流,其控制方程为:

$$\frac{\partial}{\partial x}\left(\frac{p}{\mu Z} \frac{\partial p}{\partial x}\right) = 0 \qquad (6-25)$$

求解过程与泄压半径小于煤层厚度情况类似,所得气相渗流方程为:

$$Q_{fg} = \frac{K_f w_f \Delta L_f}{2\overline{\mu}} \frac{Z_a T_a}{p_a T \overline{Z}} \frac{(p_{fu}^2 - p_f^2)}{\frac{1}{2} h_f} \qquad (6-26)$$

式中　Q_{fg} ——单位缝长下夹层裂缝内的气相流量,m^3/s;

p_f ——垂直裂缝平面内裂缝中点处压力,MPa。

根据等值渗流阻力法,得到夹层压后合采层间窜流模型。

当 $R_1 < h\sqrt{\dfrac{\overline{K}}{K_v}}$ 时:

$$Q_g = \cfrac{p_c^2 - p_f^2}{\cfrac{\overline{\mu}p_a T\overline{Z}}{\Delta L_f Z_a T_a}\cfrac{h_f}{K_f w_f} + \cfrac{\overline{\mu}p_a T\overline{Z}}{\Delta L_f Z_a T_a}\cfrac{2}{\pi\overline{K}}\ln\cfrac{4R_1}{\left(\sqrt{\cfrac{\overline{K}}{K_h}} + \sqrt{\cfrac{\overline{K}}{K_v}}\right)w_f}} \tag{6-27}$$

当 $R_1 > h\sqrt{\dfrac{\overline{K}}{K_v}}$ 时:

$$Q_g = \cfrac{p_c^2 - p_f^2}{\cfrac{\overline{\mu}p_a T\overline{Z}}{\Delta L_f Z_a T_a}\cfrac{h_f}{K_f w_f} + \cfrac{\overline{\mu}p_a T\overline{Z}}{\Delta L_f Z_a T_a}\cfrac{2}{\pi\overline{K}}\ln\cfrac{\left(4h^2\cfrac{\overline{K}}{K_v} + R_1^2\right)\cdot R_1}{h^2\cfrac{\overline{K}}{K_v}\cdot\left(\sqrt{\cfrac{\overline{K}}{K_h}} + \sqrt{\cfrac{\overline{K}}{K_v}}\right)w_f}} \tag{6-28}$$

水相与气相的窜流模型推导过程类似,忽略其压缩性,得到夹层压后层间水相窜流模型。

当 $R_1 < h\sqrt{\dfrac{\overline{K}}{K_v}}$ 时:

$$Q_w = \cfrac{p_c - p_f}{\cfrac{\mu_w}{\Delta L_f}\cfrac{h_f}{2K_f w_f} + \cfrac{\mu_w}{\Delta L_f}\cfrac{1}{\pi\overline{K}_w}\ln\cfrac{4R_1}{\left(\sqrt{\cfrac{\overline{K}_w}{K_{hw}}} + \sqrt{\cfrac{\overline{K}_w}{K_{vw}}}\right)w_f}} \tag{6-29}$$

当 $R_1 > h\sqrt{\dfrac{\overline{K}}{K_v}}$ 时:

$$Q = \cfrac{p_c - p_f}{\cfrac{\mu_w}{\Delta L_f}\cfrac{h_f}{2K_{fw}w_f} + \cfrac{\mu_w}{\Delta L_{fa}}\cfrac{1}{\pi\overline{K}_w}\ln\cfrac{\left(4h^2\cfrac{\overline{K}_w}{K_{vw}} + R_1^2\right)\cdot R_1}{h^2\cfrac{\overline{K}_w}{k_{vw}}\cdot\left(\sqrt{\cfrac{\overline{K}_w}{K_{hw}}} + \sqrt{\cfrac{\overline{K}_w}{K_{vw}}}\right)w_f}} \tag{6-30}$$

第3节　多煤层层间流动规律

煤岩结构和储层物性的特殊性导致多煤层合采时层间流动机理极为复杂,地应力、层间孔隙压力差、储层物性、裂缝导流能力等众多因素,都会对原始储层条件和储层压裂条件下的层间流动产生不同程度的影响,正确认识多煤层层间流动规律对层间流动机理的研究极为重要。

一、原始储层条件下的层间流动规律

近年来,部分学者开展了一些关于多层合采的实验研究,黄世军为研究海上普通稠油多层合采层间相互作用问题,开展了多管水驱油物理模拟实验[15],梁冰开展了不同层间距下的双煤层合采实验[16]。多煤层层间流动实验是模拟不同外载荷条件、不同储层物性下多层层间相互作用过程,故实验装置需要两个以上岩心夹持器,且各层能够单独控制其孔隙压力。如图 6-23 所示实验装置,其包括:轴压加载系统、围压加载系统、供气系统、采气系统、数据测量系统和数据采集系统,各岩心夹持器均能单独控制轴压、围压、注气压力和产气压力,实验所用岩心如图 6-24 所示[17-19]。

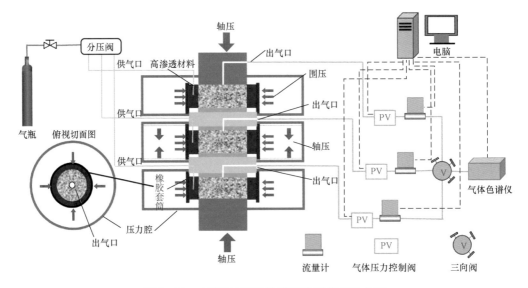

图 6-23 多煤层气藏层间窜流实验装置示意图

图 6-24 切割制取的实验煤心

影响多煤层合采层间窜流量的因素包括轴压、水平有效应力、层间孔隙压力差和砂岩层渗透率等。其中,轴压和砂岩渗透率可直接获得,各参数的求取方法如图6-25所示。

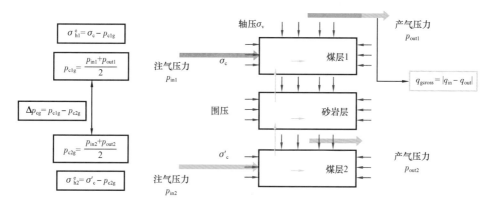

图6-25 实验变量参考图

σ_c—围压,MPa;σ_v—轴压,MPa;σ_{h*}^e—水平有效应力,MPa;p_{in*}—注气压力,MPa;p_{out*}—产气压力,MPa;

p_{c*g}—煤层平均孔隙压力,MPa;Δp_{cg}—煤层间空隙压力差,MPa;q_{gcross}—窜流量,cm³/s

多煤层气藏合采层间窜流的问题较为复杂,在明确层间窜流量的主要影响因素后,通常采用单一因素控制变量法设计实验方案,即每组实验仅改变其中一个影响因素值,保持其他影响因素值不变,从而获得轴压、水平有效应力、煤层渗透率、砂岩层渗透率、层间孔隙压力差与层间窜流量的关系。

1. 轴压对多煤层层间流动的影响

不同层间孔隙压力条件下,多层气藏合采时层间窜流量随轴压的变化如图6-26和图6-27所示,从中可以看出,随着轴压的增加,多煤层气藏合采煤层窜流量缓慢减小,原因在于随着轴压的增加煤层中的部分孔隙和裂隙被压缩,导致煤层渗透率减小,层间窜流量减小;当煤层间孔隙压力差小于0.56MPa时,层间的窜流量下降幅度较小,最大窜流量与最小窜流量之差不超过1cm³/s。在轴压相同的情况下,多煤层层间窜流量随着煤层间孔隙压力差的增加而增加,且孔隙压力差的影响相比轴压的影响更大。

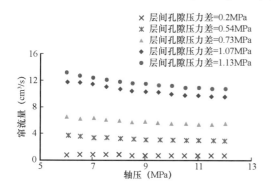

图6-26 煤层1孔隙压力为2.675MPa
条件下,轴压与窜流量之间的关系

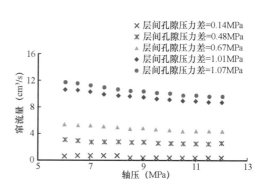

图6-27 煤层1孔隙压力为2.615MPa
条件下,轴压与窜流量之间的关系

2. 水平有效应力对多煤层层间流动的影响

不同层间孔隙压力条件下,多层气藏合采时层间窜流量随水平有效应力的变化如图 6 – 28 和图 6 – 29 所示,从中可以看出,随着水平有效应力的增加,多煤层气藏合采层间窜流量减小,由于原始煤岩存在较多渗流通道,随着水平有效应力的增加,渗流通道逐渐减少,多煤层的窜流量逐渐下降;多煤层层间的窜流量随着层间孔隙压力差的增加而增加,且孔隙压力差的影响相比水平有效应力的影响更大;轴压与水平有效应力对于多煤层气藏合采层间窜流量的影响规律相似,但由于水平有效应力对煤层的渗透率的影响远远大于轴压,水平有效应力对窜流量的影响更大。

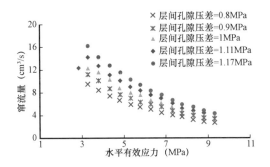
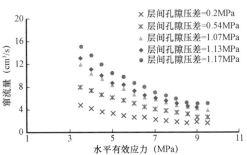

图 6 – 28　煤层 2 孔隙压力为 1.505MPa　　　图 6 – 29　煤层 2 孔隙压力为 2.675MPa
条件下,水平有效应力与窜流量之间的关系　　　条件下,水平有效应力与窜流量之间的关系

3. 层间孔隙压力差对多煤层层间流动的影响

不同水平有效应力条件下,多层气藏合采时层间窜流量随层间孔隙压力差的变化如图 6 – 30 和图 6 – 31 所示。随着煤层间孔隙压力差的增加,多煤层气藏合采层间窜流量显著增加,原因在于在多煤层气藏合采的过程中,煤层间的孔隙压力差是流体流动的动力,当煤层间孔隙压力差增加时,多煤层层间的流体在压差的作用下窜流量增加;当煤层间孔隙压力差较小时,多煤层气藏合采的层间窜流量随着单个煤层的水平有效应力增加而增大但不显著,而在较高孔隙压力差的条件下,层间窜流量随单个煤层受到的应力条件增加显著增大,由于煤层间的孔隙压力差较大,有利于气体的流动,在煤层受到的水平有效应力增加的情况下,煤层的孔隙和裂隙会被压缩,致使流体的流通通道变窄,气体的流动受到了明显的阻碍作用,而使得煤层间的窜流减弱,以致煤层间的窜流量显著减小。

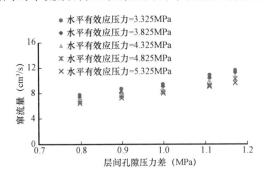
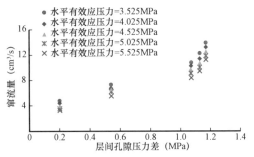

图 6 – 30　在煤层 1 不同水平有效应力条件　　　图 6 – 31　在煤层 2 不同水平有效应力条件
下,层间孔隙压力差与窜流量的关系　　　　　下,层间孔隙压力差与窜流量的关系

4. 砂岩夹层渗透率对多煤层层间流动的影响

不同层间孔隙压力差条件下,多层气藏合采时层间窜流量随砂岩渗透率的变化如图 6 - 32 所示;不同水平有效应力条件下,多层气藏合采时层间窜流量随砂岩渗透率的变化如图 6 - 33 所示。煤层间窜流量随砂岩夹层渗透率增大而增大,且幅度逐渐减缓,在层间孔隙压力差较小时,砂岩渗透率对窜流量的影响较为明显,原因在于随着砂岩渗透率的增大,流体在砂岩层的流动阻力减小,层间窜流量增加。当砂岩夹层渗透率较低时,减小煤层的水平有效应力,煤层间的窜流量的增加并不显著,原因在于砂岩夹层渗透率较低时,夹层具有良好的封闭性;在砂岩夹层渗透率较高时,多煤层气藏中的流体所受到砂岩夹层的阻力较小,更容易发生窜流。当煤层所受水平有效应力逐渐升高时,煤层的孔隙和裂隙逐渐缩小甚至闭合,使得在砂岩夹层渗透率较高的条件下,煤层水平有效应力增加,导致多煤层间窜流量显著减小。

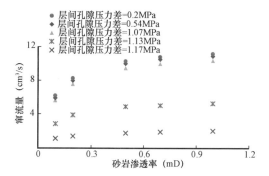

图 6 - 32　不同层间孔隙压力差条件下,
砂岩夹层渗透率与窜流量之间的关系

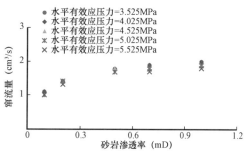

图 6 - 33　不同水平有效应力条件下,
砂岩夹层渗透率与窜流量之间的关系

二、储层压裂条件下的层间流动规律

COMSOL Multiphysics 是由瑞典 COMSOL 公司开发的一款多物理场仿真软件,其基于有限元方法,通过求解偏微分方程或方程组实现对物理场的仿真模拟,可用于研究多煤层合采人工裂缝内流动问题。

1. 泄压半径小于煤层厚度

泄压半径传递到煤层顶板前,裂缝及煤层内泄压区的压力分布如图 6 - 34 所示,压力云图选取的参数组合为供给压力 0.5MPa、泄压半径 0.8m。由于裂缝的渗透率大于煤层渗透率 5 个数量级,相对于煤层,裂缝可认为具有无限导流能力,从云图中压力的分布可以看出,裂缝内的压力在入口处跟出口处相差小于 0.05MPa,压力主要消耗在煤层内部,尤其是裂缝入口处。

如图 6 - 35 所示,当供给压力为 0.5MPa 时,泄压半径 0.8m 的窜流量为 800mL/(min·m),泄压半径 1.6m 的窜流量为 650mL/(min·m),当供给压力增大到 1.5MPa,泄压半径 0.8m 的窜流量增加到 7000mL/(min·m),泄压半径 1.6m 的窜流量增大到 6000mL/(min·m),压力从 0.5MPa 增加到 1.5MPa,窜流量增加近 9 倍。从窜流量的变化曲线可以看出,随着供给压力的增大,窜流量的增长速度同样加快。对比泄压半径 0.8m 到 1.6m 的窜流量,在 0.5MPa 时,不同泄压半径的窜流量相差很小,当供给压力增加到 1.5MPa,每条窜流曲线从上到下的间隔分别为 400mL/（min·m）、350mL/（min·m）、300mL/（min·m）、250mL/（min·m）、200mL/（min·m），说明当供给压力恒定,窜流量随泄压半径的增加,逐渐减小,且减小的速度逐渐放缓。

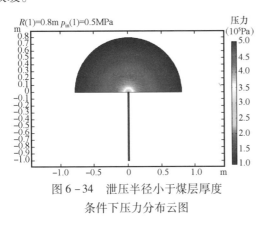

图 6-34　泄压半径小于煤层厚度
条件下压力分布云图

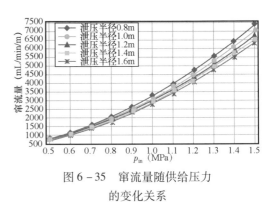

图 6-35　窜流量随供给压力
的变化关系

2. 泄压半径大于煤层厚度

泄压半径传递超过煤层顶板后,裂缝及煤层内泄压区的压力分布如图 6-36 所示,压力云图选取的参数组合为供给压力 1.7MPa、泄压半径 2.2m。压力云图显示裂缝内的压力梯度很小,内部压力基本等于出口处的压力,压力梯度在裂缝入口处最大,从这里可以得到启发,若能改善煤层内靠近裂缝入口处的渗透率,可有效减少甲烷气体向裂缝汇聚流动的阻力,对窜流起促进作用。由于煤层顶板为封闭边界,无压力补给,当泄压半径传递到顶板后,顶板处的压力降低,随泄压半径的增加,顶板处的压力基本不变。

如图 6-37 所示,泄压半径传递超过煤层顶板后,泄压半径取值为 2.2m、2.4m、2.6m、2.8m、3.0m,每个泄压半径下,供给压力取值为 0.7MPa、0.8MPa、0.9MPa、1.0MPa、1.1MPa、1.2MPa、1.3MPa、1.4MPa、1.5MPa、1.6MPa、1.7MPa。从图 6-37 中可以看出,当供给压力为 0.7MPa 时,泄压半径 0.8~1.6m 的窜流量相差小于 250mL/（min·m）,最小值为 1000mL/（min·m）,当供给压力增加到 1.7MPa,泄压半径为 2.2m 的窜流量增大到 7300mL/（min·m）,增加了 5.8 倍。

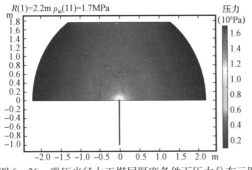

图 6-36　泄压半径大于煤层厚度条件下压力分布云图

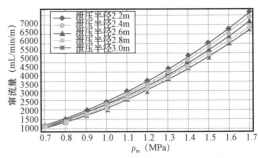

图 6-37　窜流量随供给压力的变化关系

三、非相邻多煤层层间相互作用规律

埋深跨度较大的多煤层合采时,由于单个井筒同时连通多个储层,导致在降压排采过程中,井底流压不匹配,产生井筒倒灌等问题,影响合采产能。第4章所述的格子Boltzmann方法可用于非相邻多煤层层间相互作用规律模拟,模拟中每个REV单元对应的渗透率值均反映在了该REV单元的n_s值上,REV单元可以代表煤岩基质或者裂隙[20-22]。

1. 层间渗透率级差对层间相互作用的影响

渗透率是煤储层最重要的特征参数之一,煤层间的渗透率差异是引起层间相互作用的重要内因。保持两层层内饱和压力和入口压力相同,采用压力衰减方式开采,并假设单层内渗透率均匀分布,仅改变两层之间的渗透率级差。如图6-38所示,模拟中K_1层为高渗层,仅改变K_2层渗透率,对不同渗透率级差条件下的两层合采开展数值模拟。如图6-39所示,高渗透层内压力在流动方向上均匀下降,低渗透层在近出口端压力下降较快,在远出口端压力下降较缓,渗透率越低,压降波及范围越小。如图6-40所示,高渗透层内速度明显大于低渗透层,近出口端速度较大,远出口端速度相对较小。

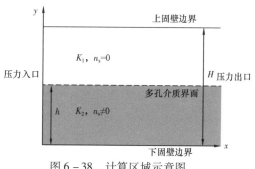

图6-38 计算区域示意图,$n_s(K_1)=0$,$n_s(K_2)=0.01$

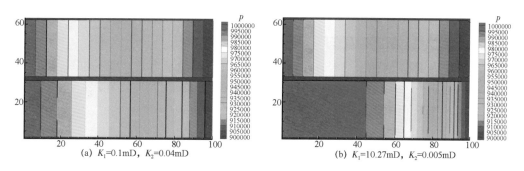

(a) $K_1=0.1$mD,$K_2=0.04$mD

(b) $K_1=10.27$mD,$K_2=0.005$mD

图6-39 两层合采压力分布云图

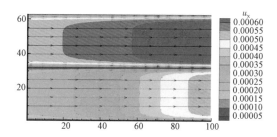

图6-40 两层合采速度分布云图,$K_1=0.1$mD,$K_2=0.04$mD

由于未考虑合采过程中的层间流动,层间仅以井底流压作为沟通渠道,因此,当合采过程中各层内的饱和压力以及出口压力保持一致时,单一储层内的压降传递规律不会变化,单独开采与合采各层流动不受影响。如图6-41所示,高渗透层的产气贡献率一直高于低渗透层;当渗透率级差小于10时,各层的产气贡献率随渗透率级差的增加变化较大;当渗透率级差大于50,随着渗透率级差的增加,两层合采时低渗透层产气贡献率趋于0,合采产量主要由高渗透层贡献。

不同渗透率储层的压降分布如图6-42所示,储层渗透率对压降曲线有显著影响,储层渗透率越小,压降曲线在近出口地带越陡,压力下降越快,而在出口远端压降曲线平缓。进一步分析发现当储层渗透率大于0.1mD时,不同渗透率储层之间的压降分布差异较小,压降在流动方向上基本呈线性变化;当储层渗透率小于0.1mD时,压降曲线在流动方向上的非线性特征显著增强。

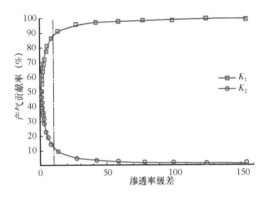

图6-41 不同渗透率级差两层合采时的产气贡献率

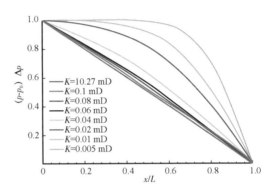

图6-42 不同渗透率产层的压降分布

2. 储层非均质性对层间相互作用的影响

保持两层层内饱和压力和出口压力相同,同样采用压力衰减方式开采。如图6-43所示,模拟中上层为均质储层,渗透率设为定值K_{mp},改变下层非均质性,对不同层间非均质性条件下的两层合采开展数值模拟。非均质储层的渗透率分布为:

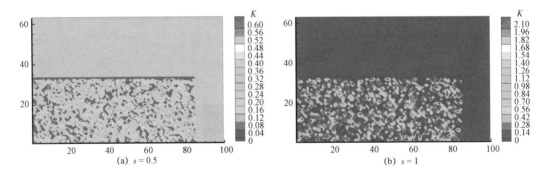

图6-43 不同标准差s条件下两煤层渗透率分布情况,$K_{mp}=0.01$

$$K(x) = K_{mp} \times 10^{f(x|m,s)} \tag{6-31}$$

式中 $K(x)$——储层不同位置处的渗透率值,mD;

K_{mp}——储层平均渗透率,与上层均质储层渗透率相等,mD;

f——高斯正态分布;

m——平均值,取值为 0;

s——标准差。

通过控制 s 可以构建出不同非均质程度的储层,当 $s=0$ 时,该层为渗透率等于 K_{mp} 的均质储层,s 值越大储层非均质性则越强。当收敛误差小于 0.001% 时,流动被视为稳定,此时分别记录不同方案的单层产气速度、合采产气速度以及压力等数据。

不同标准差 s 条件下两层合采压力分布云图如图 6-44 所示,两储层 K_{mp} 均为 0.01mD,上层均质储层内压力由出口远端向出口近端呈线性均匀下降,随着标准差 s 的增加,下层的非均质性不断增强,沿流动方向压降受到显著影响,非均质性越强,压力降波及范围越小。

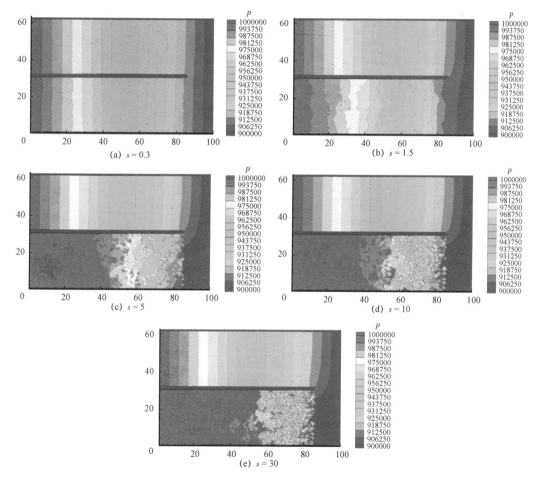

图 6-44 不同标准差 s 条件下两层合采压力分布云图,$K_{mp} = 0.01$mD

图 6-44 对应的速度分布云图如图 6-45 所示,近出口地带流速大于出口远端的流速,上层均质储层内的流体流速明显大于下层非均质层的流速。随着标准差 s 的增加,非均质性越强的层内流速下降显著,流线更加曲折。

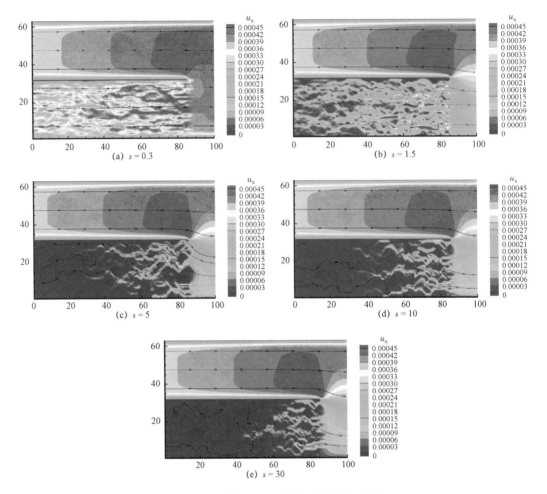

图 6 – 45　不同标准差 s 条件下两层合采速度分布云图，$K_{mp} = 0.01\text{mD}$

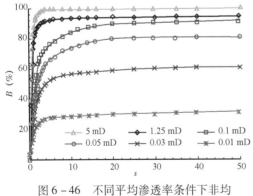

图 6 – 46　不同平均渗透率条件下非均质层的产量下降程度随 s 的变化规律

不同平均渗透率条件下非均质层的产量下降程度 B 随 s 的变化规律如图 6 – 46 所示，随着标准差 s 的增加，在初始阶段（$s < 4$），B 值急剧增加。当 $s > 10$ 时 B 值变化不大并趋于定值，说明在储层平均渗透率一定的情况下，储层非均质性对产量的影响在 s 值较低的情况下最为敏感。进一步分析发现，当标准差 s 值一定时，储层平均渗透率越大，储层非均质性对产量的影响越显著。

3. 层间孔隙压力差对层间相互作用的影响

煤储层压力不仅对煤层气赋存状态、储量有重要影响，而且也是煤层气和水产出的主要能量供给。煤层气多层合采过程中，煤层间压力系差异是引起层间相互作用的根本原因，由于各层压力系统不统一，合采时各层产气会相互抑制,甚至会导致高压气层向低压气层倒灌现象。保持两层渗透率与出口压力一致,仅改变两层之间的饱和压力比,即将低压层 K_2 内的饱和压力 p_2 固定为 1 MPa,改变高压层 K_1 内的饱和压力 p_1,开展两层合采数值模拟。两储层仅在出口附近连通,待流动稳定后,记录相关数据。

不同饱和压力条件下两层合采时的压力分布云图如图 6-47 所示,高压层内的压力分布几乎不受低压层内压力分布的影响,而低压层内压力分布受高压层内压力分布的影响显著,随着两层间饱和压力比的增加,高压层内的压力向低压层内波及的范围不断增加。

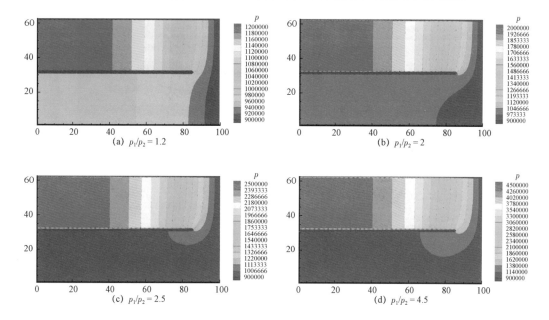

图 6-47　不同饱和压力两层合采条件下压力分布云图,$K = 0.01$mD

不同饱和压力条件下两层合采时的速度分布云图如图 6-48 所示,高压层内的流体流速明显大于低压层内的流速,近出口地带流速大于出口远端的流速。当 $p_1/p_2 = 2$ 时,高压层有少量流体回流至低压层,抑制了低压层内流体向出口端的流动;随着 p_1/p_2 的增加,高压层内流体向低压层回流逐渐加剧,低压层内流体流动持续受到抑制;当 $p_1/p_2 = 4.5$ 时,高压层内流体大量倒灌至低压层,低压层内流体无法向出口方向排出。

不同渗透率条件下产气贡献率与层间压力比的关系如图 6-49 所示,高压层的产气贡献率一直高于低压层。当层间压力比小于 2 时,各层产气贡献率随层间压力比的增加变化显著;当层间压力比大于 2 时,各层产气贡献率随层间压力比的增加变化趋于平缓;随着层间压力比进一步增加,出现高压层的产气贡献率大于 100%,低压层产气贡献率为负的现象,说明此时两层合采过程中出现高压层向低压层倒灌现象。图 6-49(b)为图 6-49(a)中低压层产气贡献率局部放大图,当储层渗透率较低时,例如 0.02mD、0.01mD 和 0.005mD,在本节计算条件下高压层向低压层的倒灌现象明显。进一步观察发现,储层渗透率越低,发生倒灌时所需的层间压力比越小,即当压力比一定时,储层渗透率越低越容易发生倒灌现象。

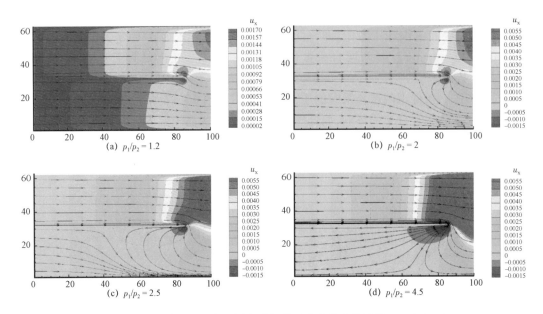

图 6-48　不同饱和压力两层合采条件下速度分布及流线,$K=0.01\text{mD}$

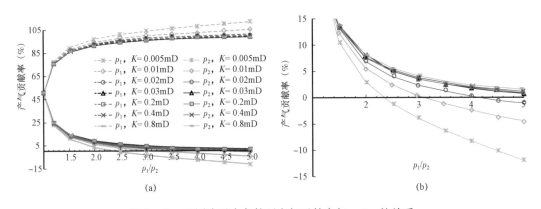

图 6-49　不同渗透率条件下产气贡献率与 p_1/p_2 的关系

参 考 文 献

[1] Waffle C. R., Tisdale D. L., Macneill C. A. The Horseshoe canyon coals of central Alberta: a "dry" CBM play [C]. Eastern Section AAPG Annual Meeting. 2010:1-50.

[2] Hoch, Ottmar F. The Dry Coal Anomaly - The Horseshoe Canyon Formation of Alberta, Canada[J]. SPE Annual Technical Conference and Exhibition, 2005.

[3] Ramaswamy S. Selection of Best Drilling, Completion and Stimulation Methods for Coalbed Methane Reservoirs [D]. Texas A&M University, 2007.

[4] 赵欣,姜波,张尚锟,等. 鄂尔多斯盆地东缘三区块煤层气井产能主控因素及开发策略[J]. 石油学报, 2017,38(11):1310-1319.

[5] 杜希瑶,李相方,徐兵祥,等. 韩城地区煤层气多层合采开发效果评价[J]. 煤田地质与勘探,2014,42 (2):28-34.

［6］张廷强. 滇东地区煤储层精细描述及影响因素分析［D］. 中国地质大学（北京），2017.

［7］葛燕燕. 煤系多层叠置含水系统及煤层气合排水源判识—以黔西珠藏向斜为例［D］. 中国矿业大学，2015.

［8］李彦朋. 恩洪、老厂矿区煤层气地质评价及有利区优选［D］. 中国地质大学（北京），2018.

［9］Barriocanal C，Hanson S，Patrick J W，et al. The characterization of interfaces between textural components in metallurgical cokes［J］. Fuel，1994，73（12）：1842－1847.

［10］郭肖. 多煤层气井产能预测及生产参数优化［D］. 中国石油大学（北京），2019.

［11］郭肖，汪志明，曾泉树，等. 煤层气藏煤与砂岩层间窜流模型构建及影响因素分析［J］. 煤炭科学技术，2018，46（11）：182－188.

［12］彭成宽. 多煤层气井夹层压后产能影响因素分析［D］. 中国石油大学（北京），2020.

［13］Collins R E. Flow of fluid s through porous materials［M］. New York：Rein hold Publishing Corp，1961：98－102.

［14］Spivey J P，Lee W J. Estimating the Pressure－Transient Response for a Horizontal or a Hydraulically Fractured Well at an Arbitrary Orientation in an Anisotropic Reservoir［J］. Oil Field，1999，2（05）：462－469.

［15］黄世军，康博韬，程林松，等. 海上普通稠油油藏多层合采层间干扰定量表征与定向井产能预测［J］. 石油勘探与开发，2015，42（4）：488－495.

［16］梁冰，石迎爽，孙维吉，等. 层间距对双层煤层气藏合采解吸影响实验［J］. 中国矿业大学学报，2020，49（01）：54－61＋68.

［17］刘靓倩. 滇东黔西地区多煤层气藏合采层间窜流实验研究［D］. 中国石油大学（北京），2019.

［18］Guo X，Wang Z M，Zeng Q S，et al. Gas crossflow between coal and sandstone with fused interface：Experiments and modeling［J］. Journal of Petroleum Science and Engineering，2019，184：106562.

［19］汪志明，王小秋，叶建平，等. 一种多煤层煤层气合采实验装置［P］. CN107120112B. 2020－04－03.

［20］赵岩龙. 煤层气运移格子 Boltzmann 模型及层间干扰模拟研究［D］. 中国石油大学（北京），2018.

［21］Zhao Y L，Wang Z M. Effect of interlayer heterogeneity on multi－seam coalbed methane production：A numerical study using a gray lattice Boltzmann model［J］. Journal of Petroleum Science and Engineering，2018.

［22］Zhao Y L，Zhao L，Wang Z M，et al. Numerical simulation of multi－seam coalbed methane production using a gray lattice Boltzmann method［J］. Journal of Petroleum Science and Engineering，2018.

第7章　多煤层合采气水两相全过程流动

对于含有砂岩夹层的多煤层气藏,合层排采过程中煤层与砂岩夹层的压力变化差异较大,层间易产生压力差异,并导致气水在其中窜流。煤储层与砂岩夹层的储层物性、流体性质和所受外部载荷差异,将进一步加剧气水在不同储层间的窜流。另外,多煤层气藏合层排采过程中通常同时打开多个储层,若储层压力存在较大差异或排采方案设计不合理,都将导致气水在井底压力差异作用下由井筒倒灌进入某一储层中。

目前,加拿大计算机建模集团开发的 GEM 非常规油气储层模拟器[1],美国斯伦贝谢公司开发的 ECLIPSE 油藏数值模拟器[2],美国先进资源国际公司开发的 COMET3 储层模拟器[3],澳大利亚联邦科学与工业研究组织开发的 SIMEDWin 煤层气储层模拟器[4],对于单一煤层气藏的开发模拟较为成熟,但对于多煤层气藏合层排采的模拟有所欠缺,主要体现在以下几个方面:未考虑气水在不同储层间的层间窜流效应,未考虑气体解吸、煤岩变形和渗透率变化的相互影响,未考虑气体产出对动液面高度的影响。

为解决上述问题,本章联立煤层的双孔单渗模型、砂岩夹层的单孔单渗模型、煤层与砂岩层间的层间窜流模型、井筒内的管流模型,着重考虑气水两相流动特征,同时考虑气体解吸、煤岩变形和渗透率变化的相互影响,建立了多煤层气藏气水两相全过程耦合流动的数学模型,采用有限差分方法对偏微分方程组进行空间差分和时间差分,并对非线性方程组进行全隐式处理,同时采用牛顿法将非线性方程组线性化,最终采用块系数不完全 LU 分解方法对线性方程组进行求解。

第 1 节　流 动 模 型

对于含有砂岩夹层的多煤层气藏,合层排采过程中涉及多个尺度的传质,包括:解吸、扩散、达西流动、层间窜流和井筒管流,如图 7－1 所示。

在初始条件下,煤层裂隙网络中通常饱和水,煤层气开发首先要排出裂隙网络中的承压水,降低煤层压力,低于临界解吸压力后,吸附平衡状态被打破,孔隙中吸附的气体进而开始解吸。附着在基质孔隙上的气体解吸后,溶解于水中形成含甲烷水溶液,并在浓度差的作用下逐渐扩散到裂隙中。需要注意的是,甲烷在煤层水中的溶解度很低,煤层中的水将迅速达到溶解饱和状态。溶解饱和后,随煤层孔隙压力继续降低,煤层水的气体溶解度不断减小,煤层水一直处于过饱和状态;另外,气体随煤层孔隙压力降低不断解吸。因此,该过程将产生大量气泡,附着在裂隙表面,阻碍水的流动。随着煤层孔隙压力进一步降低,解吸出来的大量气泡将汇聚形成大气泡,且不断膨胀,并在基质孔隙和裂隙的压差作用下向裂隙移动。进入裂隙网络后,气泡相互融合,在生产压差作用下流入井筒。气水进入井筒后,水沿环空向下流动,然后通过油管泵出,而气体则沿着套管与油管之间的环空上升到地表,并通过管道输送到压缩站进行压缩。

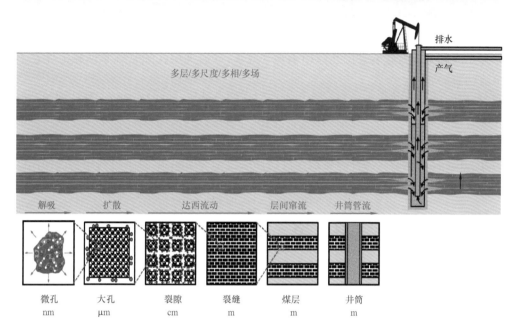

图 7 - 1 多场耦合下多煤层气藏气水两相跨尺度流动示意图

为降低软件开发难度,提高计算的稳定性及计算速度,同时兼顾多煤层气藏孔隙分布、气水赋存与流动特征,构建了煤层双孔单渗—砂岩夹层单孔单渗—煤层双孔单渗三层联立的耦合流动物理模型,并利用层间窜流模型描述气水在不同储层间的窜流,同时通过井筒管流模型反映不同储层在井口处的压力差异,如图 7 - 2 所示。

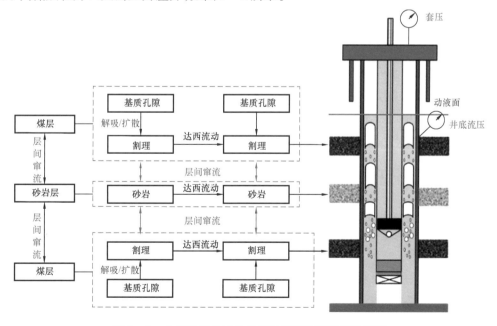

图 7 - 2 含有砂岩夹层的多煤层气藏物理模型示意图

其中,煤层双孔单渗模型假设煤岩由裂隙和基质孔隙系统组成,基质孔隙系统为吸附气、游离气及水的存储空间,流体通过解吸、扩散的方式在其中运移;裂隙系统为气水两相流体的渗流通道,裂隙渗透率受储层压实和基质收缩效应的共同作用,随开发的进行动态变化。砂岩夹层单孔单渗模型认为砂岩夹层孔隙中不含气或水,砂岩夹层孔隙是气水两相流体在不同储层间窜流的流动通道。

同时,层间窜流模型认为煤层与砂岩夹层存在明显的界面,煤层中的一部分裂隙与砂岩夹层的孔隙直接连通,另一部分裂隙则被砂岩颗粒所堵塞;另外,堵塞的那部分裂隙还将引起界面附近的流线发生弯曲;因此气水在煤层与砂岩夹层间窜流时会产生附加阻力。

另外,井筒管流模型认为井口排液速度与储层产水速度相当,排采过程中动液面高度相对稳定。

第 2 节　数 学 模 型

一、模型假设

(1)煤岩是包含基质孔隙和裂隙网络的双重孔隙介质;

(2)煤层甲烷主要以吸附态赋存于基质孔隙表面,少量以游离态赋存于裂隙网络中,煤层水以游离态赋存于裂隙网络中;

(3)吸附是由甲烷分子与甲烷分子、甲烷分子与碳原子间的分子相互作用共同造成的,吸附态甲烷由基质孔隙表面解吸后即进入基质孔隙中;

(4)基质孔隙中的甲烷和水以扩散的形式进入裂隙网络;

(5)煤岩裂隙渗透率(毫达西,mD)远大于基质渗透率(微达西,μD),基质渗透率可忽略,开发过程中裂隙渗透率受储层压实和基质收缩效应的共同作用,随开发的进行动态变化;

(6)砂岩基质孔隙发育,其渗透率的应力敏感性较强;

(7)煤层和砂岩夹层中的甲烷和水以达西渗流的方式由裂隙流向井筒;

(8)井筒中的甲烷和水以管流的形式由井底举升到地表;

(9)煤层和砂岩夹层间为熔合型界面,甲烷和水以窜流的形式在煤层和砂岩夹层间流动,同时考虑煤层和砂岩夹层间的附加阻力;

(10)甲烷和水在煤层内、砂岩夹层内、井筒内和煤层—砂岩夹层间的流动为等温流动过程;

(11)水是微可压缩流体;

(12)甲烷符合真实气体特征,不考虑甲烷在水中的溶解。

二、煤层气—水两相流动方程

根据质量守恒原理,煤层裂隙系统中甲烷和水的连续性方程分别为:

$$-\frac{\partial(A_x\rho_g^{cf}v_{gx}^{cf}+R_w^{cf}A_x\rho_w^{cf}v_{wx}^{cf})}{\partial x}-\frac{\partial(A_y\rho_g^{cf}v_{gy}^{cf}+R_w^{cf}A_y\rho_w^{cf}v_{wy}^{cf})}{\partial y}$$

$$+A_z\Delta q_{gcross}^c+q_{gmf}^c-q_{gwell}^c=V_b^c\frac{\partial(\rho_g^{cf}S_g^{cf}\phi^{cf})}{\partial t} \tag{7-1}$$

$$-\frac{\partial(A_x\rho_w^{cf}v_{wx}^{cf})}{\partial x}-\frac{\partial(A_y\rho_w^{cf}v_{wy}^{cf})}{\partial y}$$

$$+A_z\Delta q_{wcross}^c+q_{wmf}^c-q_{wwell}^c=V_b^c\frac{\partial(\rho_w^{cf}S_w^{cf}\phi^{cf})}{\partial t} \tag{7-2}$$

式中 A_x,A_y,A_z——微元体 x、y、z 方向的横截面积，m^2；

ρ_g^{cf},ρ_w^{cf}——煤层裂隙系统中的气相和水相密度，kg/m^3；

v_{gx}^{cf},v_{gy}^{cf}——煤层裂隙系统中 x、y 方向上的气相渗流速度，m/s；

R_w^{cf}——煤层裂隙系统中的溶解气水比；

v_{wx}^{cf},v_{wy}^{cf}——煤层裂隙系统中 x、y 方向上的水相渗流速度，m/s；

$\Delta q_{gcross}^c,\Delta q_{wcross}^c$——单位面积上煤层与砂岩夹层间的气相和水相窜流量，m/s；

q_{gmf}^c,q_{wmf}^c——煤层基质系统与裂隙系统的气相和水相传质量，m^3/s；

q_{gwell}^c,q_{wwell}^c——煤层的产气和产水速率，m^3/s；

V_b^c——煤岩的微元体积，m^3；

S_g^{cf},S_w^{cf}——煤层裂隙系统中的含气饱和度和含水饱和度；

ϕ^{cf}——煤层裂隙孔隙度。

在三维空间（x、y、z 三个方向，z 方向只考虑层间窜流）、各向异性介质、气—水两相流情况下，煤层裂隙系统中甲烷和水的运动方程分别为：

$$v_{gx}^{cf}=-\frac{K_x^{cf}K_{rg}^{cf}}{\mu_g^{cf}}\frac{\partial}{\partial x}(p_g^{cf}-\rho_g^{cf}gH^c) \tag{7-3}$$

$$v_{gy}^{cf}=-\frac{K_y^{cf}K_{rg}^{cf}}{\mu_g^{cf}}\frac{\partial}{\partial y}(p_g^{cf}-\rho_g^{cf}gH^c) \tag{7-4}$$

$$v_{wx}^{cf}=-\frac{K_x^{cf}K_{rw}^{cf}}{\mu_w^{cf}}\frac{\partial}{\partial x}(p_w^{cf}-\rho_w^{cf}gH^c) \tag{7-5}$$

$$v_{wy}^{cf}=-\frac{K_y^{cf}K_{rw}^{cf}}{\mu_w^{cf}}\frac{\partial}{\partial y}(p_w^{cf}-\rho_w^{cf}gH^c) \tag{7-6}$$

式中 K_x^{cf},K_y^{cf}——煤岩沿 x、y 方向上的裂隙渗透率，mD；

K_{rg}^{cf},K_{rw}^{cf}——煤层裂隙系统中的气相相对渗透率和水相相对渗透率；

μ_g^{cf},μ_w^{cf}——煤层裂隙系统中的气相和水相动力黏度，$mPa\cdot s$；

p_g^{cf},p_w^{cf}——煤层裂隙系统中的气相和水相压力，MPa；

g——重力加速度，m/s^2；

H^c ——煤层埋深，m。

将运动方程代入连续性方程中，可得描述煤层裂隙系统中气水两相流动的基本微分方程：

$$\frac{\partial}{\partial x}\left[\frac{A_x\rho_g^{cf}K_x^{cf}K_{rg}^{cf}}{\mu_g^{cf}}\frac{\partial(p_g^{cf}-\rho_g^{cf}gH^c)}{\partial x}+R_w^{cf}\frac{A_x\rho_w^{cf}K_x^{cf}K_{rw}^{cf}}{\mu_w^{cf}}\frac{\partial(p_w^{cf}-\rho_w^{cf}gH^c)}{\partial x}\right]dx$$

$$+\frac{\partial}{\partial y}\left[\frac{A_y\rho_g^{cf}K_y^{cf}K_{rg}^{cf}}{\mu_g^{cf}}\frac{\partial(p_g^{cf}-\rho_g^{cf}gH^c)}{\partial y}+R_w^{cf}\frac{A_y\rho_w^{cf}K_y^{cf}K_{rw}^{cf}}{\mu_w^{cf}}\frac{\partial(p_w^{cf}-\rho_w^{cf}gH^c)}{\partial y}\right]dy \qquad (7-7)$$

$$+A_z\Delta q_{gcross}^c+q_{gmf}^c-q_{gwell}^c=V_b^c\frac{\partial(\rho_g^{cf}S_g^{cf}\phi^{cf})}{\partial t}$$

$$\frac{\partial}{\partial x}\left[\frac{A_x\rho_w^{cf}K_x^{cf}K_{rw}^{cf}}{\mu_w^{cf}}\frac{\partial(p_w^{cf}-\rho_w^{cf}gH^c)}{\partial x}\right]dx+\frac{\partial}{\partial y}\left[\frac{A_y\rho_w^{cf}K_y^{cf}K_{rw}^{cf}}{\mu_w^{cf}}\frac{\partial(p_w^{cf}-\rho_w^{cf}gH^c)}{\partial y}\right]dy$$

$$\qquad (7-8)$$

$$+A_z\Delta q_{wcross}^c+q_{gmf}^c-q_{wwell}^c=V_b^c\frac{\partial(\rho_w^{cf}S_w^{cf}\phi^{cf})}{\partial t}$$

考虑到流体密度与体积系数的关系，式（7-7）和式（7-8）也可简写为：

$$\frac{\partial}{\partial x}\left[\frac{A_xK_x^{cf}K_{rg}^{cf}}{\mu_g^{cf}B_g^{cf}}\frac{\partial(p_g^{cf}-\rho_g^{cf}gH^c)}{\partial x}+R_w^{cf}\frac{A_xK_x^{cf}K_{rw}^{cf}}{\mu_w^{cf}B_w^{cf}}\frac{\partial(p_w^{cf}-\rho_w^{cf}gH^c)}{\partial x}\right]dx$$

$$+\frac{\partial}{\partial y}\left[\frac{A_yK_y^{cf}K_{rg}^{cf}}{\mu_g^{cf}B_g^{cf}}\frac{\partial(p_g^{cf}-\rho_g^{cf}gH^c)}{\partial y}+R_w^{cf}\frac{A_yK_y^{cf}K_{rw}^{cf}}{\mu_w^{cf}B_w^{cf}}\frac{\partial(p_w^{cf}-\rho_w^{cf}gH^c)}{\partial y}\right]dy \qquad (7-9)$$

$$+A_z\Delta q_{gcross}^c+q_{gmf}^c-q_{gwell}^c=V_b^c\frac{\partial}{\partial t}\left(\frac{S_g^{cf}\phi^{cf}}{B_g^{cf}}\right)$$

$$\frac{\partial}{\partial x}\left[\frac{A_xK_x^{cf}K_{rw}^{cf}}{\mu_w^{cf}B_w^{cf}}\frac{\partial(p_w^{cf}-\rho_w^{cf}gH^c)}{\partial x}\right]dx+\frac{\partial}{\partial y}\left[\frac{A_yK_y^{cf}K_{rw}^{cf}}{\mu_w^{cf}B_w^{cf}}\frac{\partial(p_w^{cf}-\rho_w^{cf}gH^c)}{\partial y}\right]dy$$

$$\qquad (7-10)$$

$$+A_z\Delta q_{wcross}^c-q_{wwell}^c=V_b^c\frac{\partial}{\partial t}\left(\frac{S_w^{cf}\phi^{cf}}{B_w^{cf}}\right)$$

式中　B_g^{cf}，B_w^{cf} ——煤层裂隙系统中的气相和水相体积系数，m^3/m^3。

对于煤层基质系统中的气、水，根据物质平衡原理有：

$$-q_{gmf}^{cf}+q_{gmf}^{cm}=V_b^c\frac{\partial}{\partial t}\left(\frac{S_g^{cm}\phi^{cm}}{B_g^{cm}}\right) \qquad (7-11)$$

$$-q_{wmf}^{cf}=V_b^c\frac{\partial}{\partial t}\left(\frac{S_w^{cm}\phi^{cm}}{B_w^{cm}}\right) \qquad (7-12)$$

式中　q_{gmf}^{cf} ——单位时间内煤层裂隙系统中的游离气变化量，m^3/s；

　　　q_{gmf}^{cm} ——单位时间内煤层基质系统中的吸附气变化量，m^3/s；

　　　q_{wmf}^{cf} ——单位时间内煤层裂隙系统中的水变化量，m^3/s；

S_g^{cm}, S_w^{cm} ——煤层基质系统中的含气饱和度和含水饱和度;

ϕ^{cm} ——煤岩的基质孔隙度;

B_g^{cm}, B_w^{cm} ——煤层基质系统中的气相和水相体积系数, m^3/m^3。

1. 煤岩基质孔隙中的传质

吸附是气体在煤岩基质孔隙中最主要的赋存方式,开发过程中,气体随着压力的降低逐渐解吸。本章中气体吸附量和解吸速度是通过简化局部密度吸附理论(见第2章第2节)计算得到的:

$$q_{gmf}^{cm}\big|_{i,j}^{t+1} = \frac{V_b^c \rho_b^c M_g\left(n^{Gibbs}\big|_{i,j}^{t} - n^{Gibbs}\big|_{i,j}^{t+1}\right)}{\rho_g^c \Delta t} \tag{7-13}$$

式中 ρ_b^c ——煤岩密度, kg/m^3;

M_g ——气体分子质量, kg/mol;

n^{Gibbs} ——煤岩基质的饱和吸附气量, mol/kg;

Δt ——时间步长, s。

2. 煤层裂隙孔隙中的传质

应用 Bangham 和 Fakhoury 的理论来预测气体吸附/解吸引起的基质收缩应变,认为固体吸附流体后其自由表面能降低,并发生膨胀,假设固体吸附膨胀引起的线性变形与表面能的降低幅度成正比:

$$\Delta\Psi = \Psi^0 - \Psi' \tag{7-14}$$

$$\varepsilon_{sl} = \Delta\Psi\gamma \tag{7-15}$$

其中,

$$\gamma = \frac{A_{ss}\rho_c}{K_{ss}} \tag{7-16}$$

式中 $\Delta\Psi$ ——单位质量固体吸附流体后的自由表面能降低量, J/kg;

Ψ^0 ——单位质量固体在真空环境中的自由表面能, J/kg;

Ψ' ——单位质量的相同固体吸附流体后的自由表面能, J/kg;

ε_{sl} ——膨胀线性应变;

γ ——变形常数, kg/J;

A_{ss} ——固体的比表面积, m^2/m^2;

K_{ss} ——吸附/解吸造成的固体膨胀/收缩模量, Pa。

根据吉布斯吸附方程,表面能的降低还可表征如下:

$$\Delta\Psi = -RT\int_0^{p_g^{cm}} \frac{n^{Gibbs}}{A_{ss}}d(\ln p) \tag{7-17}$$

联立式(7-14)至式(7-17),即可确定吸附/解吸引起的线性应变:

$$\varepsilon_{sl} = \frac{\rho_c RT}{K_{ss}}\int_0^{p_g^{cm}} \frac{n^{Gibbs}}{p}dp \tag{7-18}$$

为了简化煤岩膨胀应变的计算,进一步假设其各向同性,则气体吸附/解吸引起的体积应变为线性应变的三倍:

$$\varepsilon_s = 3\varepsilon_{sl} = \frac{3\rho_c RT}{K_{ss}} \int_0^{p_g^{cm}} \frac{n^{\text{Gibbs}}}{p} dp \tag{7-19}$$

式中 p_g^{cm} ——煤层基质系统中的气相压力,MPa。

3. 煤层裂隙系统与孔隙系统的传质

对于水相,采用 Gilman&Kazemi 方法计算:

$$q_{wmf}^c = \lambda_w^c \left[(p_w^{cm} - \rho_w^{cm}gH^c) - (p_w^{cf} - \rho_w^{cf}gH^c) \right] \tag{7-20}$$

其中,

$$\lambda_w^c = 4\left(\frac{1}{s_x^2} + \frac{1}{s_y^2} + \frac{1}{s_z^2}\right)\frac{\sqrt{K_x^{cm} K_y^{cm}}K_{rg}^{cm}}{\mu_g^{cm}B_g^{cm}} \tag{7-21}$$

式中 λ_w^c ——水相传质系数;

p_g^{cm}, p_w^{cm} ——煤层基质系统中的气相和水相压力,MPa;

ρ_g^{cm}, ρ_w^{cm} ——煤层基质系统中的气相和水相密度,kg/m³;

s_x, s_y, s_z —— x、y、z 三个方向上的裂隙间距,m;

K_x^{cm}, K_y^{cm} ——煤岩沿 x、y 方向上的基质渗透率,mD;

K_{rg}^{cm} ——煤层基质系统中的气相相对渗透率;

μ_g^{cm} ——煤层基质系统中的气相动力黏度,mPa·s;

B_g^{cm} ——煤层基质系统中的气相体积系数,m³/m³。

对于气相,其基质—裂隙间的流体交换量由浓度差控制,根据菲克扩散定律有:

$$\frac{\partial C}{\partial t} = D_g^{cm}\left(\frac{\partial^2 C}{\partial x^2} + \frac{\partial^2 C}{\partial y^2} + \frac{\partial^2 C}{\partial z^2}\right) \tag{7-22}$$

则煤层裂隙系统与孔隙系统间的气相传质为:

$$q_{gmf}^c = D_g^{cm}F_s\left(\frac{1}{s_x^2} + \frac{1}{s_y^2} + \frac{1}{s_z^2}\right)(C_g^{cm} - C_g^{cf}) \tag{7-23}$$

其中,

$$C_g^{cm} = \frac{S_g^{cm}p_g^{cm}T_{sc}}{Z_g^{cm}Tp_{sc}} = \frac{S_g^{cm}}{B_g^{cm}} \tag{7-24}$$

$$C_g^{cf} = \frac{S_g^{cf}p_g^{cf}T_{sc}}{Z_g^{cf}Tp_{sc}} = \frac{S_g^{cf}}{B_g^{cf}} \tag{7-25}$$

式中 D_g^{cm} ——煤层基质系统中的扩散系数;

F_s ——形状因子;

C_g^{cm}, C_g^{cf} ——煤层基质系统和裂隙系统中的气相浓度,m³/m³。

三、砂岩夹层气—水两相流动方程

根据质量守恒原理,砂岩夹层中甲烷和水的连续性方程分别为:

$$-\frac{\partial(A_x\rho_g^s v_{gx}^s + R_w^s A_x\rho_w^s v_{wx}^s)}{\partial x} - \frac{\partial(A_y\rho_g^s v_{gy}^s + R_w^s A_y\rho_w^s v_{wy}^s)}{\partial y}$$

$$+ A_z\Delta q_{gcross}^s - q_{gwell}^s = V_b^s\frac{\partial(\rho_g^s S_g^s \phi^s)}{\partial t} \qquad (7-26)$$

$$-\frac{\partial(A_x\rho_w^s v_{wx}^s)}{\partial x} - \frac{\partial(A_y\rho_w^s v_{wy}^s)}{\partial y} + A_z\Delta q_{wcross}^s - q_{wwell}^s = V_b^s\frac{\partial(\rho_w^s S_w^s \phi^s)}{\partial t} \qquad (7-27)$$

式中 ρ_g^s,ρ_w^s——砂岩夹层中的气相和水相密度,kg/m^3;

v_{gx}^s,v_{gy}^s——x、y 方向上的气相渗流速度,m/s;

v_{wx}^s,v_{wy}^s——x、y 方向上的水相渗流速度,m/s;

$\Delta q_{gcross}^s,\Delta q_{wcross}^s$——单位面积上煤层与砂岩夹层间的气相和水相窜流量,m/s;

q_{gwell}^s,q_{wwell}^s——砂岩夹层的产气和产水速率,m^3/s;

V_b^s——砂岩的微元体积,m^3;

S_g^s,S_w^s——砂岩夹层的含气饱和度和含水饱和度;

ϕ^s——砂岩夹层孔隙度。

在三维空间(x、y、z 三个方向,z 方向只考虑层间窜流)、各向异性介质、气—水两相流情况下,砂岩夹层中甲烷和水的运动方程分别为:

$$v_{gx} = -\frac{K_x^s K_{rg}^s}{\mu_g^s}\frac{\partial}{\partial x}(p_g^s - \rho_g^s g H^s) \qquad (7-28)$$

$$v_{gy} = -\frac{K_y^s K_{rg}^s}{\mu_g^s}\frac{\partial}{\partial y}(p_g^s - \rho_g^s g H^s) \qquad (7-29)$$

$$v_{wx} = -\frac{K_x^s K_{rw}^s}{\mu_w^s}\frac{\partial}{\partial x}(p_w^s - \rho_w^s g H^s) \qquad (7-30)$$

$$v_{wy} = -\frac{K_y^s K_{rw}^s}{\mu_w^s}\frac{\partial}{\partial y}(p_w^s - \rho_w^s g H^s) \qquad (7-31)$$

式中 K_x^s,K_y^s——砂岩夹层沿 x、y 方向上的渗透率,mD;

K_{rg}^s,K_{rw}^s——砂岩夹层中的气相相对渗透率和水相相对渗透率;

μ_g^s,μ_w^s——砂岩夹层中的气相和水相动力黏度,$mPa \cdot s$;

p_g^s,p_w^s——砂岩夹层中的气相和水相压力,MPa;

H^s——砂岩夹层埋深,m。

将运动方程代入连续性方程中,可得砂岩层中气水两相流动的基本微分方程:

$$\frac{\partial}{\partial x}\left[\frac{A_x \rho_g^s K_x^s K_{rg}^s}{\mu_g^s}\frac{\partial(p_g^s - \rho_g^s gH^s)}{\partial x} + R_w^s \frac{A_x \rho_w^s K_x^s K_{rw}^s}{\mu_w^s}\frac{\partial(p_w^s - \rho_w^s gH^s)}{\partial x}\right]dx$$

$$+ \frac{\partial}{\partial y}\left[\frac{A_y \rho_g^s K_y^s K_{rg}^s}{\mu_g^s}\frac{\partial(p_g^s - \rho_g^s gH^s)}{\partial y} + R_w^s \frac{A_y \rho_w^s K_y^s K_{rw}^s}{\mu_w^s}\frac{\partial(p_w^s - \rho_w^s gH^s)}{\partial y}\right]dy$$

$$+ A_z \Delta q_{gcross}^s - q_{gwell}^s = V_b^s \frac{\partial(\rho_g^s S_g^s \phi^s)}{\partial t} \qquad (7-32)$$

$$\frac{\partial}{\partial x}\left[\frac{A_x \rho_w^s K_x^s K_{rw}^s}{\mu_w^s}\frac{\partial(p_w^s - \rho_w^s gH^s)}{\partial x}\right]dx + \frac{\partial}{\partial y}\left[\frac{A_y \rho_w^s K_y^s K_{rw}^s}{\mu_w^s}\frac{\partial(p_w^s - \rho_w^s gH^s)}{\partial y}\right]dy$$

$$+ A_z \Delta q_{wcross}^s - q_{wwell}^s = V_b^s \frac{\partial(\rho_w^s S_w^s \phi^s)}{\partial t} \qquad (7-33)$$

考虑到流体密度与体积系数的关系,式(7-32)和式(7-33)也可简写为:

$$\frac{\partial}{\partial x}\left[\frac{A_x K_x^s K_{rg}^s}{\mu_g^s B_g^s}\frac{\partial(p_g^s - \rho_g^s gH^s)}{\partial x} + R_w^s \frac{A_x K_x^s K_{rw}^s}{\mu_w^s B_w^s}\frac{\partial(p_w^s - \rho_w^s gH^s)}{\partial x}\right]dx$$

$$+ \frac{\partial}{\partial y}\left[\frac{A_y K_y^s K_{rg}^s}{\mu_g^s B_g^s}\frac{\partial(p_g^s - \rho_g^s gH^s)}{\partial y} + R_w^s \frac{A_y K_y^s K_{rw}^s}{\mu_w^s B_w^s}\frac{\partial(p_w^s - \rho_w^s gH^s)}{\partial y}\right]dy$$

$$+ A_z \Delta q_{gcross}^s - q_{gwell}^s = V_b^s \frac{\partial}{\partial t}\left(\frac{S_g^s \phi^s}{B_g^s}\right) \qquad (7-34)$$

$$\frac{\partial}{\partial x}\left[\frac{A_x K_x^s K_{rw}^s}{\mu_w^s B_w^s}\frac{\partial(p_w^s - \rho_w^s gH^s)}{\partial x}\right]dx + \frac{\partial}{\partial y}\left[\frac{A_y K_y^s K_{rw}^s}{\mu_w^s B_w^s}\frac{\partial(p_w^s - \rho_w^s gH^s)}{\partial y}\right]dy$$

$$+ A_z \Delta q_{wcross}^s - q_{wwell}^s = V_b^s \frac{\partial}{\partial t}\left(\frac{S_w^s \phi^s}{B_w^s}\right) \qquad (7-35)$$

式中 B_g^s,B_w^s——煤层中的气相和水相体积系数,m^3/m^3。

四、煤层与砂岩夹层间气—水两相窜流方程

如前所述,认为煤层与砂岩夹层存在明显的界面,煤层中的一部分裂隙与砂岩夹层的孔隙直接连通,另一部分裂隙则被砂岩颗粒所堵塞;另外,堵塞的那部分裂隙还将引起界面附近的流线发生弯曲;因此可将气水在煤层与砂岩夹层间窜流简化为渗透率不同的 4 个流动区域[5,6],如图 7-3 所示。

根据质量守恒原理,多煤层系统中甲烷和水在垂直方向上的连续性方程分别为:

$$\frac{A_z K_z^s K_{rg}^s}{\mu_g^s B_g^s}\frac{p_g^s - p_g^{s'}}{h^s - \delta^s} = \frac{A_z K_z^s K_{rg}^s}{\mu_g^s B_g^s}\frac{p_g^{s'} - p_g^m}{\delta^s} = \frac{A_z K_z^{cf} K_{rg}^{cf}}{\mu_g^{cf} B_g^{cf}}\frac{p_g^m - p_g^{cf'}}{\delta^c} = \frac{A_z K_z^{cf} K_{rg}^{cf}}{\mu_g^{cf} B_g^{cf}}\frac{p_g^{cf'} - p_g^{cf}}{h^c - \delta^c} \quad (7-36)$$

$$\frac{A_z K_z^s K_{rw}^s}{\mu_w^s B_w^s}\frac{p_w^s - p_w^{s'}}{h^s - \delta^s} = \frac{A_z K_z^s K_{rw}^s}{\mu_w^s B_w^s}\frac{p_w^{s'} - p_w^m}{\delta^s} = \frac{A_z K_z^{cf'} K_{rw}^{cf}}{\mu_w^{cf} B_w^{cf}}\frac{p_w^m - p_w^{cf'}}{\delta^c} = \frac{A_z K_z^{cf} K_{rw}^{cf}}{\mu_w^{cf} B_w^{cf}}\frac{p_w^{cf'} - p_w^{cf}}{h^c - \delta^c} \quad (7-37)$$

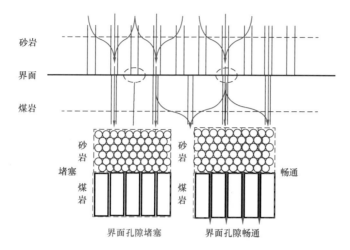

图 7 – 3　熔合型界面对应的煤岩与砂岩层间窜流示意图

则气水在煤层与砂岩夹层间的窜流量如式(7 – 38)至式(7 – 39)所示：

$$\Delta q_{\text{gcross}}^{\text{s}} = -\Delta q_{\text{gcross}}^{\text{c}} = \frac{p_{\text{g}}^{\text{cf}} - p_{\text{g}}^{\text{s}}}{\dfrac{\mu_{\text{g}}^{\text{cf}} B_{\text{g}}^{\text{cf}} h^{\text{c}}}{2K_z^{\text{cf}} K_{\text{rg}}^{\text{cf}}} + \dfrac{\mu_{\text{g}}^{\text{cf}} B_{\text{g}}^{\text{cf}} \delta^{\text{c}}}{K_z^{\text{cf'}} K_{\text{rg}}^{\text{cf}}} + \dfrac{\mu_{\text{g}}^{\text{s}} B_{\text{g}}^{\text{s}} \delta^{\text{s}}}{K_z^{\text{s}} K_{\text{rg}}^{\text{s}}} + \dfrac{\mu_{\text{g}}^{\text{s}} B_{\text{g}}^{\text{s}} h^{\text{s}}}{2K_z^{\text{s}} K_{\text{rg}}^{\text{s}}}} \qquad (7 - 38)$$

$$\Delta q_{\text{wcross}}^{\text{s}} = -\Delta q_{\text{wcross}}^{\text{c}} = \frac{p_{\text{w}}^{\text{cf}} - p_{\text{w}}^{\text{s}}}{\dfrac{\mu_{\text{w}}^{\text{cf}} B_{\text{w}}^{\text{cf}} h^{\text{c}}}{2K_z^{\text{cf}} K_{\text{rw}}^{\text{cf}}} + \dfrac{\mu_{\text{w}}^{\text{cf}} B_{\text{w}}^{\text{cf}} \delta^{\text{c}}}{K_z^{\text{cf'}} K_{\text{rw}}^{\text{cf}}} + \dfrac{\mu_{\text{w}}^{\text{s}} B_{\text{w}}^{\text{s}} \delta^{\text{s}}}{K_z^{\text{s}} K_{\text{rw}}^{\text{s}}} + \dfrac{\mu_{\text{w}}^{\text{s}} B_{\text{w}}^{\text{s}} h^{\text{s}}}{2K_z^{\text{s}} K_{\text{rw}}^{\text{s}}}} \qquad (7 - 39)$$

令 $\beta_1 = \dfrac{2\delta^{\text{c}}}{K_z^{\text{cf'}}}$、$\beta_2 = \dfrac{2\delta^{\text{s}}}{K_z^{\text{s}}}$，则式(7 – 38)和式(7 – 39)可简化为：

$$\Delta q_{\text{gcross}}^{\text{s}} = -\Delta q_{\text{gcross}}^{\text{c}} = \frac{p_{\text{g}}^{\text{cf}} - p_{\text{g}}^{\text{s}}}{\dfrac{\mu_{\text{g}}^{\text{cf}} B_{\text{g}}^{\text{cf}}}{2K_{\text{rg}}^{\text{cf}}}\left(\dfrac{h^{\text{c}}}{K_z^{\text{cf}}} + \beta_1\right) + \dfrac{\mu_{\text{g}}^{\text{s}} B_{\text{g}}^{\text{s}}}{2K_{\text{rg}}^{\text{s}}}\left(\dfrac{h^{\text{s}}}{K_z^{\text{s}}} + \beta_2\right)} \qquad (7 - 40)$$

$$\Delta q_{\text{wcross}}^{\text{s}} = -\Delta q_{\text{wcross}}^{\text{c}} = \frac{p_{\text{w}}^{\text{cf}} - p_{\text{w}}^{\text{s}}}{\dfrac{\mu_{\text{w}}^{\text{cf}} B_{\text{w}}^{\text{cf}}}{2K_{\text{rw}}^{\text{cf}}}\left(\dfrac{h^{\text{c}}}{K_z^{\text{cf}}} + \beta_1\right) + \dfrac{\mu_{\text{w}}^{\text{s}} B_{\text{w}}^{\text{s}}}{2K_{\text{rw}}^{\text{s}}}\left(\dfrac{h^{\text{s}}}{K_z^{\text{s}}} + \beta_2\right)} \qquad (7 - 41)$$

式中　$p_{\text{g}}^{\text{s'}}$,$p_{\text{w}}^{\text{s'}}$——区域 1 和区域 2 连接处的气相和水相压力,MPa；

　　　δ^{s},δ^{c}——区域 2、区域 3 的厚度,m；

　　　p_{g}^{m},p_{w}^{m}——煤岩和砂岩界面处的气相和水相压力,MPa；

　　　$p_{\text{g}}^{\text{c'}}$,$p_{\text{w}}^{\text{c'}}$——区域 3 和区域 4 连接处的气相和水相压力,MPa；

　　　$K_z^{\text{cf'}}$,$K_z^{\text{s'}}$——煤层和砂岩层对应低渗带在 z 方向的渗透率,mD；

　　　β_1,β_2——煤层和砂岩层的层间窜流系数。

五、井筒气—水两相流动方程

在煤层气的排采过程中,井筒内气水混合物首先从井底混合流向动液面处,随后在气锚作用下发生分离,水直接通过油管泵出,而气体则沿着套管与油管之间的环空流动,在此过程中,井筒内压力不断变化,并将影响气水混合物的流动形态和对应参数。同时,其他产层流体的产出将进一步影响气水混合物在井筒内的流量、流动形态和对应参数,如图7-4所示。

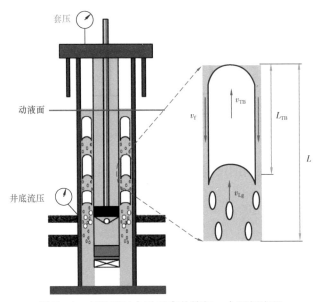

图7-4 多煤层气合采垂直井筒气—水两相流型

若井筒内压力预测不准,将使排采方案设计出现偏差,导致合采井产能偏低、甚至使得流体倒灌流入某一储层中。井筒内气水两相流动压降预测的关键在于流型判断和截面含气率计算。根据现场产量数据分析可知,气水在煤层气井筒内的流型主要为泡状流或段塞流,因此只对这两种流型的转变准则和二者的截面含气率计算进行阐述[7]。

1. 泡状流—段塞流转变准则

$$v_g^{wcr} \geqslant 0.25 v_g^w + 0.333 v_w^w \tag{7-42}$$

其中,

$$v_g^w = 1.53 \left[\frac{g \sigma_{gw} (\rho_w^w - \rho_g^w)}{(\rho_w^w)^2} \right]^{0.25} \tag{7-43}$$

式中　v_g^{wcr}——井筒内的气相临界流速,m/s;

v_g^w,v_w^w——井筒内的气相和水相流速,m/s;

σ_{gw}——气—水界面张力,10^{-3}N/m;

ρ_g^w,ρ_w^w——井筒内的气相和水相的密度,kg/m³。

2. 泡状流的截面含气率

$$1.53 \left[\frac{\sigma_{gw} g (\rho_w^w - \rho_g^w)}{(\rho_w^w)^2} \right]^{0.25} (1 - \alpha_g)^{0.1} = \frac{v_g^w}{\alpha_g} - 1.2 (v_g^w + v_w^w) \qquad (7-44)$$

式中 α_g——截面含气率。

3. 段塞流的平均截面含气率

液段平均截面含气率:

$$\alpha_{Lg}^w = 0.058 \left\{ 2 \left[\frac{0.4 \sigma_{gw}}{(\rho_w - \rho_g) g} \right]^{0.5} \left(\frac{\rho_w}{\sigma_{gw}} \right)^{0.6} \left[\frac{2 C_w}{D} \left(\frac{\rho_w D}{\mu_w} \right)^{-n} \right]^{0.4} v_m^{2(3-n)/5} - 0.725 \right\}^2$$

$$(7-45)$$

其中,

$$\alpha_{Lg}^w v_{Lg}^w + (1 - \alpha_{Lg}^w) v_{Lw}^w = v_m^w \qquad (7-46)$$

$$v_{Lg}^w = v_{Lw}^w + 1.53 (1 - a_{Lg}^w)^{0.1} \left[\frac{\sigma_{gw} g (\rho_w - \rho_g)}{\rho_w^2} \right]^{0.25} \qquad (7-47)$$

式中 α_{Lg}^w——井筒内液段的截面含气率;

C_w——系数,与液相雷诺数有关;

μ_w——液相黏度,$Pa \cdot s$;

v_m——气液两相的混合流速,m/s;

n——常数,与雷诺数有关;

v_{Lg}——液段气相流速,m/s;

v_{Lw}——液段液相流速,m/s。

Taylor 气泡的速度为:

$$v_{TB}^w = 1.2 v_{Lw}^w + 0.35 Z_{TB}^w \qquad (7-48)$$

$$Z_{TB}^w = \left[\frac{(\rho_w - \rho_g) g D}{\rho_w} \right]^{0.5} \qquad (7-49)$$

式中 v_{TB}^w——Taylor 气泡速度,m/s;

Z_{TB}^w——Taylor 气泡在静液中的上升速度,m/s。

Taylor 气泡段含气率和液膜流速:

$$\alpha_{TBg}^w v_{TB}^w - (1 - \alpha_{TBg}^w) v_f^w = v_m^w \qquad (7-50)$$

$$\left(\frac{v_f^w}{v_w^w} \right)^{2-n} = (1 - \alpha_{TBg}^w)^{n+1} \frac{Y}{X^2} \qquad (7-51)$$

式中 α_{TBg}^w——井筒内 Taylor 气泡段含气率;

v_f^w——井筒内的液膜流速,m/s;

X——洛—马参数;

Y——管路倾角对流型的影响参数。

Taylor 气泡段长度与段塞单元段长度比值：

$$\alpha_{\text{TBg}}^{\text{w}} v_{\text{TB}}^{\text{w}} \frac{L_{\text{TB}}^{\text{w}}}{L} + \alpha_{\text{Lg}}^{\text{w}} v_{\text{Lg}}^{\text{w}} \left(1 - \frac{L_{\text{TB}}^{\text{w}}}{L}\right) = v_{\text{g}}^{\text{w}} \tag{7-52}$$

段塞流平均截面含气率：

$$\alpha_{\text{g}} = \frac{\alpha_{\text{Lg}}^{\text{w}}}{L/(L - L_{\text{TB}}^{\text{w}})} + \frac{\alpha_{\text{TBg}}^{\text{w}}}{L/L_{\text{TB}}^{\text{w}}} \tag{7-53}$$

式中　L_{TB}^{w}——Taylor 气泡段长度，m；

　　　L——段塞段长度，m。

六、辅助方程

为了完整地描述气—水两相流体在多煤层气藏中的运移过程，除了以上的流体运移方程外，还需要一些辅助方程。

煤层裂隙系统中气—水毛细管力方程：

$$p_{\text{gw}}^{\text{cf}}(S_{\text{g}}^{\text{cf}}) = p_{\text{g}}^{\text{cf}} - p_{\text{w}}^{\text{cf}} \tag{7-54}$$

煤层裂隙系统中气—水饱和度方程：

$$S_{\text{g}}^{\text{cf}} + S_{\text{w}}^{\text{cf}} = 1 \tag{7-55}$$

煤层基质系统中气—水毛细管力方程：

$$p_{\text{gw}}^{\text{cm}}(S_{\text{g}}^{\text{cm}}) = p_{\text{g}}^{\text{cm}} - p_{\text{w}}^{\text{cm}} \tag{7-56}$$

煤层基质系统中气—水饱和度方程：

$$S_{\text{g}}^{\text{cm}} + S_{\text{w}}^{\text{cm}} = 1 \tag{7-57}$$

砂岩夹层气—水毛细管力方程：

$$p_{\text{gw}}^{\text{s}}(S_{\text{g}}^{\text{s}}) = p_{\text{g}}^{\text{s}} - p_{\text{w}}^{\text{s}} \tag{7-58}$$

砂岩夹层气—水饱和度方程：

$$S_{\text{g}}^{\text{s}} + S_{\text{w}}^{\text{s}} = 1 \tag{7-59}$$

七、定解条件

为求解以上方程组，还需给出相应的定解条件，包括内、外边界条件和初始条件。

1. 内边界条件

对于煤层气储层数值模拟研究，通常给定井底流动压力，并将内边界条件作为稳定流处理：

$$q_{\text{gwell}}^{\text{cl}} = \frac{\sqrt{K_x^{\text{cl}} K_y^{\text{cl}}} K_{\text{rg}}^{\text{cl}}}{\mu_{\text{g}}^{\text{cl}} B_{\text{g}}^{\text{cl}}} \frac{2\pi h^{\text{cl}}}{\ln(r_{\text{e}}/r_{\text{w}}) + s^{\text{cl}}} (p_{\text{g}}^{\text{cfl}} - p_{\text{wf}}^{\text{cl}}) \tag{7-60}$$

$$q_{\text{gwell}}^{\text{s}} = \frac{\sqrt{K_x^{\text{s}} K_y^{\text{s}}} K_{\text{rg}}^{\text{s}}}{\mu_{\text{g}}^{\text{s}} B_{\text{g}}^{\text{s}}} \frac{2\pi h^{\text{s}}}{\ln(r_{\text{e}}/r_{\text{w}}) + s^{\text{s}}} (p_{\text{g}}^{\text{s}} - p_{\text{wf}}^{\text{s}}) \tag{7-61}$$

$$q_{\text{gwell}}^{\text{c2}} = \frac{\sqrt{K_x^{\text{c2}} K_y^{\text{c2}}} K_{\text{rg}}^{\text{c2}}}{\mu_{\text{g}}^{\text{c2}} B_{\text{g}}^{\text{c2}}} \frac{2\pi h^{\text{c2}}}{\ln(r_{\text{e}}/r_{\text{w}}) + s^{\text{c2}}} (p_{\text{g}}^{\text{cf2}} - p_{\text{wf}}^{\text{c2}}) \tag{7-62}$$

$$q_{\text{wwell}}^{\text{c1}} = \frac{\sqrt{K_x^{\text{c1}} K_y^{\text{c1}}} K_{\text{rw}}^{\text{c1}}}{\mu_{\text{w}}^{\text{c1}} B_{\text{w}}^{\text{c1}}} \frac{2\pi h^{\text{c1}}}{\ln(r_{\text{e}}/r_{\text{w}}) + s^{\text{c1}}} (p_{\text{w}}^{\text{cf1}} - p_{\text{wf}}^{\text{c1}}) \tag{7-63}$$

$$q_{\text{wwell}}^{\text{s}} = \frac{\sqrt{K_x^{\text{s}} K_y^{\text{s}}} K_{\text{rw}}^{\text{s}}}{\mu_{\text{w}}^{\text{s}} B_{\text{w}}^{\text{s}}} \frac{2\pi h^{\text{s}}}{\ln(r_{\text{e}}/r_{\text{w}}) + s^{\text{s}}} (p_{\text{w}}^{\text{s}} - p_{\text{wf}}^{\text{s}}) \tag{7-64}$$

$$q_{\text{wwell}}^{\text{c2}} = \frac{\sqrt{K_x^{\text{c2}} K_y^{\text{c2}}} K_{\text{rw}}^{\text{c2}}}{\mu_{\text{w}}^{\text{c2}} B_{\text{w}}^{\text{c2}}} \frac{2\pi h^{\text{c2}}}{\ln(r_{\text{e}}/r_{\text{w}}) + s^{\text{c2}}} (p_{\text{w}}^{\text{cf2}} - p_{\text{wf}}^{\text{c2}}) \tag{7-65}$$

其中，

$$r_{\text{e}} = 0.28 \frac{\left[(K_y/K_x)^{0.5} \Delta x^2 + (K_x/K_y)^{0.5} \Delta y^2 \right]^{0.5}}{(K_y/K_x)^{0.25} + (K_x/K_y)^{0.25}} \tag{7-66}$$

式中　$r_{\text{e}}, r_{\text{w}}$——等效供给半径和井筒半径，m；

$s^{\text{c1}}, s^{\text{s}}, s^{\text{c2}}$——上部煤层、砂岩夹层和下部煤层的表皮系数；

$p_{\text{wf}}^{\text{c1}}, p_{\text{wf}}^{\text{s}}, p_{\text{wf}}^{\text{c2}}$——上部煤层、砂岩夹层和下部煤层对应的井底流压，MPa。

结合井筒气水两相流动方程可知，若上部煤层对应的井底流压为 $p_{\text{wf}}^{\text{c1}}$，则砂岩夹层和下部煤层对应的井底流压可由式(7-67)和式(7-68)确定：

$$p_{\text{wf}}^{\text{s}} = p_{\text{wf}}^{\text{c1}} + \int_{zc1}^{zs} (1 - \alpha_{\text{g}}) \rho_{\text{w}} g \text{d}z \tag{7-67}$$

$$p_{\text{wf}}^{\text{c2}} = p_{\text{wf}}^{\text{c1}} + \int_{zc1}^{zc2} (1 - \alpha_{\text{g}}) \rho_{\text{w}} g \text{d}z \tag{7-68}$$

式中　$zc1, zs, zc2$——分别为上部煤层、砂岩夹层和下部煤层所对应的埋深，m。

2. 外边界条件

采用封闭外边界条件，属于第二类边界条件：

$$\left.\frac{\partial p_{\text{g}}^{\text{cf1}}}{\partial x}\right|_{x=0,L} = 0 \text{、} \left.\frac{\partial p_{\text{g}}^{\text{cf1}}}{\partial y}\right|_{y=0,W} = 0 \text{、} \left.\frac{\partial p_{\text{g}}^{\text{cf1}}}{\partial z}\right|_{z=0,H} = 0 \tag{7-69}$$

$$\left.\frac{\partial p_{\text{g}}^{\text{s}}}{\partial x}\right|_{x=0,L} = 0 \text{、} \left.\frac{\partial p_{\text{g}}^{\text{s}}}{\partial y}\right|_{y=0,W} = 0 \text{、} \left.\frac{\partial p_{\text{g}}^{\text{s}}}{\partial z}\right|_{z=0,H} = 0 \tag{7-70}$$

$$\left.\frac{\partial p_{\text{g}}^{\text{cf2}}}{\partial x}\right|_{x=0,L} = 0 \text{、} \left.\frac{\partial p_{\text{g}}^{\text{cf2}}}{\partial y}\right|_{y=0,W} = 0 \text{、} \left.\frac{\partial p_{\text{g}}^{\text{cf2}}}{\partial z}\right|_{z=0,H} = 0 \tag{7-71}$$

式中　L, W, H——分别是多煤层气藏在 x、y、z 方向上的尺寸，m。

3. 初始条件

给定多煤层气藏开发初始时刻的煤层和砂岩夹层压力、含水饱和度以及含气量分布,即初始条件:

$$p_g^{cf}(x,y,z,t)\big|_{t=0} = p_{g0}^{cf}(x,y,z) \qquad (7-72)$$

$$p_g^{cm}(x,y,z,t)\big|_{t=0} = p_{g0}^{cm}(x,y,z) \qquad (7-73)$$

$$p_g^{s}(x,y,z,t)\big|_{t=0} = p_{g0}^{s}(x,y,z) \qquad (7-74)$$

$$S_g^{cf}(x,y,z,t)\big|_{t=0} = S_{g0}^{cf}(x,y,z) \qquad (7-75)$$

$$S_g^{cm}(x,y,z,t)\big|_{t=0} = S_{g0}^{cm}(x,y,z) \qquad (7-76)$$

$$S_g^{s}(x,y,z,t)\big|_{t=0} = S_{g0}^{s}(x,y,z) \qquad (7-77)$$

$$V_g^{c}(x,y,z,t)\big|_{t=0} = V_{g0}^{c}(x,y,z) \qquad (7-78)$$

式中 $p_{g0}^{cf}(x,y,z)$ ——煤层裂隙系统的初始压力,MPa;
$\quad p_{g0}^{cm}(x,y,z)$ ——煤层基质系统的初始压力,MPa;
$\quad p_{g0}^{s}(x,y,z)$ ——砂岩夹层的初始压力,MPa;
$\quad S_{g0}^{cf}(x,y,z)$ ——煤层裂隙系统的初始含气饱和度;
$\quad S_{g0}^{cm}(x,y,z)$ ——煤层基质系统的初始含气饱和度;
$\quad S_{g0}^{s}(x,y,z)$ ——砂岩夹层的初始含气饱和度;
$\quad V_{g0}^{c}(x,y,z)$ ——煤层的初始含气量,m^3/m^3。

第3节 数 值 模 型

上述建立的描述多煤层气藏气—水两相全过程流动的数学模型是一个复杂的非线性偏微分方程组,无法采用解析法直接求解,因此采用有限差分方法对偏微分方程组进行空间差分和时间差分,并对非线性方程组进行全隐式处理,同时采用牛顿法将非线性方程组线性化,最终采用块系数不完全LU分解方法对线性方程组进行求解。

一、煤层裂隙系统气—水两相流动

对于裂隙系统,令 $\Phi_g^{cf} = p_g^{cf} - \rho_g^{cf} g H^c$,可得煤层裂隙系统中气相流动的有限差分离散方程:

$$\frac{A_x}{\Delta x}\Big|_{i+\frac{1}{2},j} K_{xk}^{cf}\big|_{i+\frac{1}{2},j}^{t+1}\left[\frac{1}{\mu_{gk}^{cf}B_{gk}^{cf}}\Big|_{i+\frac{1}{2},j}^{t+1}K_{rgk}^{cf}\big|_{up}^{t+1}(\Phi_{gk}^{cf}\big|_{i+1,j}^{t+1}-\Phi_{gk}^{cf}\big|_{i,j}^{t+1})+\frac{R_{wk}^{cf}}{\mu_{wk}^{cf}B_{wk}^{cf}}\Big|_{i+\frac{1}{2},j}^{t+1}K_{rwk}^{cf}\big|_{up}^{t+1}(\Phi_{wk}^{cf}\big|_{i+1,j}^{t+1}-\Phi_{wk}^{cf}\big|_{i,j}^{t+1})\right]$$

$$-\frac{A_x}{\Delta x}\Big|_{i-\frac{1}{2},j} K_{xk}^{cf}\big|_{i-\frac{1}{2},j}^{t+1}\left[\frac{1}{\mu_{gk}^{cf}B_{gk}^{cf}}\Big|_{i-\frac{1}{2},j}^{t+1}K_{rgk}^{cf}\big|_{up}^{t+1}(\Phi_{gk}^{cf}\big|_{i,j}^{t+1}-\Phi_{gk}^{cf}\big|_{i-1,j}^{t+1})+\frac{R_{wk}^{cf}}{\mu_{wk}^{cf}B_{wk}^{cf}}\Big|_{i-\frac{1}{2},j}^{t+1}K_{rwk}^{cf}\big|_{up}^{t+1}(\Phi_{wk}^{cf}\big|_{i,j}^{t+1}-\Phi_{wk}^{cf}\big|_{i-1,j}^{t+1})\right]$$

$$+ \left.\frac{A_y}{\Delta y}\right|_{i,j+\frac{1}{2}} K_{yk}^{cf}\Big|_{i,j+\frac{1}{2}}^{t+1} \left[\left.\frac{1}{\mu_{gk}^{cf}B_{gk}^{cf}}\right|_{i,j+\frac{1}{2}}^{t+1} K_{rgk}^{cf}\Big|_{up}^{t+1} \left(\Phi_{gk}^{cf}\Big|_{i,j+1}^{t+1} - \Phi_{gk}^{cf}\Big|_{i,j}^{t+1}\right) + \left.\frac{R_{wk}^{cf}}{\mu_{wk}^{cf}B_{wk}^{cf}}\right|_{i,j+\frac{1}{2}}^{t+1} K_{rwk}^{cf}\Big|_{up}^{t+1} \left(\Phi_{wk}^{cf}\Big|_{i,j+1}^{t+1} - \Phi_{wk}^{cf}\Big|_{i,j}^{t+1}\right) \right]$$

$$- \left.\frac{A_y}{\Delta y}\right|_{i,j-\frac{1}{2}} K_{yk}^{cf}\Big|_{i,j-\frac{1}{2}}^{t+1} \left[\left.\frac{1}{\mu_{gk}^{cf}B_{gk}^{cf}}\right|_{i,j-\frac{1}{2}}^{t+1} K_{rgk}^{cf}\Big|_{up}^{t+1} \left(\Phi_{gk}^{cf}\Big|_{i,j}^{t+1} - \Phi_{gk}^{cf}\Big|_{i,j-1}^{t+1}\right) + \left.\frac{R_{wk}^{cf}}{\mu_{wk}^{cf}B_{wk}^{cf}}\right|_{i,j-\frac{1}{2}}^{t+1} K_{rwk}^{cf}\Big|_{up}^{t+1} \left(\Phi_{wk}^{cf}\Big|_{i,j}^{t+1} - \Phi_{wk}^{cf}\Big|_{i,j-1}^{t+1}\right) \right]$$

$$+ \frac{\left(\Phi_{g(k-1)}^{s}\Big|_{i,j}^{t+1} - \Phi_{gk}^{cf}\Big|_{i,j}^{t+1}\right)A_z}{\frac{1}{2}\left.\frac{\mu_{g(k-1)}^{s}}{\rho_{g(k-1)}^{s}}\right|_{i,j}^{t+1}\left(\left.\frac{h_{k-1}^{s}}{K_{z(k-1)}^{s}}\right|_{i,j}^{t+1} + \beta_{(k-1)d}^{s}\big|_{i,j}\right)\left.\frac{1}{K_{rg(k-1)}^{s}}\right|_{i,j}^{t+1} + \frac{1}{2}\left.\frac{\mu_{gk}^{cf}}{\rho_{gk}^{cf}}\right|_{i,j}^{t+1}\left(\left.\frac{h_k^c}{K_{zk}^{cf}}\right|_{i,j}^{t+1} + \beta_{ku}^{cf}\big|_{i,j}\right)\left.\frac{1}{K_{rgk}^{cf}}\right|_{i,j}^{t+1}} \frac{1}{\rho_g^c}$$

$$- \frac{\left(\Phi_{gk}^{cf}\Big|_{i,j}^{t+1} - \Phi_{gk}^{s}\Big|_{i,j}^{t+1}\right)A_z}{\frac{1}{2}\left.\frac{\mu_{gk}^{s}}{\rho_{gk}^{s}}\right|_{i,j}^{t+1}\left(\left.\frac{h_k^s}{K_{zk}^{s}}\right|_{i,j}^{t+1} + \beta_{ku}^{s}\big|_{i,j}\right)\left.\frac{1}{K_{rg(k-1)}^{s}}\right|_{i,j}^{t+1} + \frac{1}{2}\left.\frac{\mu_{gk}^{cf}}{\rho_{gk}^{cf}}\right|_{i,j}^{t+1}\left(\left.\frac{h_k^c}{K_{zk}^{cf}}\right|_{i,j}^{t+1} + \beta_{kd}^{cf}\big|_{i,j}\right)\left.\frac{1}{K_{rgk}^{cf}}\right|_{i,j}^{t+1}} \frac{1}{\rho_g^c}$$

$$+ \frac{\left(\Phi_{w(k-1)}^{s}\Big|_{i,j}^{t+1} - \Phi_{wk}^{cf}\Big|_{i,j}^{t+1}\right)A_z}{\frac{1}{2}\left.\frac{\mu_{w(k-1)}^{s}}{\rho_{w(k-1)}^{s}}\right|_{i,j}^{t+1}\left(\left.\frac{h_{(k-1)}^{s}}{K_{z(k-1)}^{s}}\right|_{i,j}^{t+1} + \beta_{(k-1)d}^{s}\big|_{i,j}\right)\left.\frac{1}{K_{rw(k-1)}^{s}}\right|_{i,j}^{t+1} + \frac{1}{2}\left.\frac{\mu_{wk}^{cf}}{\rho_{wk}^{cf}}\right|_{i,j}^{t+1}\left(\left.\frac{h_k^c}{K_{zk}^{cf}}\right|_{i,j}^{t+1} + \beta_{ku}^{cf}\big|_{i,j}\right)\left.\frac{1}{K_{rwk}^{cf}}\right|_{i,j}^{t+1}} \frac{1}{\rho_w^c} R_{wk}^{cf}\Big|_{i,j}^{t+1}$$

$$- \frac{\left(\Phi_{wk}^{cf}\Big|_{i,j}^{t+1} - \Phi_{wk}^{s}\Big|_{i,j}^{t+1}\right)A_z}{\frac{1}{2}\left.\frac{\mu_{wk}^{s}}{\rho_{wk}^{s}}\right|_{i,j}^{t+1}\left(\left.\frac{h_k^s}{K_{zk}^{s}}\right|_{i,j}^{t+1} + \beta_{ku}^{s}\big|_{i,j}\right)\left.\frac{1}{K_{rw(k-1)}^{s}}\right|_{i,j}^{t+1} + \frac{1}{2}\left.\frac{\mu_{wk}^{cf}}{\rho_{wk}^{cf}}\right|_{i,j}^{t+1}\left(\left.\frac{h_k^c}{K_{zk}^{cf}}\right|_{i,j}^{t+1} + \beta_{kd}^{cf}\big|_{i,j}\right)\left.\frac{1}{K_{rwk}^{cf}}\right|_{i,j}^{t+1}} \frac{1}{\rho_w^c} R_{wk}^{cf}\Big|_{i,j}^{t+1}$$

$$+ \left(\Delta x\Delta yh_k^c\right)q_{gmfk}^c\Big|_{i,j}^{t+1} - \left(\Delta x\Delta yh_k^c\right)q_{gwellk}^c\Big|_{i,j}^{t+1} - R_{wk}^{cf}\Big|_{i,j}^{t+1}\left(\Delta x\Delta yh_k^c\right)q_{wwellk}^c\Big|_{i,j}^{t+1}$$

$$= \frac{\left(\Delta x\Delta yh_k^c\right)}{\Delta t}\left[\left(\frac{S_{gk}^{cf}\phi_k^{cf}}{B_{gk}^{cf}}\right)\Big|_{i,j}^{t+1} - \left(\frac{S_{gk}^{cf}\phi_k^{cf}}{B_{gk}^{cf}}\right)\Big|_{i,j}^{t} + \left(\frac{R_{wk}^{cf}S_{wk}^{cf}\phi_k^{cf}}{B_{wk}^{cf}}\right)\Big|_{i,j}^{t+1} - \left(\frac{R_{wk}^{cf}S_{wk}^{cf}\phi_k^{cf}}{B_{wk}^{cf}}\right)\Big|_{i,j}^{t} \right]$$

$$(7-79)$$

式(7-79)中令：

$$T_{g_{i+\frac{1}{2}}}^{cf} = \left.\frac{A_x}{\Delta x}\right|_{i+\frac{1}{2},j} K_{xk}^{cf}\Big|_{i+\frac{1}{2},j}^{t+1} \left.\frac{1}{\mu_{gk}^{cf}B_{gk}^{cf}}\right|_{i+\frac{1}{2},j}^{t+1} K_{rgk}^{cf}\Big|_{up}^{t+1} \tag{7-80}$$

$$T_{gw_{i+\frac{1}{2}}}^{cf} = \left.\frac{A_x}{\Delta x}\right|_{i+\frac{1}{2},j} K_{xk}^{cf}\Big|_{i+\frac{1}{2},j}^{t+1} \left.\frac{R_{wk}^{cf}}{\mu_{wk}^{cf}B_{wk}^{cf}}\right|_{i+\frac{1}{2},j}^{t+1} K_{rwk}^{cf}\Big|_{up}^{t+1} \tag{7-81}$$

$$T_{g_{i-\frac{1}{2}}}^{cf} = \left.\frac{A_x}{\Delta x}\right|_{i-\frac{1}{2},j} K_{xk}^{cf}\Big|_{i-\frac{1}{2},j}^{t+1} \left.\frac{1}{\mu_{gk}^{cf}B_{gk}^{cf}}\right|_{i-\frac{1}{2},j}^{t+1} K_{rgk}^{cf}\Big|_{up}^{t+1} \tag{7-82}$$

$$T_{gw_{i-\frac{1}{2}}}^{cf} = \left.\frac{A_x}{\Delta x}\right|_{i-\frac{1}{2},j} K_{xk}^{cf}\Big|_{i-\frac{1}{2},j}^{t+1} \left.\frac{R_{wk}^{cf}}{\mu_{wk}^{cf}B_{wk}^{cf}}\right|_{i-\frac{1}{2},j}^{t+1} K_{rwk}^{cf}\Big|_{up}^{t+1} \tag{7-83}$$

$$T_{g_{j+\frac{1}{2}}}^{cf} = \left.\frac{A_y}{\Delta y}\right|_{i,j+\frac{1}{2}} K_{yk}^{cf}\Big|_{i,j+\frac{1}{2}}^{t+1} \left.\frac{1}{\mu_{gk}^{cf}B_{gk}^{cf}}\right|_{i,j+\frac{1}{2}}^{t+1} K_{rgk}^{cf}\Big|_{up}^{t+1} \tag{7-84}$$

$$T_{gw_{j+\frac{1}{2}}}^{cf} = \frac{A_y}{\Delta y}\bigg|_{i,j+\frac{1}{2}} K_{yk}^{cf}\big|_{i,j+\frac{1}{2}}^{t+1} \frac{R_{wk}^{cf}}{\mu_{wk}^{cf}B_{wk}^{cf}}\bigg|_{i,j+\frac{1}{2}}^{t+1} K_{rwk}^{cf}\big|_{up}^{t+1} \qquad (7-85)$$

$$T_{g_{j-\frac{1}{2}}}^{cf} = \frac{A_y}{\Delta y}\bigg|_{i,j-\frac{1}{2}} K_{yk}^{cf}\big|_{i,j-\frac{1}{2}}^{t+1} \frac{1}{\mu_{gk}^{cf}B_{gk}^{cf}}\bigg|_{i,j-\frac{1}{2}}^{t+1} K_{rgk}^{cf}\big|_{up}^{t+1} \qquad (7-86)$$

$$T_{gw_{j-\frac{1}{2}}}^{cf} = \frac{A_y}{\Delta y}\bigg|_{i,j-\frac{1}{2}} K_{yk}^{cf}\big|_{i,j-\frac{1}{2}}^{t+1} \frac{R_{wk}^{cf}}{\mu_{wk}^{cf}B_{wk}^{cf}}\bigg|_{i,j-\frac{1}{2}}^{t+1} K_{rwk}^{cf}\big|_{up}^{t+1} \qquad (7-87)$$

$$T_{gzu}^{cf} = \frac{A_z}{\frac{1}{2}\frac{\mu_{g(k-1)}^s}{\rho_{g(k-1)}^s}\bigg|_{i,j}^{t+1}\left(\frac{h_{(k-1)}^s}{K_{z(k-1)}^s}\bigg|_{i,j}^{t+1} + \beta_{(k-1)d}^s\big|_{i,j}\right)\frac{1}{K_{rg(k-1)}^s}\bigg|_{i,j}^{t+1} + \frac{1}{2}\frac{\mu_{gk}^{cf}}{\rho_{gk}^{cf}}\bigg|_{i,j}^{t+1}\left(\frac{h_k^c}{K_{zk}^{cf}}\bigg|_{i,j}^{t+1} + \beta_{ku}^c\big|_{i,j}\right)\frac{1}{K_{rgk}^{cf}}\bigg|_{i,j}^{t+1}}\frac{1}{\rho_g^c}$$

$$(7-88)$$

$$T_{gwzu}^{cf} = \frac{A_z}{\frac{1}{2}\frac{\mu_{w(k-1)}^s}{\rho_{w(k-1)}^s}\bigg|_{i,j}^{t+1}\left(\frac{h_{(k-1)}^s}{K_{z(k-1)}^s}\bigg|_{i,j}^{t+1} + \beta_{(k-1)d}^s\big|_{i,j}\right)\frac{1}{K_{rw(k-1)}^s}\bigg|_{i,j}^{t+1} + \frac{1}{2}\frac{\mu_{wk}^{cf}}{\rho_{wk}^{cf}}\bigg|_{i,j}^{t+1}\left(\frac{h_k^c}{K_{zk}^{cf}}\bigg|_{i,j}^{t+1} + \beta_{ku}^c\big|_{i,j}\right)\frac{1}{K_{rwk}^{cf}}\bigg|_{i,j}^{t+1}}\frac{1}{\rho_w^c}R_{zk}^{cf}\big|_{i,j}^{t+1}$$

$$(7-89)$$

$$T_{gzd}^{cf} = \frac{A_z}{\frac{1}{2}\frac{\mu_{gk}^s}{\rho_{gk}^s}\bigg|_{i,j}^{t+1}\left(\frac{h_k^s}{K_{zk}^s}\bigg|_{i,j}^{t+1} + \beta_{kd}^s\big|_{i,j}\right)\frac{1}{K_{rg(k-1)}^s}\bigg|_{i,j}^{t+1} + \frac{1}{2}\frac{\mu_{gk}^{cf}}{\rho_{gk}^{cf}}\bigg|_{i,j}^{t+1}\left(\frac{h_k^c}{K_{zk}^{cf}}\bigg|_{i,j}^{t+1} + \beta_{ku}^c\big|_{i,j}\right)\frac{1}{K_{rgk}^{cf}}\bigg|_{i,j}^{t+1}}\frac{1}{\rho_g^c}$$

$$(7-90)$$

$$T_{gwzd}^{cf} = \frac{A_z}{\frac{1}{2}\frac{\mu_{wk}^s}{\rho_{wk}^s}\bigg|_{i,j}^{t+1}\left(\frac{h_k^s}{K_{zk}^s}\bigg|_{i,j}^{t+1} + \beta_{ku}^s\big|_{i,j}\right)\frac{1}{K_{rw(k-1)}^s}\bigg|_{i,j}^{t+1} + \frac{1}{2}\frac{\mu_{wk}^{cf}}{\rho_{wk}^{cf}}\bigg|_{i,j}^{t+1}\left(\frac{h_k^c}{K_{zk}^{cf}}\bigg|_{i,j}^{t+1} + \beta_{ku}^c\big|_{i,j}\right)\frac{1}{K_{rwk}^{cf}}\bigg|_{i,j}^{t+1}}\frac{1}{\rho_w^c}R_{zk}^{cf}\big|_{i,j}^{t+1}$$

$$(7-91)$$

则式(7-79)可以简化为：

$$T_{g_{i+\frac{1}{2}}}^{cf}\left(\Phi_{gk}^{cf}\big|_{i+1,j}^{t+1} - \Phi_{gk}^{cf}\big|_{i,j}^{t+1}\right) + T_{gw_{i+\frac{1}{2}}}^{cf}\left(\Phi_{wk}^{cf}\big|_{i+1,j}^{t+1} - \Phi_{wk}^{cf}\big|_{i,j}^{t+1}\right)$$

$$- T_{g_{i-\frac{1}{2}}}^{cf}\left(\Phi_{gk}^{cf}\big|_{i,j}^{t+1} - \Phi_{gk}^{cf}\big|_{i-1,j}^{t+1}\right) - T_{gw_{i-\frac{1}{2}}}^{cf}\left(\Phi_{wk}^{cf}\big|_{i,j}^{t+1} - \Phi_{wk}^{cf}\big|_{i-1,j}^{t+1}\right)$$

$$+ T_{g_{j+\frac{1}{2}}}^{cf}\left(\Phi_{gk}^{cf}\big|_{i,j+1}^{t+1} - \Phi_{gk}^{cf}\big|_{i,j}^{t+1}\right) + T_{gw_{j+\frac{1}{2}}}^{cf}\left(\Phi_{wk}^{cf}\big|_{i,j+1}^{t+1} - \Phi_{wk}^{cf}\big|_{i,j}^{t+1}\right)$$

$$- T_{g_{j-\frac{1}{2}}}^{cf}\left(\Phi_{gk}^{cf}\big|_{i,j}^{t+1} - \Phi_{gk}^{cf}\big|_{i,j-1}^{t+1}\right) - T_{gw_{j-\frac{1}{2}}}^{cf}\left(\Phi_{wk}^{cf}\big|_{i,j}^{t+1} - \Phi_{wk}^{cf}\big|_{i,j-1}^{t+1}\right)$$

$$+ T_{gzu}^{cf}\left(\Phi_{g(k-1)}^s\big|_{i,j}^{t+1} - \Phi_{gk}^{cf}\big|_{i,j}^{t+1}\right) - T_{gzd}^{cf}\left(\Phi_{gk}^{cf}\big|_{i,j}^{t+1} - \Phi_{gk}^s\big|_{i,j}^{t+1}\right)$$

$$+ T_{gwzu}^{cf}\left(\Phi_{w(k-1)}^s\big|_{i,j}^{t+1} - \Phi_{wk}^{cf}\big|_{i,j}^{t+1}\right) - T_{gwzd}^{cf}\left(\Phi_{wk}^{cf}\big|_{i,j}^{t+1} - \Phi_{wk}^s\big|_{i,j}^{t+1}\right)$$

$$+ (\Delta x \Delta y h_k^c) q_{gmfk}^c \Big|_{i,j}^{t+1} - (\Delta x \Delta y h_k^c) q_{gwellk}^c \Big|_{i,j}^{t+1} - R_{wk}^{cf} \Big|_{i,j}^{t+1} (\Delta x \Delta y h_k^c) q_{wwellk}^c \Big|_{i,j}^{t+1}$$

$$= \frac{(\Delta x \Delta y h_k^c)}{\Delta t} \left[\left(\frac{S_{gk}^{cf} \phi_k^{cf}}{B_{gk}^{cf}} \right) \Big|_{i,j}^{t+1} - \left(\frac{S_{gk}^{cf} \phi_k^{cf}}{B_{gk}^{cf}} \right) \Big|_{i,j}^{t} + \left(\frac{R_{wk}^{cf} S_{wk}^{cf} \phi_k^{cf}}{B_{wk}^{cf}} \right) \Big|_{i,j}^{t+1} - \left(\frac{R_{wk}^{cf} S_{wk}^{cf} \phi_k^{cf}}{B_{wk}^{cf}} \right) \Big|_{i,j}^{t} \right]$$

$$(7-92)$$

整理可得：

$$(T_{g_{i+\frac{1}{2}}}^{cf} + T_{gw_{i+\frac{1}{2}}}^{cf})(\Phi_{gk}^{cf} \big|_{i+1,j}^{t+1} - \Phi_{gk}^{cf} \big|_{i,j}^{t+1}) - (T_{g_{i-\frac{1}{2}}}^{cf} + T_{gw_{i-\frac{1}{2}}}^{cf})(\Phi_{gk}^{cf} \big|_{i,j}^{t+1} - \Phi_{gk}^{cf} \big|_{i-1,j}^{t+1})$$

$$+ (T_{g_{j+\frac{1}{2}}}^{cf} + T_{gw_{j+\frac{1}{2}}}^{cf})(\Phi_{gk}^{cf} \big|_{i,j+1}^{t+1} - \Phi_{gk}^{cf} \big|_{i,j}^{t+1}) - (T_{g_{j-\frac{1}{2}}}^{cf} + T_{gw_{j-\frac{1}{2}}}^{cf})(\Phi_{gk}^{cf} \big|_{i,j}^{t+1} - \Phi_{gk}^{cf} \big|_{i,j-1}^{t+1})$$

$$- T_{gw_{i+\frac{1}{2}}}^{cf}(p_{wgk}^{cf} \big|_{i+1,j}^{t+1} - p_{wgk}^{cf} \big|_{i,j}^{t+1}) + T_{gw_{i-\frac{1}{2}}}^{cf}(p_{wgk}^{cf} \big|_{i,j}^{t+1} - p_{wgk}^{cf} \big|_{i-1,j}^{t+1})$$

$$- T_{gw_{j+\frac{1}{2}}}^{cf}(p_{wgk}^{cf} \big|_{i,j+1}^{t+1} - p_{wgk}^{cf} \big|_{i,j}^{t+1}) + T_{gw_{j-\frac{1}{2}}}^{cf}(p_{wgk}^{cf} \big|_{i,j}^{t+1} - p_{wgk}^{cf} \big|_{i,j-1}^{t+1})$$

$$+ (T_{gzu}^{cf} + T_{gwzu}^{cf})(\Phi_{g(k-1)}^{s} \big|_{i,j}^{t+1} - \Phi_{gk}^{cf} \big|_{i,j}^{t+1}) - (T_{gzd}^{cf} + T_{gwzd}^{cf})(\Phi_{gk}^{cf} \big|_{i,j}^{t+1} - \Phi_{gk}^{s} \big|_{i,j}^{t+1})$$

$$- T_{gwzu}^{cf}(p_{wg(k-1)}^{s} \big|_{i,j}^{t+1} - p_{wgk}^{cf} \big|_{i,j}^{t+1}) + T_{gwzd}^{cf}(p_{wgk}^{cf} \big|_{i,j}^{t+1} - p_{wgk}^{s} \big|_{i,j}^{t+1})$$

$$+ (\Delta x \Delta y h_k^c) q_{gmfk}^c \big|_{i,j}^{t+1} - (\Delta x \Delta y h_k^c) q_{gwellk}^c \big|_{i,j}^{t+1} - R_{wk}^{cf} \big|_{i,j}^{t+1} (\Delta x \Delta y h_k^c) q_{wwellk}^c \big|_{i,j}^{t+1}$$

$$= \frac{(\Delta x \Delta y h_k^c)}{\Delta t} \left[\left(\frac{S_{gk}^{cf} \phi_k^{cf}}{B_{gk}^{cf}} \right) \Big|_{i,j}^{t+1} - \left(\frac{S_{gk}^{cf} \phi_k^{cf}}{B_{gk}^{cf}} \right) \Big|_{i,j}^{t} + \left(\frac{R_{wk}^{cf} S_{wk}^{cf} \phi_k^{cf}}{B_{wk}^{cf}} \right) \Big|_{i,j}^{t+1} - \left(\frac{R_{wk}^{cf} S_{wk}^{cf} \phi_k^{cf}}{B_{wk}^{cf}} \right) \Big|_{i,j}^{t} \right]$$

$$(7-93)$$

令：

$$T_{g_{i+1}}^{cf} = T_{g_{i+\frac{1}{2}}}^{cf} + T_{gw_{i+\frac{1}{2}}}^{cf} \qquad (7-94)$$

$$T_{g_{i-1}}^{cf} = T_{g_{i-\frac{1}{2}}}^{cf} + T_{gw_{i-\frac{1}{2}}}^{cf} \qquad (7-95)$$

$$T_{g_{j+1}}^{cf} = T_{g_{j+\frac{1}{2}}}^{cf} + T_{gw_{j+\frac{1}{2}}}^{cf} \qquad (7-96)$$

$$T_{g_{j-1}}^{cf} = T_{g_{j-\frac{1}{2}}}^{cf} + T_{gw_{j-\frac{1}{2}}}^{cf} \qquad (7-97)$$

$$T_{g_{z-1}}^{cf} = T_{gzu}^{cf} + T_{gwzu}^{cf} \qquad (7-98)$$

$$T_{g_{z+1}}^{cf} = T_{gzd}^{cf} + T_{gwzd}^{cf} \qquad (7-99)$$

$$T_{g_{i,j}}^{cf} = T_{g_{i+1}}^{cf} + T_{g_{i-1}}^{cf} + T_{g_{j+1}}^{cf} + T_{g_{j-1}}^{cf} + T_{g_{z+1}}^{cf} + T_{g_{z-1}}^{cf} \qquad (7-100)$$

$$T_{gw_{i+1}}^{cf} = T_{gw_{i+\frac{1}{2}}}^{cf} \qquad (7-101)$$

$$T_{gw_{i-1}}^{cf} = T_{gw_{i-\frac{1}{2}}}^{cf} \qquad (7-102)$$

$$T^{\text{cf}}_{\text{gw}_{j+1}} = T^{\text{cf}}_{\text{gw}_{j+\frac{1}{2}}} \tag{7-103}$$

$$T^{\text{cf}}_{\text{gw}_{j-1}} = T^{\text{cf}}_{\text{gw}_{j-\frac{1}{2}}} \tag{7-104}$$

$$T^{\text{cf}}_{\text{gw}_{z-1}} = T^{\text{cf}}_{\text{gwzu}} \tag{7-105}$$

$$T^{\text{cf}}_{\text{gw}_{z+1}} = T^{\text{cf}}_{\text{gwzd}} \tag{7-106}$$

$$T^{\text{cf}}_{\text{gw}_{i,j}} = T^{\text{cf}}_{\text{gw}_{i+\frac{1}{2}}} + T^{\text{cf}}_{\text{gw}_{i+\frac{1}{2}}} + T^{\text{cf}}_{\text{gw}_{j+\frac{1}{2}}} + T^{\text{cf}}_{\text{gw}_{j+\frac{1}{2}}} + T^{\text{cf}}_{\text{gw}_{z+\frac{1}{2}}} + T^{\text{cf}}_{\text{gw}_{z+\frac{1}{2}}} \tag{7-107}$$

则式（7-93）可进一步简化为：

$$T^{\text{cf}}_{\text{g}_{i+1}} \Phi^{\text{cf}}_{gk} \big|^{t+1}_{i+1,j} + T^{\text{cf}}_{\text{g}_{i-1}} \Phi^{\text{cf}}_{gk} \big|^{t+1}_{i-1,j} + T^{\text{cf}}_{\text{g}_{j+1}} \Phi^{\text{cf}}_{gk} \big|^{t+1}_{i,j+1} + T^{\text{cf}}_{\text{g}_{j-1}} \Phi^{\text{cf}}_{gk} \big|^{t+1}_{i,j-1}$$

$$+ T^{\text{cf}}_{\text{g}_{z-1}} \Phi^{\text{s}}_{g(k-1)} \big|^{t+1}_{i,j} + T^{\text{cf}}_{\text{g}_{z+1}} \Phi^{\text{s}}_{gk} \big|^{t+1}_{i,j} - T^{\text{cf}}_{\text{g}_{i,j}} \Phi^{\text{cf}}_{gk} \big|^{t+1}_{i,j}$$

$$- T^{\text{cf}}_{\text{gw}_{i+1}} p^{\text{cf}}_{\text{wgk}} \big|^{t+1}_{i+1,j} - T^{\text{cf}}_{\text{gw}_{i-1}} p^{\text{cf}}_{\text{wgk}} \big|^{t+1}_{i-1,j} - T^{\text{cf}}_{\text{gw}_{j+1}} p^{\text{cf}}_{\text{wgk}} \big|^{t+1}_{i,j+1} - T^{\text{cf}}_{\text{gw}_{j-1}} p^{\text{cf}}_{\text{wgk}} \big|^{t+1}_{i,j-1}$$

$$- T^{\text{cf}}_{\text{gw}_{z-1}} p^{\text{s}}_{\text{wg}(k-1)} \big|^{t+1}_{i,j} - T^{\text{cf}}_{\text{gw}_{z+1}} p^{\text{s}}_{\text{wgk}} \big|^{t+1}_{i,j} + T^{\text{cf}}_{\text{gw}_{i,j}} p^{\text{cf}}_{\text{wgk}} \big|^{t+1}_{i,j}$$

$$+ (\Delta x \Delta y h^{\text{c}}_k) q^{\text{c}}_{\text{gmfk}} \big|^{t+1}_{i,j} - (\Delta x \Delta y h^{\text{c}}_k) q^{\text{cf}}_{\text{gwellk}} \big|^{t+1}_{i,j} - R^{\text{cf}}_{\text{wk}} \big|^{t+1}_{i,j} (\Delta x \Delta y h^{\text{c}}_k) q^{\text{c}}_{\text{wwellk}} \big|^{t+1}_{i,j}$$

$$= \frac{(\Delta x \Delta y h^{\text{c}}_k)}{\Delta t} \left[\left(\frac{S^{\text{cf}}_{gk} \phi^{\text{cf}}_k}{B^{\text{cf}}_{gk}} \right) \Big|^{t+1}_{i,j} - \left(\frac{S^{\text{cf}}_{gk} \phi^{\text{cf}}_k}{B^{\text{cf}}_{gk}} \right) \Big|^{t}_{i,j} + \left(\frac{R^{\text{cf}}_{\text{wk}} S^{\text{cf}}_{\text{wk}} \phi^{\text{cf}}_k}{B^{\text{cf}}_{\text{wk}}} \right) \Big|^{t+1}_{i,j} - \left(\frac{R^{\text{cf}}_{\text{wk}} S^{\text{cf}}_{\text{wk}} \phi^{\text{cf}}_k}{B^{\text{cf}}_{\text{wk}}} \right) \Big|^{t}_{i,j} \right]$$

$$\tag{7-108}$$

与气相流动类似，令 $\Phi^{\text{cf}}_{\text{w}} = p^{\text{cf}}_{\text{w}} - \rho^{\text{cf}}_{\text{w}} g H^{\text{c}}$，可得煤层裂隙系统中水相流动的有限差分离散方程：

$$T^{\text{cf}}_{\text{w}_{i+1}} \Phi^{\text{cf}}_{\text{wk}} \big|^{t+1}_{i+1,j} + T^{\text{cf}}_{\text{w}_{i-1}} \Phi^{\text{cf}}_{\text{wk}} \big|^{t+1}_{i-1,j} + T^{\text{cf}}_{\text{w}_{j+1}} \Phi^{\text{cf}}_{\text{wk}} \big|^{t+1}_{i,j+1} + T^{\text{cf}}_{\text{w}_{j-1}} \Phi^{\text{cf}}_{\text{wk}} \big|^{t+1}_{i,j-1}$$

$$+ T^{\text{cf}}_{\text{w}_{z-1}} \Phi^{\text{s}}_{\text{w}(k-1)} \big|^{t+1}_{i,j} + T^{\text{cf}}_{\text{w}_{z+1}} \Phi^{\text{s}}_{\text{wk}} \big|^{t+1}_{i,j} - T^{\text{cf}}_{\text{w}_{i,j}} \Phi^{\text{cf}}_{\text{wk}} \big|^{t+1}_{i,j}$$

$$- T^{\text{cf}}_{\text{w}_{i+1}} p^{\text{cf}}_{\text{wgk}} \big|^{t+1}_{i+1,j} - T^{\text{cf}}_{\text{w}_{i-1}} p^{\text{cf}}_{\text{wgk}} \big|^{t+1}_{i-1,j} - T^{\text{cf}}_{\text{w}_{j+1}} p^{\text{cf}}_{\text{wgk}} \big|^{t+1}_{i,j+1} - T^{\text{cf}}_{\text{w}_{j-1}} p^{\text{cf}}_{\text{wgk}} \big|^{t+1}_{i,j-1}$$

$$- T^{\text{cf}}_{\text{w}_{z-1}} p^{\text{s}}_{\text{wg}(k-1)} \big|^{t+1}_{i,j} - T^{\text{cf}}_{\text{w}_{z+1}} p^{\text{s}}_{\text{wgk}} \big|^{t+1}_{i,j} + T^{\text{cf}}_{\text{w}_{i,j}} p^{\text{cf}}_{\text{wgk}} \big|^{t+1}_{i,j}$$

$$- (\Delta x \Delta y h^{\text{c}}_k) q^{\text{c}}_{\text{wwellk}} \big|^{t+1}_{i,j} = \frac{(\Delta x \Delta y h^{\text{c}}_k)}{\Delta t} \left[\left(\frac{S^{\text{cf}}_{\text{wk}} \phi^{\text{cf}}_k}{B^{\text{cf}}_{\text{wk}}} \right) \Big|^{t+1}_{i,j} - \left(\frac{S^{\text{cf}}_{\text{wk}} \phi^{\text{cf}}_k}{B^{\text{cf}}_{\text{wk}}} \right) \Big|^{t}_{i,j} \right] \tag{7-109}$$

其中，

$$T^{\text{cf}}_{\text{w}_{i+1}} = T^{\text{cf}}_{\text{w}_{i+\frac{1}{2}}} = \frac{A_x}{\Delta x} \Big|_{i+\frac{1}{2},j} K^{\text{cf}}_{xk} \big|^{t+1}_{i+\frac{1}{2},j} \frac{1}{\mu^{\text{cf}}_{\text{wk}} B^{\text{cf}}_{\text{wk}}} \Big|^{t+1}_{i+\frac{1}{2},j} K^{\text{cf}}_{\text{rwk}} \big|^{t+1}_{up} \tag{7-110}$$

$$T^{\text{cf}}_{\text{w}_{i-1}} = T^{\text{cf}}_{\text{w}_{i-\frac{1}{2}}} = \frac{A_x}{\Delta x} \Big|_{i-\frac{1}{2},j} K^{\text{cf}}_{xk} \big|^{t+1}_{i-\frac{1}{2},j} \frac{1}{\mu^{\text{cf}}_{\text{wk}} B^{\text{cf}}_{\text{wk}}} \Big|^{t+1}_{i-\frac{1}{2},j} K^{\text{cf}}_{\text{rwk}} \big|^{t+1}_{up} \tag{7-111}$$

$$T_{w_{j+1}}^{cf} = T_{w_{j+\frac{1}{2}}}^{cf} = \frac{A_y}{\Delta y}\bigg|_{i,j+\frac{1}{2}} K_{yk}^{cf}\big|_{i,j+\frac{1}{2}}^{t+1} \frac{1}{\mu_{wk}^{cf} B_{wk}^{cf}}\bigg|_{i,j+\frac{1}{2}}^{t+1} K_{rwk}^{cf}\big|_{up}^{t+1} \qquad (7-112)$$

$$T_{w_{j-1}}^{cf} = T_{w_{j-\frac{1}{2}}}^{cf} = \frac{A_y}{\Delta y}\bigg|_{i,j-\frac{1}{2}} K_{yk}^{cf}\big|_{i,j-\frac{1}{2}}^{t+1} \frac{1}{\mu_{wk}^{cf} B_{wk}^{cf}}\bigg|_{i,j-\frac{1}{2}}^{t+1} K_{rwk}^{cf}\big|_{up}^{t+1} \qquad (7-113)$$

$$T_{w_{z-1}}^{cf} = T_{wzu}^{cf} = \frac{2A_z/\rho_w^c}{\dfrac{\mu_{w(k-1)}^s}{\rho_{w(k-1)}^s}\bigg|_{i,j}^{t+1}\left(\dfrac{h_{(k-1)}^s}{K_{z(k-1)}^s}\bigg|_{i,j}^{t+1}+\beta_{(k-1)d}^s\big|_{i,j}\right)\dfrac{1}{K_{rw(k-1)}^s}\bigg|_{i,j}^{t+1}+\dfrac{\mu_{wk}^{cf}}{\rho_{wk}^{cf}}\bigg|_{i,j}^{t+1}\left(\dfrac{h_k^c}{K_{zk}^{cf}}\bigg|_{i,j}^{t+1}+\beta_{ku}^c\big|_{i,j}\right)\dfrac{1}{K_{rwk}^{cf}}\bigg|_{i,j}^{t+1}}$$

$$(7-114)$$

$$T_{w_{z+1}}^{cf} = T_{wzd}^{cf} = \frac{2A_z/\rho_w^c}{\dfrac{\mu_{wk}^s}{\rho_{wk}^s}\bigg|_{i,j}^{t+1}\left(\dfrac{h_k^s}{K_{zk}^s}\bigg|_{i,j}^{t+1}+\beta_{kd}^s\big|_{i,j}\right)\dfrac{1}{K_{rw(k-1)}^s}\bigg|_{i,j}^{t+1}+\dfrac{\mu_{wk}^{cf}}{\rho_{wk}^{cf}}\bigg|_{i,j}^{t+1}\left(\dfrac{h_k^c}{K_{zk}^{cf}}\bigg|_{i,j}^{t+1}+\beta_{ku}^c\big|_{i,j}\right)\dfrac{1}{K_{rwk}^{cf}}\bigg|_{i,j}^{t+1}}$$

$$(7-115)$$

$$T_{w_{i,j}}^{cf} = T_{w_{i+\frac{1}{2}}}^{cf} + T_{w_{i-\frac{1}{2}}}^{cf} + T_{w_{j+\frac{1}{2}}}^{cf} + T_{w_{j-\frac{1}{2}}}^{cf} + T_{w_{z+\frac{1}{2}}}^{cf} + T_{w_{z-\frac{1}{2}}}^{cf} \qquad (7-116)$$

二、煤层基质系统气—水两相流动

与煤层裂隙系统类似,煤层基质系统中气相和水相流动的有限差分离散方程分别为:

$$-(\Delta x\Delta y h_k^c)q_{gmfk}^{cf}\big|_{i,j}^{t+1}+(\Delta x\Delta y h_k^c)q_{gmfk}^{cm}\big|_{i,j}^{t+1} = \frac{(\Delta x\Delta y h_k^c)}{\Delta t}\left[\left(\frac{S_{gk}^{cm}\phi_k^{cm}}{B_{gk}^{cm}}\right)\bigg|_{i,j}^{t+1}-\left(\frac{S_{gk}^{cm}\phi_k^{cm}}{B_{gk}^{cm}}\right)\bigg|_{i,j}^{t}\right]$$

$$(7-117)$$

$$-(\Delta x\Delta y h_k^c)q_{wmfk}^{cf}\big|_{i,j}^{t+1} = \frac{(\Delta x\Delta y h_k^c)}{\Delta t}\left[\left(\frac{S_{wk}^{cm}\phi_k^{cm}}{B_{wk}^{cm}}\right)\bigg|_{i,j}^{t+1}-\left(\frac{S_{wk}^{cm}\phi_k^{cm}}{B_{wk}^{cm}}\right)\bigg|_{i,j}^{t}\right] \qquad (7-118)$$

三、砂岩夹层气—水两相流动

与煤层裂隙系统类似,令 $\Phi_g^s = p_g^s - \rho_g^s g H^s$,可得砂岩夹层中气相流动的有限差分离散方程:

$$T_{g_{i+1}}^s \Phi_{gk}^s\big|_{i+1,j}^{t+1} + T_{g_{i-1}}^s \Phi_{gk}^s\big|_{i-1,j}^{t+1} + T_{g_{j+1}}^s \Phi_{gk}^s\big|_{i,j+1}^{t+1} + T_{g_{j-1}}^s \Phi_{gk}^s\big|_{i,j-1}^{t+1}$$

$$+ T_{g_{z-1}}^s \Phi_{g(k-1)}^{cf}\big|_{i,j}^{t+1} + T_{g_{z+1}}^s \Phi_{gk}^{cf}\big|_{i,j}^{t+1} - T_{g_{i,j}}^s \Phi_{gk}^s\big|_{i,j}^{t+1}$$

$$- T_{gw_{i+1}}^s p_{wgk}^s\big|_{i+1,j}^{t+1} - T_{gw_{i-1}}^s p_{wgk}^s\big|_{i-1,j}^{t+1} - T_{gw_{j+1}}^s p_{wgk}^s\big|_{i,j+1}^{t+1} - T_{gw_{j-1}}^s p_{wgk}^s\big|_{i,j-1}^{t+1}$$

$$- T_{gw_{z-1}}^s p_{wg(k-1)}^{cf}\big|_{i,j}^{t+1} - T_{gw_{z+1}}^s p_{wgk}^{cf}\big|_{i,j}^{t+1} + T_{gw_{i,j}}^s p_{wgk}^s\big|_{i,j}^{t+1}$$

$$- (\Delta x\Delta y h_k^s)q_{gwellk}^s\big|_{i,j}^{t+1} - R_{wk}^s\big|_{i,j}^{t+1}(\Delta x\Delta y h_k^s)q_{wwellk}^s\big|_{i,j}^{t+1}$$

$$= \frac{(\Delta x \Delta y h_k^{\text{s}})}{\Delta t} \Big[\left(\frac{S_{gk}^{\text{s}} \phi_k^{\text{s}}}{B_{gk}^{\text{s}}} \right) \Big|_{i,j}^{t+1} - \left(\frac{S_{gk}^{\text{s}} \phi_k^{\text{s}}}{B_{gk}^{\text{s}}} \right) \Big|_{i,j}^{t} + \left(\frac{R_{wk}^{\text{s}} S_{wk}^{\text{s}} \phi_k^{\text{s}}}{B_{wk}^{\text{s}}} \right) \Big|_{i,j}^{t+1} - \left(\frac{R_{wk}^{\text{s}} S_{wk}^{\text{s}} \phi_k^{\text{s}}}{B_{wk}^{\text{s}}} \right) \Big|_{i,j}^{t} \Big]$$

$$(7-119)$$

其中，

$$T_{g_{i+1}}^{\text{s}} = T_{g_{i+\frac{1}{2}}}^{\text{s}} + T_{gw_{i+\frac{1}{2}}}^{\text{s}} \qquad (7-120)$$

$$T_{g_{i-1}}^{\text{s}} = T_{g_{i-\frac{1}{2}}}^{\text{s}} + T_{gw_{i-\frac{1}{2}}}^{\text{s}} \qquad (7-121)$$

$$T_{g_{j+1}}^{\text{s}} = T_{g_{j+\frac{1}{2}}}^{\text{s}} + T_{gw_{j+\frac{1}{2}}}^{\text{s}} \qquad (7-122)$$

$$T_{g_{j-1}}^{\text{s}} = T_{g_{j-\frac{1}{2}}}^{\text{s}} + T_{gw_{j-\frac{1}{2}}}^{\text{s}} \qquad (7-123)$$

$$T_{g_{z-1}}^{\text{s}} = T_{gzu}^{\text{s}} + T_{gwzu}^{\text{s}} \qquad (7-124)$$

$$T_{g_{z+1}}^{\text{s}} = T_{gzd}^{\text{s}} + T_{gwzd}^{\text{s}} \qquad (7-125)$$

$$T_{g_{i,j}}^{\text{s}} = T_{g_{i+1}}^{\text{s}} + T_{g_{i-1}}^{\text{s}} + T_{g_{j+1}}^{\text{s}} + T_{g_{j-1}}^{\text{s}} + T_{g_{z+1}}^{\text{s}} + T_{g_{z-1}}^{\text{s}} \qquad (7-126)$$

$$T_{gw_{i+1}}^{\text{s}} = T_{gw_{i+\frac{1}{2}}}^{\text{s}} \qquad (7-127)$$

$$T_{gw_{i-1}}^{\text{s}} = T_{gw_{i-\frac{1}{2}}}^{\text{s}} \qquad (7-128)$$

$$T_{gw_{j+1}}^{\text{s}} = T_{gw_{j+\frac{1}{2}}}^{\text{s}} \qquad (7-129)$$

$$T_{gw_{j-1}}^{\text{s}} = T_{gw_{j-\frac{1}{2}}}^{\text{s}} \qquad (7-130)$$

$$T_{gw_{z-1}}^{\text{s}} = T_{gwzu}^{\text{s}} \qquad (7-131)$$

$$T_{gw_{z+1}}^{\text{s}} = T_{gwzd}^{\text{s}} \qquad (7-132)$$

$$T_{gw_{i,j}}^{\text{s}} = T_{gw_{i+\frac{1}{2}}}^{\text{s}} + T_{gw_{i+\frac{1}{2}}}^{\text{s}} + T_{gw_{j+\frac{1}{2}}}^{\text{s}} + T_{gw_{j+\frac{1}{2}}}^{\text{s}} + T_{gw_{z+\frac{1}{2}}}^{\text{s}} + T_{gw_{z+\frac{1}{2}}}^{\text{s}} \qquad (7-133)$$

其中，

$$T_{g_{i+\frac{1}{2}}}^{\text{s}} = \frac{A_x}{\Delta x} \Big|_{i+\frac{1}{2},j} K_{xk}^{\text{s}} \Big|_{i+\frac{1}{2},j}^{t+1} \frac{1}{\mu_{gk}^{\text{s}} B_{gk}^{\text{s}}} \Big|_{i+\frac{1}{2},j}^{t+1} K_{rgk}^{\text{s}} \Big|_{up}^{t+1} \qquad (7-134)$$

$$T_{gw_{i+\frac{1}{2}}}^{\text{s}} = \frac{A_x}{\Delta x} \Big|_{i+\frac{1}{2},j} K_{xk}^{\text{s}} \Big|_{i+\frac{1}{2},j}^{t+1} \frac{R_{wk}^{\text{s}}}{\mu_{wk}^{\text{s}} B_{wk}^{\text{s}}} \Big|_{i+\frac{1}{2},j}^{t+1} K_{rwk}^{\text{s}} \Big|_{up}^{t+1} \qquad (7-135)$$

$$T_{g_{i-\frac{1}{2}}}^{\text{s}} = \frac{A_x}{\Delta x} \Big|_{i-\frac{1}{2},j} K_{xk}^{\text{s}} \Big|_{i-\frac{1}{2},j}^{t+1} \frac{1}{\mu_{gk}^{\text{s}} B_{gk}^{\text{s}}} \Big|_{i-\frac{1}{2},j}^{t+1} K_{rgk}^{\text{s}} \Big|_{up}^{t+1} \qquad (7-136)$$

$$T_{\mathrm{gw}_{i-\frac{1}{2}}}^{\mathrm{s}} = \left.\frac{A_x}{\Delta x}\right|_{i-\frac{1}{2},j} K_{xk}^{\mathrm{s}} \left.\right|_{i-\frac{1}{2},j}^{t+1} \left.\frac{R_{\mathrm{w}k}^{\mathrm{s}}}{\mu_{\mathrm{w}k}^{\mathrm{s}} B_{\mathrm{w}k}^{\mathrm{s}}}\right|_{i-\frac{1}{2},j}^{t+1} K_{\mathrm{rw}k}^{\mathrm{s}} \left.\right|_{up}^{t+1} \tag{7-137}$$

$$T_{\mathrm{g}_{j+\frac{1}{2}}}^{\mathrm{s}} = \left.\frac{A_y}{\Delta y}\right|_{i,j+\frac{1}{2}} K_{yk}^{\mathrm{s}} \left.\right|_{i,j+\frac{1}{2}}^{t+1} \left.\frac{1}{\mu_{\mathrm{g}k}^{\mathrm{s}} B_{\mathrm{g}k}^{\mathrm{s}}}\right|_{i,j+\frac{1}{2}}^{t+1} K_{\mathrm{rg}k}^{\mathrm{s}} \left.\right|_{up}^{t+1} \tag{7-138}$$

$$T_{\mathrm{gw}_{j+\frac{1}{2}}}^{\mathrm{s}} = \left.\frac{A_y}{\Delta y}\right|_{i,j+\frac{1}{2}} K_{yk}^{\mathrm{s}} \left.\right|_{i,j+\frac{1}{2}}^{t+1} \left.\frac{R_{\mathrm{w}k}^{\mathrm{s}}}{\mu_{\mathrm{w}k}^{\mathrm{s}} B_{\mathrm{w}k}^{\mathrm{s}}}\right|_{i,j+\frac{1}{2}}^{t+1} K_{\mathrm{rw}k}^{\mathrm{s}} \left.\right|_{up}^{t+1} \tag{7-139}$$

$$T_{\mathrm{g}_{j-\frac{1}{2}}}^{\mathrm{s}} = \left.\frac{A_y}{\Delta y}\right|_{i,j-\frac{1}{2}} K_{yk}^{\mathrm{s}} \left.\right|_{i,j-\frac{1}{2}}^{t+1} \left.\frac{1}{\mu_{\mathrm{g}k}^{\mathrm{s}} B_{\mathrm{g}k}^{\mathrm{s}}}\right|_{i,j-\frac{1}{2}}^{t+1} K_{\mathrm{rg}k}^{\mathrm{s}} \left.\right|_{up}^{t+1} \tag{7-140}$$

$$T_{\mathrm{gw}_{j-\frac{1}{2}}}^{\mathrm{s}} = \left.\frac{A_y}{\Delta y}\right|_{i,j-\frac{1}{2}} K_{yk}^{\mathrm{s}} \left.\right|_{i,j-\frac{1}{2}}^{t+1} \left.\frac{R_{\mathrm{w}k}^{\mathrm{s}}}{\mu_{\mathrm{w}k}^{\mathrm{s}} B_{\mathrm{w}k}^{\mathrm{s}}}\right|_{i,j-\frac{1}{2}}^{t+1} K_{\mathrm{rw}k}^{\mathrm{s}} \left.\right|_{up}^{t+1} \tag{7-141}$$

$$T_{\mathrm{gzu}}^{\mathrm{s}} = \cfrac{A_z}{\dfrac{1}{2}\left.\dfrac{\mu_{\mathrm{g}(k-1)}^{\mathrm{cf}}}{\rho_{\mathrm{g}(k-1)}^{\mathrm{cf}}}\right|_{i,j}^{t+1}\left(\left.\dfrac{h_{(k-1)}^{\mathrm{cf}}}{K_{z(k-1)}^{\mathrm{cf}}}\right|_{i,j}^{t+1}+\beta_{(k-1)d}^{\mathrm{cf}}|_{i,j}\right)\left.\dfrac{1}{K_{\mathrm{rg}(k-1)}^{\mathrm{cf}}}\right|_{i,j}^{t+1}+\dfrac{1}{2}\left.\dfrac{\mu_{\mathrm{g}k}^{\mathrm{s}}}{\rho_{\mathrm{g}k}^{\mathrm{s}}}\right|_{i,j}^{t+1}\left(\left.\dfrac{h_k^{\mathrm{s}}}{K_{zk}^{\mathrm{s}}}\right|_{i,j}^{t+1}+\beta_{ku}^{\mathrm{s}}|_{i,j}\right)\left.\dfrac{1}{K_{\mathrm{rg}k}^{\mathrm{s}}}\right|_{i,j}^{t+1}}\left.\dfrac{1}{\rho_{\mathrm{g}}^{\mathrm{s}}}\right. \tag{7-142}$$

$$T_{\mathrm{gwzu}}^{\mathrm{s}} = \cfrac{A_z}{\dfrac{1}{2}\left.\dfrac{\mu_{\mathrm{w}(k-1)}^{\mathrm{cf}}}{\rho_{\mathrm{w}(k-1)}^{\mathrm{cf}}}\right|_{i,j}^{t+1}\left(\left.\dfrac{h_{(k-1)}^{\mathrm{cf}}}{K_{z(k-1)}^{\mathrm{cf}}}\right|_{i,j}^{t+1}+\beta_{(k-1)d}^{\mathrm{cf}}|_{i,j}\right)\left.\dfrac{1}{K_{\mathrm{rw}(k-1)}^{\mathrm{cf}}}\right|_{i,j}^{t+1}+\dfrac{1}{2}\left.\dfrac{\mu_{\mathrm{w}k}^{\mathrm{s}}}{\rho_{\mathrm{w}k}^{\mathrm{s}}}\right|_{i,j}^{t+1}\left(\left.\dfrac{h_k^{\mathrm{s}}}{K_{zk}^{\mathrm{s}}}\right|_{i,j}^{t+1}+\beta_{ku}^{\mathrm{s}}|_{i,j}\right)\left.\dfrac{1}{K_{\mathrm{rw}k}^{\mathrm{s}}}\right|_{i,j}^{t+1}}\left.\dfrac{1}{\rho_{\mathrm{w}}^{\mathrm{s}}}R_{zk}^{\mathrm{s}}\right|_{i,j}^{t+1} \tag{7-143}$$

$$T_{\mathrm{gzd}}^{\mathrm{s}} = \cfrac{A_z}{\dfrac{1}{2}\left.\dfrac{\mu_{\mathrm{g}k}^{\mathrm{cf}}}{\rho_{\mathrm{g}k}^{\mathrm{cf}}}\right|_{i,j}^{t+1}\left(\left.\dfrac{h_k^{\mathrm{cf}}}{K_{zk}^{\mathrm{cf}}}\right|_{i,j}^{t+1}+\beta_{kd}^{\mathrm{cf}}|_{i,j}\right)\left.\dfrac{1}{K_{\mathrm{rg}(k-1)}^{\mathrm{cf}}}\right|_{i,j}^{t+1}+\dfrac{1}{2}\left.\dfrac{\mu_{\mathrm{g}k}^{\mathrm{s}}}{\rho_{\mathrm{g}k}^{\mathrm{s}}}\right|_{i,j}^{t+1}\left(\left.\dfrac{h_k^{\mathrm{s}}}{K_{zk}^{\mathrm{s}}}\right|_{i,j}^{t+1}+\beta_{ku}^{\mathrm{s}}|_{i,j}\right)\left.\dfrac{1}{K_{\mathrm{rg}k}^{\mathrm{s}}}\right|_{i,j}^{t+1}}\left.\dfrac{1}{\rho_{\mathrm{g}}^{\mathrm{s}}}\right. \tag{7-144}$$

$$T_{\mathrm{gwzd}}^{\mathrm{s}} = \cfrac{A_z}{\dfrac{1}{2}\left.\dfrac{\mu_{\mathrm{w}k}^{\mathrm{cf}}}{\rho_{\mathrm{w}k}^{\mathrm{cf}}}\right|_{i,j}^{t+1}\left(\left.\dfrac{h_k^{\mathrm{cf}}}{K_{zk}^{\mathrm{cf}}}\right|_{i,j}^{t+1}+\beta_{ku}^{\mathrm{cf}}|_{i,j}\right)\left.\dfrac{1}{K_{\mathrm{rw}(k-1)}^{\mathrm{cf}}}\right|_{i,j}^{t+1}+\dfrac{1}{2}\left.\dfrac{\mu_{\mathrm{w}k}^{\mathrm{s}}}{\rho_{\mathrm{w}k}^{\mathrm{s}}}\right|_{i,j}^{t+1}\left(\left.\dfrac{h_k^{\mathrm{s}}}{K_{zk}^{\mathrm{s}}}\right|_{i,j}^{t+1}+\beta_{ku}^{\mathrm{s}}|_{i,j}\right)\left.\dfrac{1}{K_{\mathrm{rw}k}^{\mathrm{s}}}\right|_{i,j}^{t+1}}\left.\dfrac{1}{\rho_{\mathrm{w}}^{\mathrm{s}}}R_{zk}^{\mathrm{s}}\right|_{i,j}^{t+1} \tag{7-145}$$

与气相流动类似，令 $\Phi_{\mathrm{w}}^{\mathrm{s}} = p_{\mathrm{w}}^{\mathrm{s}} - \rho_{\mathrm{w}}^{\mathrm{s}}gH^{\mathrm{s}}$，砂岩夹层中水相流动的有限差分离散方程：

$$\begin{aligned}
&T_{\mathrm{w}_{i+1}}^{\mathrm{s}}\,\Phi_{\mathrm{w}k}^{\mathrm{s}}\big|_{i+1,j}^{t+1} + T_{\mathrm{w}_{i-1}}^{\mathrm{s}}\,\Phi_{\mathrm{w}k}^{\mathrm{s}}\big|_{i-1,j}^{t+1} + T_{\mathrm{w}_{j+1}}^{\mathrm{s}}\,\Phi_{\mathrm{w}k}^{\mathrm{s}}\big|_{i,j+1}^{t+1} + T_{\mathrm{w}_{j-1}}^{\mathrm{s}}\,\Phi_{\mathrm{w}k}^{\mathrm{s}}\big|_{i,j-1}^{t+1} \\
&\quad + T_{\mathrm{w}_{z-1}}^{\mathrm{s}}\,\Phi_{\mathrm{w}(k-1)}^{\mathrm{cf}}\big|_{i,j}^{t+1} + T_{\mathrm{w}_{z+1}}^{\mathrm{s}}\,\Phi_{\mathrm{w}k}^{\mathrm{cf}}\big|_{i,j}^{t+1} - T_{\mathrm{w}_{i,j}}^{\mathrm{s}}\,\Phi_{\mathrm{w}k}^{\mathrm{s}}\big|_{i,j}^{t+1} \\
&- T_{\mathrm{w}_{i+1}}^{\mathrm{s}}\,p_{\mathrm{w}gk}^{\mathrm{s}}\big|_{i+1,j}^{t+1} - T_{\mathrm{w}_{i-1}}^{\mathrm{s}}\,p_{\mathrm{w}gk}^{\mathrm{s}}\big|_{i-1,j}^{t+1} - T_{\mathrm{w}_{j+1}}^{\mathrm{s}}\,p_{\mathrm{w}gk}^{\mathrm{s}}\big|_{i,j+1}^{t+1} - T_{\mathrm{w}_{j-1}}^{\mathrm{s}}\,p_{\mathrm{w}gk}^{\mathrm{s}}\big|_{i,j-1}^{t+1} \\
&\quad - T_{\mathrm{w}_{z-1}}^{\mathrm{s}}\,p_{\mathrm{w}g(k-1)}^{\mathrm{cf}}\big|_{i,j}^{t+1} - T_{\mathrm{w}_{z+1}}^{\mathrm{s}}\,p_{\mathrm{w}gk}^{\mathrm{cf}}\big|_{i,j}^{t+1} + T_{\mathrm{w}_{i,j}}^{\mathrm{s}}\,p_{\mathrm{w}gk}^{\mathrm{cf}}\big|_{i,j}^{t+1}
\end{aligned}$$

$$- \left(\Delta x \Delta y h_k^s \right) q_{wwellk}^s \Big|_{i,j}^{t+1} = \frac{\left(\Delta x \Delta y h_k^s \right)}{\Delta t} \left[\left(\frac{S_{wk}^s \phi_k^s}{B_{wk}^s} \right) \Big|_{i,j}^{t+1} - \left(\frac{S_{wk}^s \phi_k^s}{B_{wk}^s} \right) \Big|_{i,j}^{t} \right] \quad (7-146)$$

其中,

$$T_{w_{i+1}}^s = T_{w_{i+\frac{1}{2}}}^s = \frac{A_x}{\Delta x} \Big|_{i+\frac{1}{2},j} K_{xk}^s \Big|_{i+\frac{1}{2},j}^{t+1} \frac{1}{\mu_{wk}^s B_{wk}^s} \Big|_{i+\frac{1}{2},j}^{t+1} K_{rwk}^s \Big|_{up}^{t+1} \quad (7-147)$$

$$T_{w_{i-1}}^s = T_{w_{i-\frac{1}{2}}}^s = \frac{A_x}{\Delta x} \Big|_{i-\frac{1}{2},j} K_{xk}^s \Big|_{i-\frac{1}{2},j}^{t+1} \frac{1}{\mu_{wk}^s B_{wk}^s} \Big|_{i-\frac{1}{2},j}^{t+1} K_{rwk}^s \Big|_{up}^{t} \quad (7-148)$$

$$T_{w_{j+1}}^s = T_{w_{j+\frac{1}{2}}}^s = \frac{A_y}{\Delta y} \Big|_{i,j+\frac{1}{2}} K_{yk}^s \Big|_{i,j+\frac{1}{2}}^{t+1} \frac{1}{\mu_{wk}^s B_{wk}^s} \Big|_{i,j+\frac{1}{2}}^{t+1} K_{rwk}^s \Big|_{up}^{t+1} \quad (7-149)$$

$$T_{w_{j-1}}^s = T_{w_{j-\frac{1}{2}}}^s = \frac{A_y}{\Delta y} \Big|_{i,j-\frac{1}{2}} K_{yk}^s \Big|_{i,j-\frac{1}{2}}^{t+1} \frac{1}{\mu_{wk}^s B_{wk}^s} \Big|_{i,j-\frac{1}{2}}^{t+1} K_{rwk}^s \Big|_{up}^{t+1} \quad (7-150)$$

$$T_{w_{z-1}}^s = T_{wzu}^s = \frac{A_z}{\frac{1}{2} \frac{\mu_{w(k-1)}^{cf}}{\rho_{w(k-1)}^{cf}} \Big|_{i,j}^{t+1} \left(\frac{h_{(k-1)}^c}{K_{z(k-1)}^{cf}} \Big|_{i,j}^{t+1} + \beta_{(k-1)d}^{cf} |_{i,j} \right) \frac{1}{K_{rw(k-1)}^{cf}} \Big|_{i,j}^{t+1} + \frac{1}{2} \frac{\mu_{wk}^s}{\rho_{wk}^s} \Big|_{i,j}^{t+1} \left(\frac{h_k^s}{K_{zk}^s} \Big|_{i,j}^{t+1} + \beta_{ku}^s |_{i,j} \right) \frac{1}{K_{rwk}^s} \Big|_{i,j}^{t+1}} \frac{1}{\rho_w^s}$$

$$(7-151)$$

$$T_{w_{z+1}}^s = T_{wzd}^s = \frac{A_z}{\frac{1}{2} \frac{\mu_{wk}^{cf}}{\rho_{wk}^{cf}} \Big|_{i,j}^{t+1} \left(\frac{h_k^c}{K_{zk}^{cf}} \Big|_{i,j}^{t+1} + \beta_{kd}^{cf} |_{i,j} \right) \frac{1}{K_{rw(k-1)}^{cf}} \Big|_{i,j}^{t+1} + \frac{1}{2} \frac{\mu_{wk}^s}{\rho_{wk}^s} \Big|_{i,j}^{t+1} \left(\frac{h_k^s}{K_{zk}^s} \Big|_{i,j}^{t+1} + \beta_{ku}^s |_{i,j} \right) \frac{1}{K_{rwk}^s} \Big|_{i,j}^{t+1}} \frac{1}{\rho_w^s}$$

$$(7-152)$$

$$T_{w_{i,j}}^s = T_{w_{i+\frac{1}{2}}}^s + T_{w_{i-\frac{1}{2}}}^s + T_{w_{j+\frac{1}{2}}}^s + T_{w_{j-\frac{1}{2}}}^s + T_{w_{z+\frac{1}{2}}}^s + T_{w_{z-\frac{1}{2}}}^s \quad (7-153)$$

四、全隐式线性化处理

对于非线性差分方程组,需先通过线性化方法将非线性差分方程组转化为线性差分方程组,然后再对线性方程组进行求解。采用牛顿法对非线性差分方程组进行处理。

在实际求解方程组时并非直接求解每一迭代步的 p_g^{cf}、p_g^{cm}、p_g^s、S_g^{cf}、S_g^{cm}、S_g^s,而是求解 δp_g^{cf}、δp_g^{cm}、δp_g^s、δS_g^{cf}、δS_g^{cm}、δS_g^s,故方程组又可化为如下形式。

以煤层裂隙系统中气相流动的有限差分离散方程(7-108)为例,左边第 1 项线性化 $T_{g_{i+1}}^{cf} \Phi_{gk}^{cf} \Big|_{i+1,j}^{t+1}$:

$$\left[\left(\frac{\partial T_{g_{i+1}}^{cf}}{\partial p_{g_{i+1,j}}^{cf}} \right) \Big|_{t+1}^{(k)} \Phi_{gk}^{cf} \Big|_{t+1}^{(k)} \right. + T_{g_{i+1}}^{cf} \Big|_{t+1}^{(k)} \left] \delta p_{g_{i+1,j}}^{cf} \Big|_{t+1}^{(k+1)} + \left(\frac{\partial T_{g_{i+1}}^{cf}}{\partial S_{g_{i+1,j}}^{cf}} \right) \Big|_{t+1}^{(k)} \Phi_{gk}^{cf} \Big|_{t+1}^{(k)} \delta S_{g_{i+1,j}}^{cf} \Big|_{t+1}^{(k+1)} \right.$$

$$+ \left[\left(\frac{\partial T_{g_{i+1}}^{cf}}{\partial p_{g_{i,j}}^{cf}} \right) \Big|_{t+1}^{(k)} \Phi_{gk}^{cf} \Big|_{t+1}^{(k)} \right] \delta p_{g_{i,j}}^{cf} \Big|_{t+1}^{(k+1)} + \left(\frac{\partial T_{g_{i+1}}^{cf}}{\partial S_{g_{i,j}}^{cf}} \right) \Big|_{t+1}^{(k)} \Phi_{gk}^{cf} \Big|_{t+1}^{(k)} \delta S_{g_{i,j}}^{cf} \Big|_{t+1}^{(k+1)} \quad (7-154)$$

左边第 2 项线性化 $T_{g_{i-1}}^{cf} \, \varPhi_{gk}^{cf} \big|_{i-1,j}^{t+1}$：

$$\left[\left(\frac{\partial T_{g_{i-1}}^{cf}}{\partial p_{g_{i-1,j}}^{cf}} \right)\bigg|^{(k)}_{t+1} \varPhi_{gk}^{cf}\bigg|^{(k)}_{\substack{t+1\\i-1,j}} + T_{g_{i-1}}^{cf}\bigg|^{(k)}_{t+1} \right] \delta p_{g_{i-1,j}}^{cf}\bigg|^{(k+1)}_{t+1} + \left(\frac{\partial T_{g_{i-1}}^{cf}}{\partial S_{g_{i-1,j}}^{cf}} \right)\bigg|^{(k)}_{t+1} \varPhi_{gk}^{cf}\bigg|^{(k)}_{\substack{t+1\\i-1,j}} \delta S_{g_{i-1,j}}^{cf}\bigg|^{(k+1)}_{t+1}$$

$$+ \left[\left(\frac{\partial T_{g_{i-1}}^{cf}}{\partial p_{g_{i,j}}^{cf}} \right)\bigg|^{(k)}_{t+1} \varPhi_{gk}^{cf}\bigg|^{(k)}_{\substack{t+1\\i-1,j}} \right] \delta p_{g_{i,j}}^{cf}\bigg|^{(k+1)}_{t+1} + \left(\frac{\partial T_{g_{i-1}}^{cf}}{\partial S_{g_{i,j}}^{cf}} \right)\bigg|^{(k)}_{t+1} \varPhi_{gk}^{cf}\bigg|^{(k)}_{\substack{t+1\\i-1,j}} \delta S_{g_{i,j}}^{cf}\bigg|^{(k+1)}_{t+1} \quad (7-155)$$

左边第 3 项 $T_{g_{j+1}}^{cf} \, \varPhi_{gk}^{cf} \big|_{i,j+1}^{t+1}$：

$$\left[\left(\frac{\partial T_{g_{j+1}}^{cf}}{\partial p_{g_{i,j+1}}^{cf}} \right)\bigg|^{(k)}_{t+1} \varPhi_{gk}^{cf}\bigg|^{(k)}_{\substack{t+1\\i,j+1}} + T_{g_{j+1}}^{cf}\bigg|^{(k)}_{t+1} \right] \delta p_{g_{i,j+1}}^{cf}\bigg|^{(k+1)}_{t+1} + \left(\frac{\partial T_{g_{j+1}}^{cf}}{\partial S_{g_{i,j+1}}^{cf}} \right)\bigg|^{(k)}_{t+1} \varPhi_{gk}^{cf}\bigg|^{(k)}_{\substack{t+1\\i,j+1}} \delta S_{g_{i,j+1}}^{cf}\bigg|^{(k+1)}_{t+1}$$

$$+ \left[\left(\frac{\partial T_{g_{j+1}}^{cf}}{\partial p_{g_{i,j}}^{cf}} \right)\bigg|^{(k)}_{t+1} \varPhi_{gk}^{cf}\bigg|^{(k)}_{\substack{t+1\\i,j+1}} \right] \delta p_{g_{i,j}}^{cf}\bigg|^{(k+1)}_{t+1} + \left(\frac{\partial T_{g_{j+1}}^{cf}}{\partial S_{g_{i,j}}^{cf}} \right)\bigg|^{(k)}_{t+1} \varPhi_{gk}^{cf}\bigg|^{(k)}_{\substack{t+1\\i,j+1}} \delta S_{g_{i,j}}^{cf}\bigg|^{(k+1)}_{t+1} \quad (7-156)$$

左边第 4 项 $T_{g_{j-1}}^{cf} \, \varPhi_{gk}^{cf} \big|_{i,j-1}^{t+1}$：

$$\left[\left(\frac{\partial T_{g_{j-1}}^{cf}}{\partial p_{g_{i,j-1}}^{cf}} \right)\bigg|^{(k)}_{t+1} \varPhi_{gk}^{cf}\bigg|^{(k)}_{\substack{t+1\\i,j-1}} + T_{g_{j-1}}^{cf}\bigg|^{(k)}_{t+1} \right] \delta p_{g_{i,j-1}}^{cf}\bigg|^{(k+1)}_{t+1} + \left(\frac{\partial T_{g_{j-1}}^{cf}}{\partial S_{g_{i,j-1}}^{cf}} \right)\bigg|^{(k)}_{t+1} \varPhi_{gk}^{cf}\bigg|^{(k)}_{\substack{t+1\\i,j-1}} \delta S_{g_{i,j-1}}^{cf}\bigg|^{(k+1)}_{t+1}$$

$$+ \left[\left(\frac{\partial T_{g_{j-1}}^{cf}}{\partial p_{g_{i,j}}^{cf}} \right)\bigg|^{(k)}_{t+1} \varPhi_{gk}^{cf}\bigg|^{(k)}_{\substack{t+1\\i,j-1}} \right] \delta p_{g_{i,j}}^{cf}\bigg|^{(k+1)}_{t+1} + \left(\frac{\partial T_{g_{j-1}}^{cf}}{\partial S_{g_{i,j}}^{cf}} \right)\bigg|^{(k)}_{t+1} \varPhi_{gk}^{cf}\bigg|^{(k)}_{\substack{t+1\\i,j-1}} \delta S_{g_{i,j}}^{cf}\bigg|^{(k+1)}_{t+1} \quad (7-157)$$

左边第 5 项 $T_{g_{z-1}}^{cf} \, \varPhi_{g(k-1)}^{s} \big|_{i,j}^{t+1}$：

$$\left[\left(\frac{\partial T_{g_{z-1}}^{cf}}{\partial p_{g(z-1)_{i,j}}^{s}} \right)\bigg|^{(k)}_{t+1} \varPhi_{g(k-1)}^{s}\bigg|^{(k)}_{\substack{t+1\\i,j}} + T_{g_{z-1}}^{cf}\bigg|^{(k)}_{t+1} \right] \delta p_{g(z-1)_{i,j}}^{s}\bigg|^{(k+1)}_{t+1}$$

$$+ \left(\frac{\partial T_{g_{z-1}}^{cf}}{\partial S_{g(z-1)_{i,j}}^{s}} \right)\bigg|^{(k)}_{t+1} \varPhi_{g(k-1)}^{s}\bigg|^{(k)}_{\substack{t+1\\i,j}} \delta S_{g(z-1)_{i,j}}^{s}\bigg|^{(k+1)}_{t+1}$$

$$+ \left[\left(\frac{\partial T_{g_{z-1}}^{cf}}{\partial p_{g_{i,j}}^{cf}} \right)\bigg|^{(k)}_{t+1} \varPhi_{g(k-1)}^{s}\bigg|^{(k)}_{\substack{t+1\\i,j}} \right] \delta p_{g_{i,j}}^{cf}\bigg|^{(k+1)}_{t+1} + \left(\frac{\partial T_{g_{z-1}}^{cf}}{\partial S_{g_{i,j}}^{cf}} \right)\bigg|^{(k)}_{t+1} \varPhi_{g(k-1)}^{s}\bigg|^{(k)}_{\substack{t+1\\i,j}} \delta S_{g_{i,j}}^{cf}\bigg|^{(k+1)}_{t+1}$$

$$(7-158)$$

左边第 6 项 $T_{g_{z+1}}^{cf} \, \varPhi_{gk}^{s} \big|_{i,j}^{t+1}$：

$$\left[\left(\frac{\partial T_{g_{z+1}}^{cf}}{\partial p_{gz_{i,j}}^{s}} \right)\bigg|^{(k)}_{t+1} \varPhi_{gk}^{s}\bigg|^{(k)}_{\substack{t+1\\i,j}} + T_{g_{z+1}}^{cf}\bigg|^{(k)}_{t+1} \right] \delta p_{gz_{i,j}}^{s}\bigg|^{(k+1)}_{t+1} + \left(\frac{\partial T_{g_{z+1}}^{cf}}{\partial S_{gz_{i,j}}^{s}} \right)\bigg|^{(k)}_{t+1} \varPhi_{gk}^{s}\bigg|^{(k)}_{\substack{t+1\\i,j}} \delta S_{gz_{i,j}}^{s}\bigg|^{(k+1)}_{t+1}$$

$$+ \left[\left(\frac{\partial T_{g_{z+1}}^{cf}}{\partial p_{g_{i,j}}^{cf}} \right)\bigg|^{(k)}_{t+1} \varPhi_{gk}^{s}\bigg|^{(k)}_{\substack{t+1\\i,j}} \right] \delta p_{g_{i,j}}^{cf}\bigg|^{(k+1)}_{t+1} + \left(\frac{\partial T_{g_{z+1}}^{cf}}{\partial S_{g_{i,j}}^{cf}} \right)\bigg|^{(k)}_{t+1} \varPhi_{gk}^{s}\bigg|^{(k)}_{\substack{t+1\\i,j}} \delta S_{g_{i,j}}^{cf}\bigg|^{(k+1)}_{t+1} \quad (7-159)$$

左边第 7 项 $-T_{g_{i,j}}^{cf}\,\varPhi_{gk}^{cf}\big|_{i,j}^{t+1}$ ：

$$
\begin{aligned}
-\Bigg\{ & \Bigg[\left(\frac{\partial T_{g_{i,j}}^{cf}}{\partial p_{g_{i+1,j}}^{cf}}\right)\Bigg|_{t+1}^{(k)}\varPhi_{gk}^{cf}\Big|_{i,j}^{(k)}\Big]^{t+1}\delta p_{g_{i+1,j}}^{cf}\Big|_{t+1}^{(k+1)}+\left(\frac{\partial T_{g_{i,j}}^{cf}}{\partial S_{g_{i+1,j}}^{cf}}\right)\Bigg|_{t+1}^{(k)}\varPhi_{gk}^{cf}\Big|_{i,j}^{(k)}{}^{t+1}\delta S_{g_{i+1,j}}^{cf}\Big|_{t+1}^{(k+1)} \\
& +\Bigg[\left(\frac{\partial T_{g_{i,j}}^{cf}}{\partial p_{g_{i-1,j}}^{cf}}\right)\Bigg|_{t+1}^{(k)}\varPhi_{gk}^{cf}\Big|_{i,j}^{(k)}{}^{t+1}\Big]\delta p_{g_{i-1,j}}^{cf}\Big|_{t+1}^{(k+1)}+\left(\frac{\partial T_{g_{i,j}}^{cf}}{\partial S_{g_{i-1,j}}^{cf}}\right)\Bigg|_{t+1}^{(k)}\varPhi_{gk}^{cf}\Big|_{i,j}^{(k)}{}^{t+1}\delta S_{g_{i-1,j}}^{cf}\Big|_{t+1}^{(k+1)} \\
& +\Bigg[\left(\frac{\partial T_{g_{i,j}}^{cf}}{\partial p_{g_{i,j+1}}^{cf}}\right)\Bigg|_{t+1}^{(k)}\varPhi_{gk}^{cf}\Big|_{i,j}^{(k)}{}^{t+1}\Big]\delta p_{g_{i,j+1}}^{cf}\Big|_{t+1}^{(k+1)}+\left(\frac{\partial T_{g_{i,j}}^{cf}}{\partial S_{g_{i,j+1}}^{cf}}\right)\Bigg|_{t+1}^{(k)}\varPhi_{gk}^{cf}\Big|_{i,j}^{(k)}{}^{t+1}\delta S_{g_{i,j+1}}^{cf}\Big|_{t+1}^{(k+1)} \\
& +\Bigg[\left(\frac{\partial T_{g_{i,j}}^{cf}}{\partial p_{g_{i,j-1}}^{cf}}\right)\Bigg|_{t+1}^{(k)}\varPhi_{gk}^{cf}\Big|_{i,j}^{(k)}{}^{t+1}\Big]\delta p_{g_{i,j-1}}^{cf}\Big|_{t+1}^{(k+1)}+\left(\frac{\partial T_{g_{i,j}}^{cf}}{\partial S_{g_{i,j-1}}^{cf}}\right)\Bigg|_{t+1}^{(k)}\varPhi_{gk}^{cf}\Big|_{i,j}^{(k)}{}^{t+1}\delta S_{g_{i,j-1}}^{cf}\Big|_{t+1}^{(k+1)} \\
& +\Bigg[\left(\frac{\partial T_{g_{i,j}}^{cf}}{\partial p_{g(z-1)_{i,j}}^{s}}\right)\Bigg|_{t+1}^{(k)}\varPhi_{gk}^{cf}\Big|_{i,j}^{(k)}{}^{t+1}\Big]\delta p_{g(z-1)_{i,j}}^{s}\Big|_{t+1}^{(k+1)}+\left(\frac{\partial T_{g_{i,j}}^{cf}}{\partial S_{g(z-1)_{i,j}}^{s}}\right)\Bigg|_{t+1}^{(k)}\varPhi_{gk}^{cf}\Big|_{i,j}^{(k)}{}^{t+1}\delta S_{g(z-1)_{i,j}}^{s}\Big|_{t+1}^{(k+1)} \\
& +\Bigg[\left(\frac{\partial T_{g_{i,j}}^{cf}}{\partial p_{gz_{i,j}}^{s}}\right)\Bigg|_{t+1}^{(k)}\varPhi_{gk}^{cf}\Big|_{i,j}^{(k)}{}^{t+1}\Big]\delta p_{gz_{i,j}}^{s}\Big|_{t+1}^{(k+1)}+\left(\frac{\partial T_{g_{i,j}}^{cf}}{\partial S_{gz_{i,j}}^{s}}\right)\Bigg|_{t+1}^{(k)}\varPhi_{gk}^{cf}\Big|_{i,j}^{(k)}{}^{t+1}\delta S_{gz_{i,j}}^{s}\Big|_{t+1}^{(k+1)} \\
& +\Bigg[\left(\frac{\partial T_{g_{i,j}}^{cf}}{\partial p_{g_{i,j}}^{cf}}\right)\Bigg|_{t+1}^{(k)}\varPhi_{gk}^{cf}\Big|_{i,j}^{(k)}{}^{t+1}+T_{g_{i,j}}^{cf}\Big|^{(k)}{}^{t+1}\Big]\delta p_{g_{i,j}}^{cf}\Big|_{t+1}^{(k+1)}+\left(\frac{\partial T_{g_{i,j}}^{cf}}{\partial S_{g_{i,j}}^{cf}}\right)\Bigg|_{t+1}^{(k)}\varPhi_{gk}^{cf}\Big|_{i,j}^{(k)}{}^{t+1}\delta S_{g_{i,j}}^{cf}\Big|_{t+1}^{(k+1)}\Bigg\}
\end{aligned}
$$

$$(7-160)$$

左边第 8 项 $-T_{gw_{i+1}}^{cf}\,p_{wgk}^{cf}\big|_{i+1,j}^{t+1}$ ：

$$
\begin{aligned}
-\Bigg\{ & \Bigg[\left(\frac{\partial T_{gw_{i+1}}^{cf}}{\partial p_{g_{i+1,j}}^{cf}}\right)\Bigg|_{t+1}^{(k)}p_{wgk}^{cf}\Big|_{i+1,j}^{(k)}{}^{t+1}\Big]\delta p_{g_{i+1,j}}^{cf}\Big|_{t+1}^{(k+1)} \\
& +\Bigg[\left(\frac{\partial T_{gw_{i+1}}^{cf}}{\partial S_{g_{i+1,j}}^{cf}}\right)\Bigg|_{t+1}^{(k)}p_{wgk}^{cf}\Big|_{i+1,j}^{(k)}{}^{t+1}+T_{gw_{i+1}}^{cf}\Big|_{i+1,j}^{(k)}{}^{t+1}\left(\frac{\partial p_{wgk}^{cf}}{\partial S_{g_{i+1,j}}^{cf}}\right)\Bigg|_{i+1,j}^{(k)}\Big]\delta S_{g_{i+1,j}}^{cf}\Big|_{t+1}^{(k+1)} \\
& +\Bigg[\left(\frac{\partial T_{gw_{i+1}}^{cf}}{\partial p_{g_{i,j}}^{cf}}\right)\Bigg|_{t+1}^{(k)}p_{wgk}^{cf}\Big|_{i+1,j}^{(k)}{}^{t+1}\Big]\delta p_{g_{i,j}}^{cf}\Big|_{t+1}^{(k+1)}+\left(\frac{\partial T_{gw_{i+1}}^{cf}}{\partial S_{g_{i,j}}^{cf}}\right)\Bigg|_{t+1}^{(k)}p_{wgk}^{cf}\Big|_{i+1,j}^{(k)}{}^{t+1}\delta S_{g_{i,j}}^{cf}\Big|_{t+1}^{(k+1)}\Bigg\}
\end{aligned}
$$

$$(7-161)$$

左边第 9 项 $-T_{gw_{i-1}}^{cf}\,p_{wgk}^{cf}\big|_{i-1,j}^{t+1}$ ：

$$
\begin{aligned}
-\Bigg\{ & \Bigg[\left(\frac{\partial T_{gw_{i-1}}^{cf}}{\partial p_{g_{i-1,j}}^{cf}}\right)\Bigg|_{t+1}^{(k)}p_{wgk}^{cf}\Big|_{i-1,j}^{(k)}{}^{t+1}\Big]\delta p_{g_{i-1,j}}^{cf}\Big|_{t+1}^{(k+1)} \\
& +\Bigg[\left(\frac{\partial T_{gw_{i-1}}^{cf}}{\partial S_{g_{i-1,j}}^{cf}}\right)\Bigg|_{t+1}^{(k)}p_{wgk}^{cf}\Big|_{i-1,j}^{(k)}{}^{t+1}+T_{gw_{i-1}}^{cf}\Big|_{i-1,j}^{(k)}{}^{t+1}\left(\frac{\partial p_{wgk}^{cf}}{\partial S_{g_{i-1,j}}^{cf}}\right)\Bigg|_{i-1,j}^{(k)}\Big]\delta S_{g_{i-1,j}}^{cf}\Big|_{t+1}^{(k+1)}
\end{aligned}
$$

$$+\left[\left(\frac{\partial T^{\mathrm{cf}}_{\mathrm{gw}_{i-1}}}{\partial p^{\mathrm{cf}}_{\mathrm{g}_{i,j}}}\right)\Big|^{(k)}_{t+1}\,p^{\mathrm{cf}}_{\mathrm{wg}k}\Big|^{(k)}_{\substack{t+1\\i-1,j}}\delta p^{\mathrm{cf}}_{\mathrm{g}_{i,j}}\Big|^{(k+1)}_{t+1}+\left(\frac{\partial T^{\mathrm{cf}}_{\mathrm{gw}_{i-1}}}{\partial S^{\mathrm{cf}}_{\mathrm{g}_{i,j}}}\right)\Big|^{(k)}_{t+1}\,p^{\mathrm{cf}}_{\mathrm{wg}k}\Big|^{(k)}_{\substack{t+1\\i-1,j}}\delta S^{\mathrm{cf}}_{\mathrm{g}_{i,j}}\Big|^{(k+1)}_{t+1}\right\}\quad(7-162)$$

左边第 10 项 $-T^{\mathrm{cf}}_{\mathrm{gw}_{j+1}}\,p^{\mathrm{cf}}_{\mathrm{wg}k}\Big|^{t+1}_{i,j+1}$ ：

$$-\left\{\left[\left(\frac{\partial T^{\mathrm{cf}}_{\mathrm{gw}_{j+1}}}{\partial p^{\mathrm{cf}}_{\mathrm{g}_{i,j+1}}}\right)\Big|^{(k)}_{t+1}\,p^{\mathrm{cf}}_{\mathrm{wg}k}\Big|^{(k)}_{\substack{t+1\\i,j+1}}\right]\delta p^{\mathrm{cf}}_{\mathrm{g}_{i,j+1}}\Big|^{(k+1)}_{t+1}\right.$$

$$+\left[\left(\frac{\partial T^{\mathrm{cf}}_{\mathrm{gw}_{j+1}}}{\partial S^{\mathrm{cf}}_{\mathrm{g}_{i,j+1}}}\right)\Big|^{(k)}_{t+1}\,p^{\mathrm{cf}}_{\mathrm{wg}k}\Big|^{(k)}_{\substack{t+1\\i,j+1}}+T^{\mathrm{cf}}_{\mathrm{gw}_{j+1}}\Big|^{(k)}_{\substack{t+1\\i,j+1}}\left(\frac{\partial p^{\mathrm{cf}}_{\mathrm{wg}k}}{\partial S^{\mathrm{cf}}_{\mathrm{g}_{i,j+1}}}\right)\Big|^{(k)}_{\substack{t+1\\i,j+1}}\right]\delta S^{\mathrm{cf}}_{\mathrm{g}_{i,j+1}}\Big|^{(k+1)}_{t+1}$$

$$+\left[\left(\frac{\partial T^{\mathrm{cf}}_{\mathrm{gw}_{j+1}}}{\partial p^{\mathrm{cf}}_{\mathrm{g}_{i,j}}}\right)\Big|^{(k)}_{t+1}\,p^{\mathrm{cf}}_{\mathrm{wg}k}\Big|^{(k)}_{\substack{t+1\\i,j+1}}\right]\delta p^{\mathrm{cf}}_{\mathrm{g}_{i,j}}\Big|^{(k+1)}_{t+1}+\left(\frac{\partial T^{\mathrm{cf}}_{\mathrm{gw}_{j+1}}}{\partial S^{\mathrm{cf}}_{\mathrm{g}_{i,j}}}\right)\Big|^{(k)}_{t+1}\,p^{\mathrm{cf}}_{\mathrm{wg}k}\Big|^{(k)}_{\substack{t+1\\i,j+1}}\delta S^{\mathrm{cf}}_{\mathrm{g}_{i,j}}\Big|^{(k+1)}_{t+1}\right\}$$

$$(7-163)$$

左边第 11 项 $-T^{\mathrm{cf}}_{\mathrm{gw}_{j-1}}\,p^{\mathrm{cf}}_{\mathrm{wg}k}\Big|^{t+1}_{i,j-1}$ ：

$$-\left\{\left[\left(\frac{\partial T^{\mathrm{cf}}_{\mathrm{gw}_{j-1}}}{\partial p^{\mathrm{cf}}_{\mathrm{g}_{i,j-1}}}\right)\Big|^{(k)}_{t+1}\,p^{\mathrm{cf}}_{\mathrm{wg}k}\Big|^{(k)}_{\substack{t+1\\i,j-1}}\right]\delta p^{\mathrm{cf}}_{\mathrm{g}_{i,j-1}}\Big|^{(k+1)}_{t+1}\right.$$

$$+\left[\left(\frac{\partial T^{\mathrm{cf}}_{\mathrm{gw}_{j-1}}}{\partial S^{\mathrm{cf}}_{\mathrm{g}_{i,j-1}}}\right)\Big|^{(k)}_{t+1}\,p^{\mathrm{cf}}_{\mathrm{wg}k}\Big|^{(k)}_{\substack{t+1\\i,j-1}}+T^{\mathrm{cf}}_{\mathrm{gw}_{j-1}}\Big|^{(k)}_{\substack{t+1\\i,j-1}}\left(\frac{\partial p^{\mathrm{cf}}_{\mathrm{wg}k}}{\partial S^{\mathrm{cf}}_{\mathrm{g}_{i,j-1}}}\right)\Big|^{(k)}_{\substack{t+1\\i,j-1}}\right]\delta S^{\mathrm{cf}}_{\mathrm{g}_{i,j-1}}\Big|^{(k+1)}_{t+1}$$

$$+\left[\left(\frac{\partial T^{\mathrm{cf}}_{\mathrm{gw}_{j-1}}}{\partial p^{\mathrm{cf}}_{\mathrm{g}_{i,j}}}\right)\Big|^{(k)}_{t+1}\,p^{\mathrm{cf}}_{\mathrm{wg}k}\Big|^{(k)}_{\substack{t+1\\i,j-1}}\right]\delta p^{\mathrm{cf}}_{\mathrm{g}_{i,j}}\Big|^{(k+1)}_{t+1}+\left(\frac{\partial T^{\mathrm{cf}}_{\mathrm{gw}_{j-1}}}{\partial S^{\mathrm{cf}}_{\mathrm{g}_{i,j}}}\right)\Big|^{(k)}_{t+1}\,p^{\mathrm{cf}}_{\mathrm{wg}k}\Big|^{(k)}_{\substack{t+1\\i,j-1}}\delta S^{\mathrm{cf}}_{\mathrm{g}_{i,j}}\Big|^{(k+1)}_{t+1}\right\}$$

$$(7-164)$$

左边第 12 项 $-T^{\mathrm{cf}}_{\mathrm{gw}_{z-1}}\,p^{\mathrm{s}}_{\mathrm{wg}(k-1)}\Big|^{t+1}_{i,j}$ ：

$$-\left\{\left[\left(\frac{\partial T^{\mathrm{cf}}_{\mathrm{gw}_{z-1}}}{\partial p^{\mathrm{s}}_{\mathrm{g}(z-1)_{i,j}}}\right)\Big|^{(k)}_{t+1}\,p^{\mathrm{s}}_{\mathrm{wg}(z-1)}\Big|^{(k)}_{\substack{t+1\\i,j}}\right]\delta p^{\mathrm{s}}_{\mathrm{g}(z-1)_{i,j}}\Big|^{(k+1)}_{t+1}\right.$$

$$+\left[\left(\frac{\partial T^{\mathrm{cf}}_{\mathrm{gw}_{z-1}}}{\partial S^{\mathrm{s}}_{\mathrm{g}(z-1)_{i,j}}}\right)\Big|^{(k)}_{t+1}\,p^{\mathrm{s}}_{\mathrm{wg}(z-1)}\Big|^{(k)}_{\substack{t+1\\i,j}}+T^{\mathrm{cf}}_{\mathrm{gw}_{z-1}}\Big|^{(k)}_{\substack{t+1\\i,j}}\left(\frac{\partial p^{\mathrm{s}}_{\mathrm{wg}(z-1)}}{\partial S^{\mathrm{s}}_{\mathrm{g}(z-1)_{i,j}}}\right)\Big|^{(k)}_{\substack{t+1\\i,j}}\right]\delta S^{\mathrm{s}}_{\mathrm{g}(z-1)_{i,j}}\Big|^{(k+1)}_{t+1}$$

$$+\left[\left(\frac{\partial T^{\mathrm{cf}}_{\mathrm{gw}_{z-1}}}{\partial p^{\mathrm{cf}}_{\mathrm{g}z_{i,j}}}\right)\Big|^{(k)}_{t+1}\,p^{\mathrm{s}}_{\mathrm{wg}(z-1)}\Big|^{(k)}_{\substack{t+1\\i,j}}\right]\delta p^{\mathrm{cf}}_{\mathrm{g}z_{i,j}}\Big|^{(k+1)}_{t+1}+\left(\frac{\partial T^{\mathrm{cf}}_{\mathrm{gw}_{z-1}}}{\partial S^{\mathrm{cf}}_{\mathrm{g}_{i,j}}}\right)\Big|^{(k)}_{t+1}\,p^{\mathrm{s}}_{\mathrm{wg}(z-1)}\Big|^{(k)}_{\substack{t+1\\i,j}}\delta S^{\mathrm{cf}}_{\mathrm{g}_{i,j}}\Big|^{(k+1)}_{t+1}\right\}$$

$$(7-165)$$

左边第 13 项 $-T^{\mathrm{cf}}_{\mathrm{gw}_{z+1}}\,p^{\mathrm{s}}_{\mathrm{wg}k}\Big|^{t+1}_{i,j}$ ：

$$-\left\{\left[\left(\frac{\partial T^{\mathrm{cf}}_{\mathrm{gw}_{z+1}}}{\partial p^{\mathrm{s}}_{\mathrm{g}z_{i,j}}}\right)\Big|^{(k)}_{t+1}\,p^{\mathrm{s}}_{\mathrm{wg}z}\Big|^{(k)}_{\substack{t+1\\i,j}}\right]\delta p^{\mathrm{s}}_{\mathrm{g}z_{i,j}}\Big|^{(k+1)}_{t+1}\right.$$

$$+ \left[\left(\frac{\partial T_{\mathrm{gw}_{z+1}}^{\mathrm{cf}}}{\partial S_{\mathrm{gz}_{i,j}}^{\mathrm{s}}} \right) \Bigg|_{t+1}^{(k)} p_{\mathrm{wgz}}^{\mathrm{s}} \Bigg|_{i,j}^{(k)} + T_{\mathrm{gw}_{z+1}}^{\mathrm{cf}} \Bigg|_{i,j}^{(k)} \left(\frac{\partial p_{\mathrm{wgz}}^{\mathrm{s}}}{\partial S_{\mathrm{gz}_{i,j}}^{\mathrm{s}}} \right) \Bigg|_{i,j}^{(k)} \right] \delta S_{\mathrm{gz}_{i,j}}^{\mathrm{s}} \Bigg|_{t+1}^{(k+1)}$$

$$+ \left[\left(\frac{\partial T_{\mathrm{gw}_{z+1}}^{\mathrm{cf}}}{\partial p_{\mathrm{gz}_{i,j}}^{\mathrm{cf}}} \right) \Bigg|_{t+1}^{(k)} p_{\mathrm{wgz}}^{\mathrm{s}} \Bigg|_{i,j}^{(k)} \right] \delta p_{\mathrm{gz}_{i,j}}^{\mathrm{cf}} \Bigg|_{t+1}^{(k+1)} + \left(\frac{\partial T_{\mathrm{gw}_{z+1}}^{\mathrm{cf}}}{\partial S_{\mathrm{g}_{i,j}}^{\mathrm{cf}}} \right) \Bigg|_{t+1}^{(k)} p_{\mathrm{wgz}}^{\mathrm{s}} \Bigg|_{i,j}^{(k)} \delta S_{\mathrm{g}_{i,j}}^{\mathrm{cf}} \Bigg|_{t+1}^{(k+1)} \Bigg\}$$

$$(7-166)$$

左边第 14 项 $T_{\mathrm{gw}_{i,j}}^{\mathrm{cf}} \, p_{\mathrm{wgk}}^{\mathrm{cf}} \big|_{i,j}^{t+1}$:

$$\left[\left(\frac{\partial T_{\mathrm{gw}_{i,j}}^{\mathrm{cf}}}{\partial p_{\mathrm{gz}_{i+1,j}}^{\mathrm{cf}}} \right) \Bigg|_{t+1}^{(k)} p_{\mathrm{wgz}}^{\mathrm{cf}} \Bigg|_{i,j}^{(k)} \right] \delta p_{\mathrm{gz}_{i+1,j}}^{\mathrm{cf}} \Bigg|_{t+1}^{(k+1)} + \left[\left(\frac{\partial T_{\mathrm{gw}_{i,j}}^{\mathrm{cf}}}{\partial S_{\mathrm{gz}_{i+1,j}}^{\mathrm{cf}}} \right) \Bigg|_{t+1}^{(k)} p_{\mathrm{wgz}}^{\mathrm{cf}} \Bigg|_{i,j}^{(k)} \right] \delta S_{\mathrm{gz}_{i+1,j}}^{\mathrm{cf}} \Bigg|_{t+1}^{(k+1)}$$

$$+ \left[\left(\frac{\partial T_{\mathrm{gw}_{i,j}}^{\mathrm{cf}}}{\partial p_{\mathrm{gz}_{i-1,j}}^{\mathrm{cf}}} \right) \Bigg|_{t+1}^{(k)} p_{\mathrm{wgz}}^{\mathrm{cf}} \Bigg|_{i,j}^{(k)} \right] \delta p_{\mathrm{gz}_{i-1,j}}^{\mathrm{cf}} \Bigg|_{t+1}^{(k+1)} + \left[\left(\frac{\partial T_{\mathrm{gw}_{i,j}}^{\mathrm{cf}}}{\partial S_{\mathrm{gz}_{i-1,j}}^{\mathrm{cf}}} \right) \Bigg|_{t+1}^{(k)} p_{\mathrm{wgz}}^{\mathrm{cf}} \Bigg|_{i,j}^{(k)} \right] \delta S_{\mathrm{gz}_{i-1,j}}^{\mathrm{cf}} \Bigg|_{t+1}^{(k+1)}$$

$$+ \left[\left(\frac{\partial T_{\mathrm{gw}_{i,j}}^{\mathrm{cf}}}{\partial p_{\mathrm{gz}_{i,j+1}}^{\mathrm{cf}}} \right) \Bigg|_{t+1}^{(k)} p_{\mathrm{wgz}}^{\mathrm{cf}} \Bigg|_{i,j}^{(k)} \right] \delta p_{\mathrm{gz}_{i,j+1}}^{\mathrm{cf}} \Bigg|_{t+1}^{(k+1)} + \left[\left(\frac{\partial T_{\mathrm{gw}_{i,j}}^{\mathrm{cf}}}{\partial S_{\mathrm{gz}_{i,j+1}}^{\mathrm{cf}}} \right) \Bigg|_{t+1}^{(k)} p_{\mathrm{wgz}}^{\mathrm{cf}} \Bigg|_{i,j}^{(k)} \right] \delta S_{\mathrm{gz}_{i,j+1}}^{\mathrm{cf}} \Bigg|_{t+1}^{(k+1)}$$

$$+ \left[\left(\frac{\partial T_{\mathrm{gw}_{i,j}}^{\mathrm{cf}}}{\partial p_{\mathrm{gz}_{i,j-1}}^{\mathrm{cf}}} \right) \Bigg|_{t+1}^{(k)} p_{\mathrm{wgz}}^{\mathrm{cf}} \Bigg|_{i,j}^{(k)} \right] \delta p_{\mathrm{gz}_{i,j-1}}^{\mathrm{cf}} \Bigg|_{t+1}^{(k+1)} + \left[\left(\frac{\partial T_{\mathrm{gw}_{i,j}}^{\mathrm{cf}}}{\partial S_{\mathrm{gz}_{i,j-1}}^{\mathrm{cf}}} \right) \Bigg|_{t+1}^{(k)} p_{\mathrm{wgz}}^{\mathrm{cf}} \Bigg|_{i,j}^{(k)} \right] \delta S_{\mathrm{gz}_{i,j-1}}^{\mathrm{cf}} \Bigg|_{t+1}^{(k+1)}$$

$$+ \left[\left(\frac{\partial T_{\mathrm{gw}_{i,j}}^{\mathrm{cf}}}{\partial p_{\mathrm{g}(z-1)_{i,j}}^{\mathrm{s}}} \right) \Bigg|_{t+1}^{(k)} p_{\mathrm{wgz}}^{\mathrm{cf}} \Bigg|_{i,j}^{(k)} \right] \delta p_{\mathrm{g}(z-1)_{i,j}}^{\mathrm{s}} \Bigg|_{t+1}^{(k+1)} + \left[\left(\frac{\partial T_{\mathrm{gw}_{i,j}}^{\mathrm{cf}}}{\partial S_{\mathrm{g}(z-1)_{i,j}}^{\mathrm{s}}} \right) \Bigg|_{t+1}^{(k)} p_{\mathrm{wgz}}^{\mathrm{cf}} \Bigg|_{i,j}^{(k)} \right] \delta S_{\mathrm{g}(z-1)_{i,j}}^{\mathrm{s}} \Bigg|_{t+1}^{(k+1)}$$

$$+ \left[\left(\frac{\partial T_{\mathrm{gw}_{i,j}}^{\mathrm{cf}}}{\partial p_{\mathrm{gz}_{i,j}}^{\mathrm{s}}} \right) \Bigg|_{t+1}^{(k)} p_{\mathrm{wgz}}^{\mathrm{cf}} \Bigg|_{i,j}^{(k)} \right] \delta p_{\mathrm{gz}_{i,j}}^{\mathrm{s}} \Bigg|_{t+1}^{(k+1)} + \left[\left(\frac{\partial T_{\mathrm{gw}_{i,j}}^{\mathrm{cf}}}{\partial S_{\mathrm{gz}_{i,j}}^{\mathrm{s}}} \right) \Bigg|_{t+1}^{(k)} p_{\mathrm{wgz}}^{\mathrm{cf}} \Bigg|_{i,j}^{(k)} \right] \delta S_{\mathrm{gz}_{i,j}}^{\mathrm{s}} \Bigg|_{t+1}^{(k+1)}$$

$$+ \left[\left(\frac{\partial T_{\mathrm{gw}_{i,j}}^{\mathrm{cf}}}{\partial p_{\mathrm{g}_{i,j}}^{\mathrm{cf}}} \right) \Bigg|_{t+1}^{(k)} p_{\mathrm{wgz}}^{\mathrm{cf}} \Bigg|_{i,j}^{(k)} \right] \delta p_{\mathrm{g}_{i,j}}^{\mathrm{cf}} \Bigg|_{t+1}^{(k+1)}$$

$$+ \left[\left(\frac{\partial T_{\mathrm{gw}_{i,j}}^{\mathrm{cf}}}{\partial S_{\mathrm{g}_{i,j}}^{\mathrm{cf}}} \right) \Bigg|_{t+1}^{(k)} p_{\mathrm{wgz}}^{\mathrm{cf}} \Bigg|_{i,j}^{(k)} + T_{\mathrm{gw}}^{\mathrm{cf}} \Bigg|_{i,j}^{(k)} \left(\frac{\partial p_{\mathrm{wgz}_{i,j}}^{\mathrm{cf}}}{\partial S_{\mathrm{g}_{i,j}}^{\mathrm{cf}}} \right) \Bigg|_{t+1}^{(k)} \right] \delta S_{\mathrm{g}_{i,j}}^{\mathrm{cf}} \Bigg|_{t+1}^{(k+1)} \qquad (7-167)$$

左边第 15 项 $(\Delta x \Delta y h_k^{\mathrm{c}}) q_{\mathrm{gmfk}}^{\mathrm{c}} \big|_{i,j}^{t+1}$:

$$q_{\mathrm{gmfk}}^{\mathrm{c}} \Big|_{i,j,k}^{t+1} = \frac{\left(n^{\mathrm{Gibbs}} \big|_{i,j,k}^{t} - n^{\mathrm{Gibbs}} \big|_{i,j,k}^{t+1} \right) \left[1 - \exp\left(-\frac{\Delta t}{\tau} \right) \right]}{\Delta t} \qquad (7-168)$$

$$(\Delta x \Delta y h_k^{\mathrm{c}}) \frac{\partial q_{\mathrm{gmfk}}^{\mathrm{c}}}{\partial p_{\mathrm{gz}}^{\mathrm{cf}}} \Bigg|_{i,j}^{(k)} \delta p_{\mathrm{gz}}^{\mathrm{cf}} \Bigg|_{i,j}^{(k+1)} \qquad (7-169)$$

左边第 16 项 $-(\Delta x \Delta y h_k^{\mathrm{c}}) q_{\mathrm{gwellk}}^{\mathrm{c}} \big|_{i,j}^{t+1}$:

$$q_{\mathrm{gwellk}}^{\mathrm{c}} = \frac{K_{\mathrm{cf}} K_{\mathrm{rg}}}{\mu_{\mathrm{g}} B_{\mathrm{g}}} \frac{2\pi h}{\ln(r_{\mathrm{e}}/r_{\mathrm{w}}) + s^{\mathrm{c}}} (p_{\mathrm{g}}^{\mathrm{cf}} - p_{\mathrm{wf}}^{\mathrm{c}}) \qquad (7-170)$$

$$- \left[(\Delta x \Delta y h_k^c) \left. \frac{\partial q_{\mathrm{gwell}k}^c}{\partial p_{\mathrm{gz}}^{\mathrm{cf}}} \right|_{i,j}^{\substack{(k)\\t+1}} \left. \delta p_{\mathrm{gz}}^{\mathrm{cf}} \right|_{i,j}^{\substack{(k+1)\\t+1}} + (\Delta x \Delta y h_k^c) \left. \frac{\partial q_{\mathrm{gwell}k}^c}{\partial S_{\mathrm{gz}}^{\mathrm{cf}}} \right|_{i,j}^{\substack{(k)\\t+1}} \left. \delta S_{\mathrm{gz}}^{\mathrm{cf}} \right|_{i,j}^{\substack{(k+1)\\t+1}} \right] \quad (7-171)$$

左边第 17 项 $- \left. R_{\mathrm{wk}}^{\mathrm{cf}} \right|_{i,j}^{t+1} (\Delta x \Delta y h_k^c) \left. q_{\mathrm{wwell}k}^c \right|_{i,j}^{t+1}$:

$$q_{\mathrm{wwell}k}^c = \frac{K_{\mathrm{cf}} K_{\mathrm{rw}}}{\mu_{\mathrm{w}} B_{\mathrm{w}}} \frac{2\pi h}{\ln(r_{\mathrm{e}}/r_{\mathrm{w}}) + s^c} (p_{\mathrm{w}}^{\mathrm{cf}} - p_{\mathrm{wf}}^{\mathrm{cf}}) \quad (7-172)$$

$$- \left[(\Delta x \Delta y h_k^c) \left. \frac{\partial q_{\mathrm{wwell}k}^c}{\partial p_{\mathrm{gz}}^{\mathrm{cf}}} \right|_{i,j}^{\substack{(k)\\t+1}} \left. \delta p_{\mathrm{gz}}^{\mathrm{cf}} \right|_{i,j}^{\substack{(k+1)\\t+1}} + (\Delta x \Delta y h_k^c) \left. \frac{\partial q_{\mathrm{wwell}k}^c}{\partial S_{\mathrm{gz}}^{\mathrm{cf}}} \right|_{i,j}^{\substack{(k)\\t+1}} \left. \delta S_{\mathrm{gz}}^{\mathrm{cf}} \right|_{i,j}^{\substack{(k+1)\\t+1}} \right] \quad (7-173)$$

右边 $\dfrac{(\Delta x \Delta y h_k^c)}{\Delta t} \left[\left. \left(\dfrac{S_{\mathrm{gk}}^{\mathrm{cf}} \phi_k^{\mathrm{cf}}}{B_{\mathrm{gk}}^{\mathrm{cf}}} \right) \right|_{i,j}^{t+1} - \left. \left(\dfrac{S_{\mathrm{gk}}^{\mathrm{cf}} \phi_k^{\mathrm{cf}}}{B_{\mathrm{gk}}^{\mathrm{cf}}} \right) \right|_{i,j}^{t} + \left. \left(\dfrac{R_{\mathrm{wk}}^{\mathrm{cf}} S_{\mathrm{wk}}^{\mathrm{cf}} \phi_k^{\mathrm{cf}}}{B_{\mathrm{wk}}^{\mathrm{cf}}} \right) \right|_{i,j}^{t+1} - \left. \left(\dfrac{R_{\mathrm{wk}}^{\mathrm{cf}} S_{\mathrm{wk}}^{\mathrm{cf}} \phi_k^{\mathrm{cf}}}{B_{\mathrm{wk}}^{\mathrm{cf}}} \right) \right|_{i,j}^{t} \right]$:

$$\frac{(\Delta x \Delta y h_k^c)}{\Delta t} \left[\left. \frac{\partial \left(\dfrac{\phi_z^{\mathrm{cf}} S_{\mathrm{gz}}^{\mathrm{cf}}}{B_{\mathrm{gz}}^{\mathrm{cf}}} \right)}{\partial p_{\mathrm{gz}}^{\mathrm{cf}}} \right|_{i,j}^{\substack{(k)\\t+1}} \left. \delta p_{\mathrm{gz}}^{\mathrm{cf}} \right|_{i,j}^{\substack{(k+1)\\t+1}} + \frac{(\Delta x \Delta y h_k^c)}{\Delta t} \left. \left[\frac{\phi_z^{\mathrm{cf}}}{B_{\mathrm{gz}}^{\mathrm{cf}}} \right] \right|_{i,j}^{\substack{(k)\\t+1}} \left. \delta S_{\mathrm{gz}}^{\mathrm{cf}} \right|_{i,j}^{\substack{(k+1)\\t+1}} \right.$$

$$+ \frac{(\Delta x \Delta y h_k^c)}{\Delta t} \left[\left. \frac{\partial \left(\dfrac{R_{\mathrm{wz}}^{\mathrm{cf}} \phi_z^{\mathrm{cf}} (1 - S_{\mathrm{gz}}^{\mathrm{cf}})}{B_{\mathrm{wz}}^{\mathrm{cf}}} \right)}{\partial p_{\mathrm{wz}}^{\mathrm{cf}}} \right|_{i,j}^{\substack{(k)\\t+1}} \right] \left. \delta p_{\mathrm{wz}}^{\mathrm{cf}} \right|_{i,j}^{\substack{(k+1)\\t+1}}$$

$$- \frac{(\Delta x \Delta y h_k^c)}{\Delta t} \left[\frac{R_{\mathrm{wz}}^{\mathrm{cf}} \phi_z^{\mathrm{cf}}}{B_{\mathrm{wz}}^{\mathrm{cf}}} \right]_{i,j}^{\substack{(k)\\t+1}} \left. \delta S_{\mathrm{gz}}^{\mathrm{cf}} \right|_{i,j}^{\substack{(k+1)\\t+1}} \quad (7-174)$$

五、方程组的求解

采用全隐式方法求解多煤层气藏气水两相全过程流动的微分方程组,经过差分离散和线性化处理,可以得到各节点对应的变量系数组成的大型非对称块系数带状稀疏线性方程组,通过对方程组进行整理消元,最终可得到关于 $\delta p_{\mathrm{g}}^{\mathrm{cf}}$、$\delta p_{\mathrm{g}}^{\mathrm{cm}}$、$\delta p_{\mathrm{g}}^{\mathrm{s}}$、$\delta S_{\mathrm{g}}^{\mathrm{cf}}$、$\delta S_{\mathrm{g}}^{\mathrm{cm}}$、$\delta S_{\mathrm{g}}^{\mathrm{s}}$ 的 $6 \times \mathrm{ii} \times \mathrm{jj} \times \mathrm{kk}$ 阶方程组,采用矩阵形式可表示为:

$$\boldsymbol{A}_1 \boldsymbol{X} = \boldsymbol{b}_1 \quad (7-175)$$

$$\boldsymbol{A}_2 \boldsymbol{X} = \boldsymbol{b}_2 \quad (7-176)$$

$$\boldsymbol{A}_3 \boldsymbol{X} = \boldsymbol{b}_3 \quad (7-177)$$

其中,方程组的系数矩阵 $\boldsymbol{A}_1$、$\boldsymbol{A}_2$、$\boldsymbol{A}_3$ 均为七对角分块矩阵,对此方程组的求解,采用块系数不完全 LU 分解预处理的正交极小化方法。

第4节 模型求解与验证

一、模型求解

气—水两相流体在多煤层气藏中的流动十分复杂,上述建立的描述多煤层气藏气—水两相全过程流动的数学模型和数值模型涉及大量的公式,为便于理解求解过程,给出了耦合模型的求解流程图,如图 7-5 所示。

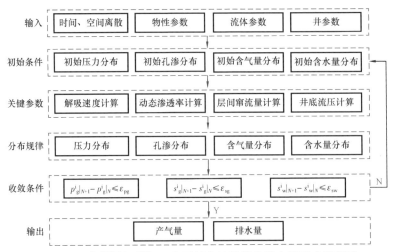

图 7-5 多煤层气藏气—水两相全过程流动耦合模型求解流程

在耦合模型的求解过程中,气体吸附解吸量、煤岩渗透率变化量、煤层与砂岩夹层层间窜流量、井筒气水两相携煤粉流动压降均需要进行迭代求解,为方便理解,同时给出了这些变量的求解流程,如图 7-6 至图 7-9 所示。

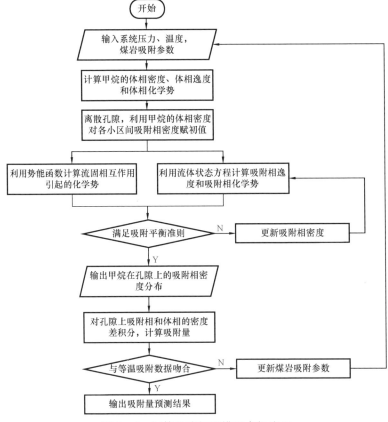

图 7-6 气体吸附解吸模型求解流程

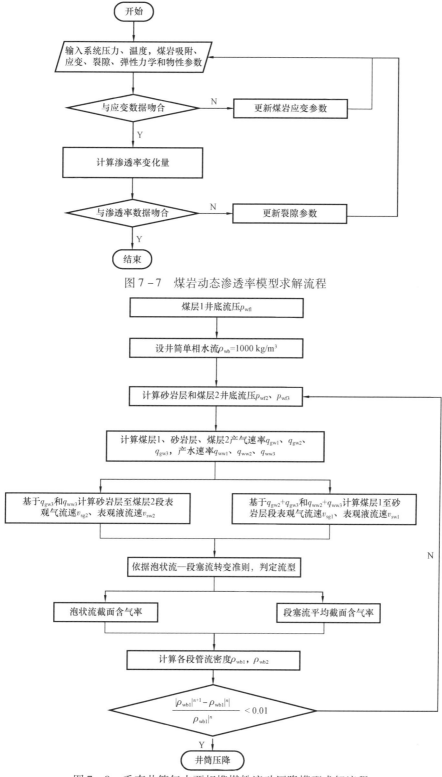

图7-7 煤岩动态渗透率模型求解流程

图7-8 垂直井筒气水两相携煤粉流动压降模型求解流程

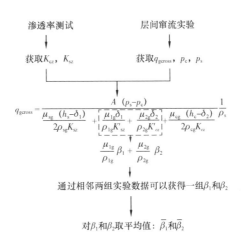

渗透率测试　　　　　层间窜流实验

获取K_{cz}，K_{sz}　　　　获取q_{gcross}，p_c，p_s

$$q_{gcross} = \cfrac{\cfrac{A}{\cfrac{\mu_{sg}(h_s-\delta_1)}{2\rho_{sg}K_{sz}}+\left[\cfrac{\mu_{1g}\delta_1}{\rho_{1g}K'_{sz}}+\cfrac{\mu_{2g}\delta_2}{\rho_{2g}K'_{cz}}\right]+\cfrac{\mu_{cg}(h_c-\delta_2)}{2\rho_{cg}K_{cz}}}\cfrac{(p_s-p_c)}{1}}{\cfrac{\mu_{1g}}{\rho_{1g}}\beta_1+\cfrac{\mu_{2g}}{\rho_{2g}}\beta_2}\cfrac{1}{\rho_s}$$

通过相邻两组实验数据可以获得一组β_1和β_2

对β_1和β_2取平均值：$\overline{\beta_1}$和$\overline{\beta_2}$

图 7-9　煤层与砂岩夹层间窜流模型求解流程

二、模型验证

为了验证多煤层气藏合采全过程流动模型的可靠性,将多煤层气藏气、水两相全过程流动数值模型简化为单煤层气、水流动数值模型,并与数值模拟软件 CMG(Computer Modeling Group)的预测结果进行对比。模型和软件输入的参数见表7-1。

表 7-1　多煤层气合采井产能预测数值模拟软件验证输入参数

参数	数值	单位	参数	数值	单位
网格数	$11\times11\times1$	—	井筒半径	0.1	m
网格尺寸	$30\times30\times7$	m	表皮系数	0	—
裂缝孔隙度	7	%	煤层深度	500	M
裂缝渗透率	5	mD	裂隙压缩系数	8×10^{-5}	MPa^{-1}
煤岩密度	0.9	g/cm^3	兰氏压力	2.41	MPa
初始孔隙压力	6.895	MPa	兰氏体积	0.0149	m^3/kg
初始含水饱和度	99.9	%	泊松比	0.39	—
储层温度	45	℃	弹性模量	3500	MPa
井筒位置	6-6-1	—	井底流压	0.689	MPa
Z 方向渗透率	0.01	mD	层间窜流系数	10000	m/μm^2

对单井日产气量和日产水量随时间的变化进行对比验证,对比结果如图7-10所示。对比结果显示多煤层气藏合采全过程流动模型和CMG的预测结果能够很好吻合,初步证明了多煤层气藏合采全过程流动模型的可靠性。

对于每口合采井,根据单井控制面积和煤层数确定地质模型 X、Y、Z 方向的网格数和网格尺寸,从时间成本和计算精度考虑,一般控制 X、Y 方向网格数是 10~30,Z 方向网格数小于 7。算例中建立了一个包含 2 个煤层和 1 个砂岩夹层的多煤层气藏模型,多煤层气藏尺寸为 800m×800m×25m,表 7-2 给出了对应的储层参数和生产参数。为考虑水力压裂作用对多煤层气藏合采井产能的影响,将近井地带网格的孔隙度和渗透率进行了修正。钻井液和压裂液的污染程度用表皮系数进行表征。假设所有煤层的相对渗透率曲线相同,煤岩的气—水相对渗透率数据见表 7-3,砂岩层的气—水相对渗透率数据见表 7-4。然后基于多煤层气藏合采全过程流动模

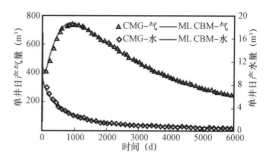

图 7-10 多煤层气藏合采全过程流动模型(简化为单层)与 CMG 软件比较

型计算了存在层间窜流和不存在层间窜流条件下合采井日产气量、累计产气量、层间气相窜流量、日产水量、累计产水量和水相窜流量随时间的变化,模拟结果如图 7-11 至图 7-16 所示。

表 7-2 多煤层气藏合采全过程流动模型输入参数

参数	数值	单位	参数	数值	单位
网格数	21×21×3	—	煤层 1 兰氏压力	2.41	MPa
煤层 1 网格尺寸	20×20×10	m	煤层 1 兰氏体积	0.0149	m^3/kg
砂岩层网格尺寸	20×20×5	m	煤层 2 兰氏压力	2.41	MPa
煤层 2 网格尺寸	20×20×10	m	煤层 2 兰氏体积	0.0149	m^3/kg
煤层 1 孔隙度	7	%	煤层 1 裂隙压缩系数	$8×10^{-5}$	MPa^{-1}
砂岩夹层孔隙度	7	%	煤层 2 裂隙压缩系数	$8×10^{-5}$	MPa^{-1}
煤层 2 孔隙度	7	%	煤层 1 砂岩层窜流系数	100	$m/\mu m^2$
煤层 1 水平渗透率	3	mD	煤层 2 砂岩层窜流系数	100	$m/\mu m^2$
砂岩夹层水平渗透率	2	mD	井筒半径	0.1	m
煤层 2 水平渗透率	5	mD	表皮系数	0.5	—
煤层 1 孔隙压力	6.895	MPa	煤层 1 深度	500	m
砂岩孔隙压力	6.895	MPa	砂岩层深度	527.5	m
煤层 2 孔隙压力	6.895	MPa	煤层 2 深度	555	m
煤层 1 含水饱和度	99.9	%	煤岩密度	0.9	g/cm^3
砂岩含水饱和度	90.0	%	储层温度	45	℃
煤层 2 含水饱和度	99.9	%	井筒位置	6-6-1	—
煤层 1 Z 方向渗透率	0.5	mD	煤层 1 弹性模量	3500	MPa
砂岩层 Z 方向渗透率	0.2	mD	煤层 2 弹性模量	3500	MPa
煤层 2 Z 方向渗透率	0.5	mD	煤层 1 对应井底流压	0.689	MPa
煤层 1 泊松比 v	0.39	—	煤层 1 解吸时间	2	d
煤层 2 泊松比 v	0.39	—	煤层 2 解吸时间	2	d

表7-3 煤层相对渗透率曲线数据

S_w	K_{rw}	K_{rg}	S_w	K_{rw}	K_{rg}	S_w	K_{rw}	K_{rg}	S_w	K_{rw}	K_{rg}
0	0	1.0000	0.300	0.0240	0.4010	0.600	0.1540	0.1470	0.900	0.6010	0.0180
0.050	0.0006	0.8350	0.350	0.0350	0.3420	0.650	0.2000	0.1180	0.950	0.7310	0.0070
0.100	0.0013	0.7200	0.400	0.0490	0.2950	0.700	0.2510	0.0900	0.975	0.8140	0.0035
0.150	0.0020	0.6270	0.450	0.0670	0.2530	0.750	0.3120	0.0700	1.000	1.0000	0
0.200	0.0070	0.5370	0.500	0.0880	0.2160	0.800	0.3920	0.0510			
0.250	0.0150	0.4660	0.550	0.1160	0.1800	0.850	0.4900	0.0330			

表7-4 砂岩层相对渗透率曲线数据

S_w	K_{rw}	K_{rg}	S_w	K_{rw}	K_{rg}	S_w	K_{rw}	K_{rg}	S_w	K_{rw}	K_{rg}
0.350	0	1.0000	0.550	0.0598	0.8111	0.750	0.2601	0.2270	0.950	0.7153	0
0.400	0.0088	1.0000	0.600	0.0931	0.6625	0.800	0.3497	0.1283	0.975	0.8140	0
0.450	0.0193	0.9705	0.650	0.1406	0.4974	0.850	0.4499	0.0537	1.000	1.0000	0
0.500	0.0351	0.9168	0.700	0.1951	0.3550	0.900	0.5694	0.0173			

多煤层气合采井单层日产气量随时间的变化如图7-11所示,当煤层和砂岩层不存在层间窜流时,与煤层相比,砂岩层的日产气量下降很快,在开发初期,砂岩层为合采井的主力产气层,但随着开发的进行,煤层变为主要的产气层;当存在层间窜流时,砂岩层日产气量下降速度变慢,在中后期,砂岩层主要作为流体的运移通道,煤层中的气、水以窜流的方式进入砂岩层,再通过砂岩层流向井筒。多煤层气合采井累计产气量随时间的变化如图7-12所示,当存在层间窜流时,多煤层气合采井累计产气量高于同一时刻不存在层间窜流的情况。多煤层气合采井气相窜流量随时间的变化如图7-13所示,对于一个岩层,如果流体从其他层流入该层,规定该层的流体窜流量为正(+),否则为负(-),图7-13中煤层1和煤层2对应的气体窜流量是负的,砂岩层的气体窜流量是正的,煤层1和煤层2中的气体均流入砂岩层,因为砂岩层中无吸附气供给,孔隙压力下降较煤层快,相邻煤层中的气体会通过窜流进入砂岩层,进而流向井筒。多煤层气合采井单层日产水量随时间的变化如图7-14所示,当不存在层间窜流时,煤层中的水只能通过煤岩中的通道进入井筒,排水效率较低;当存在层间窜流时,煤层中的水可以通过窜流进入砂岩夹层,然后通过砂岩夹层流入井筒,此时,煤岩层排水速度要快于不存在层间窜流的情况。多煤层气合采井累计产水量随时间的变化如图7-15所示,在生产早期,存在层间窜流情况下,煤层的排水降压速度变快,但是由于砂岩层的储水效应,煤层中的水以窜流方式进入砂岩层,并没有直接进入井筒,因此累计产水量略低于不存在层间窜流的情况;在生产后期(1500d之后),存在层间窜流情况下,合采井累计产水量略高于不存在层间窜流的情况。多煤层气合采井水相窜流量随时间的变化如图7-16所示,砂岩层的水相窜流量为正,煤岩层水相窜流量为负,煤层中的水窜流进入砂岩层然后流入井筒。

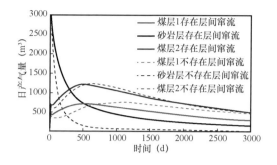

图 7 - 11 多煤层气合采井单层
日产气量随时间的变化

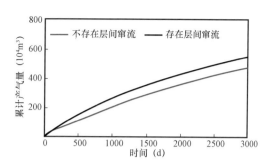

图 7 - 12 多煤层气合采井累计
产气量随时间的变化

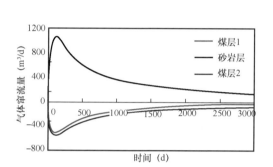

图 7 - 13 多煤层气井合采单层
气相窜流量随时间的变化

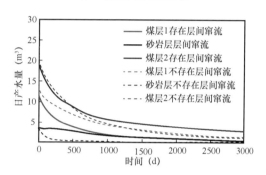

图 7 - 14 多煤层气合采井单层
日产水量随时间的变化

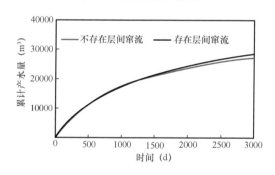

图 7 - 15 多煤层气合采井累计
产水量随时间的变化

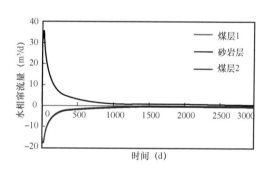

图 7 - 16 多煤层气合采井水相
窜流量随时间的变化

在模拟中,煤层 1 位置处的井筒流动压力设定为定值,通过多煤层气合采井筒气、水两相流密度求解流程图和井筒压降计算公式,可以获得砂岩夹层和煤层 2 相应位置处的井筒流动压力(p_{wf2} 和 p_{wf3})。当井筒中为单相水流或气—水两相流时,煤层或砂岩夹层位置处的井筒流动压力随时间的变化如图 7 - 17 所示。砂岩夹层或煤层 2 位置处的井筒流动压力等于煤层 1 位置处的井筒流动压力加上对应煤层或砂岩夹层与煤层 1 之间的井筒压降,当考虑井筒气—水两相管流时,煤层 2 和砂岩夹层位置处的井筒流动压力小于井筒为单相水流的情况,因为气体和水的产生速率随时间变化,煤层 2 或砂岩夹层位置处的井筒流动压力在生产过程中不断变化。考虑到井筒中的单相水流或气—水两相流,多煤层气储层的日产气量如图 7 - 18 所示,考虑井筒中的气—水两相流时,砂岩夹层的日产气量略高于单相水流的情况,而煤层 2 的日产气量有较大增加。

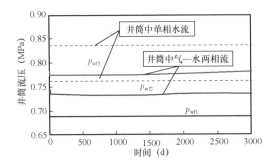

图 7-17　井筒单相水流或气—水两相流条件下各层井筒流压随时间的变化

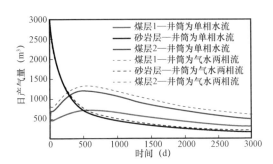

图 7-18　井筒单相水流或气—水两相流条件下各层日产气量随时间的变化

参 考 文 献

[1] Computer Modeling Group. Compositional & unconventional reservoir simulator [R]. 2016. http://www.cmgl.ca/software/gem2016.

[2] Schlumberger. Eclipse 2014 [R]. 2014. https://www.software.slb.com/products/eclipse.

[3] Advanced Resources International. COMET3 reservoir simulator [R]. 2016. http://www.adv-res.com/COMET3_reservoir_simulator_for_gas_shale_and_coalbed_methane_CBM_reservoirs.php.

[4] Commonwealth Scientific and Industrial Research Organization. SIMEDWin [R]. 2015. http://research.ccsg.uq.edu.au/projects/simulation-tool-simedwin.

[5] 郭肖. 多煤层气井产能预测及生产参数优化 [D]. 北京:中国石油大学(北京),2019.

[6] Guo X, Wang Z, Zeng Q, et al. Gas crossflow between coal and sandstone with fused interface: Experiments and modeling [J]. Journal of Petroleum Science and Engineering,2019,184:106562.

[7] Wang D, Wang Z, Zeng Q. An experimental study on gas/liquid/solid three-phase flow in horizontal coalbed methane production wells [J]. Journal of Petroleum Science and Engineering,2018,174:1009-1021.

第8章 煤层气井全过程控压排采技术

与常规天然气藏相比,煤层气储层具有以下特殊性:气(甲烷)、液(水)、固(煤)三相共存,基质孔隙和裂隙网络构成双孔隙系统,甲烷主要以吸附态附着在煤岩基质内表面,水主要以体相赋存于裂隙网络中,因此,排水降压采气是煤层气最主要的开发方式。排采过程中存在着多个尺度的传质,包括气体解吸、扩散、渗流和井筒管流,不同尺度之间互为源汇,相互影响显著。同时,气体解吸将改变煤岩孔隙结构,进一步影响煤层压力的传播。本章回顾了煤层气井排采控制研究的历程,给出了煤层压力传播规律、煤层气井动液面高度预测方法和煤层气井井底流压控制方法,为煤层气井合理排采制度的制订提供理论依据。

第1节 煤层气井排采控制理论研究现状

煤层气井排采控制理论的研究主要针对煤层压力传播规律、井筒气水两相流动规律和煤层气排采控制工艺。

一、煤层压力传播规律

煤层气井通过排水降低井底流压,在井筒和煤储层之间构造一个压力差,使得煤层水不断流向井筒,波及范围向外扩展,形成一个以井筒为中心的压降漏斗[1-4],如图8-1所示。

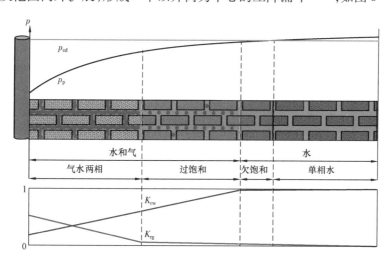

图8-1 煤层气井排采阶段划分示意图

根据煤层边界供给情况,煤层气井排采过程中的压力传播规律存在煤层无限边界、存在补给边界、存在越流补给和存在阻隔边界四种情况。

(1)对于无限边界煤层,煤层压力在不同区域的传播亦存在较大差异。单相水流动区域:

该区域煤层压力尚未低于临界解吸压力,甲烷不解吸,煤层压力主要通过水的渗流进行传递。欠饱和流动区域:该区域煤层压力小于临界解吸压力,基质孔隙中的甲烷部分解吸,溶解于孔隙壁面附近的水中,并在浓度差作用下从基质孔隙扩散到裂隙网络中,煤层压力主要通过水的渗流和气体的解吸进行传递。需要注意的是,甲烷在煤层水中的溶解度很低,煤层中的水将迅速达到溶解饱和状态,该区域只有单相水渗流。过饱和流动区域:溶解饱和后,随煤层孔隙压力继续降低,煤层水的气体溶解度不断减小,煤层水一直处于过饱和状态;另外,气体随煤层孔隙压力降低不断解吸。因此,该过程将产生大量气泡,附着在裂隙表面,阻碍水的流动,降低水的相对渗透率,煤层压力主要通过水的渗流和气体的解吸进行传递。需要注意的是,此时气体几乎不流动,该区域只有单相水渗流。气水两相流区域:随着煤层孔隙压力进一步降低,解吸出来的大量气泡将汇聚形成大气泡,且不断膨胀,并在基质孔隙和裂隙的压力差下向裂隙移动,煤层压力主要通过水和气的渗流进行传递,该区域的煤层处于气水两相渗流阶段。

（2）对于井周存在张性断层的煤层,断层与含水层沟通,导致含水层水补给到煤层,当补给量与抽排量相当时,煤层压降漏斗到达断层后不再扩展,煤层压力主要以水的渗流进行传递,解吸范围小,产气量低,产气时间短。

（3）对于顶底板为弱透水层的煤层,含水层中的水通过顶板或底板补给煤储层,当补给量与抽排量相当时,煤层压降漏斗不再扩展,煤层压力主要以水的渗流进行传递。对该类型煤层气井,适当加大排水量(大于补给量),可促进煤层压降漏斗的加深与扩展,维持一定的井口产气量。

（4）对于存在隔水边界的煤层,压降漏斗扩展至隔水边界便停止向远处发展,并迅速加深,煤层压力通过水和气的渗流共同传递,压力下降快。该类井煤层气解吸充分,产气量高,产气时间由隔水边界与井筒的距离决定。

二、煤层气井井筒内气水两相流动规律

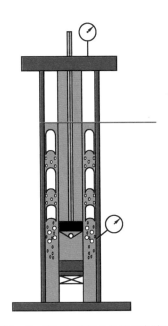

煤层气井一般采用油管排水、环空产气的排采工艺,如图8-2所示。生产过程中,煤层气水共同流入井筒并举升到地表。因此直接采用纯水液柱压力计算动液面高度将存在较大偏差。

煤层气井筒气液两相流动规律的研究是从气举井的气液两相流动规律发展来的,包括气液两相流型和气液流动压降。

垂直井筒气液两相流动的流型通常包括泡状流、段塞流、搅混流、细小环形流和环形流。不同的学者提出了不同的流型划分方法[5-10],见表8-1,各流型示意图如图8-3所示。垂直井筒中流型之间的转变主要是由气泡碰并导致的,而尾流效应是引起气泡碰并的主要因素,泡状流中气泡相互碰撞并聚集形成大的泰勒气泡,形成段塞流,段塞流中的泰勒气泡相互碰并形成搅混流,气体流量进一步增加,形成环状流,此时快速上升的气相产生一定的剪切力,从而维持了较为稳定的液膜。各流型的特点是,泡状流对应着离

图8-2 煤层气排采井井筒相态特征

散的小气泡，段塞流对应泰勒气泡，其后伴随着大量小的球形气泡；搅混流对应的是泰勒气泡的不稳定状态，其后亦伴随着大量小的、不稳定气泡；不稳定搅混流描述了泰勒气泡和小气泡的聚结；因此段塞流、搅混流和不稳定搅混流通常统称为间歇流。Kouba[5]和 Rosa 等[10]使用半环状流来描述不稳定搅混流与光滑环状流的过渡，因此半环状流也归类为环状流。

表 8-1　垂直井筒气液两相流型

学者	流型分类
Kouba[5]	泡状流、长气泡流、段塞流、波状环状流、环状流
Carey[6]	泡状流、段塞流、搅混流、波状环状流、环状流
Thomas[7]	泡状流、段塞流、搅混流、环状流
Omebere – Iyari 和 Azzopardi[8]	分散气泡流、泡状流、段塞流、搅混流、环状流
Falcone 等[9]	泡状流、段塞流、搅混流、波状环状流、环状流
Rosa 等[10]	泡状流、稳定段塞流、不稳定段塞流、半环状流、环状流

井筒气液两相流模型通常是基于质量、动量和能量的一般守恒定律建立的。通过结合本构方程、状态方程和半经验关系式，可使偏微分或积分形式的守恒方程组封闭。封闭参数主要包括不同相态或流体组分的相互作用。目前，井筒气液两相流建模方法主要包括均相流模型、分离流模型、漂移流模型和双流体模型。

均相流模型[11]是一种简单但非常重要且广泛使用的两相流特性预测模型。它假设两相之间没有发生相对滑动，两相以相同的速度运动。该模型将两相结合成混合良好的单相，具有相

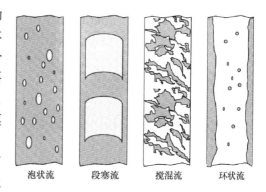

泡状流　　段塞流　　搅混流　　环状流

图 8-3　垂直井筒气液两相流型示意图

同的平均流体性质和速度，能够使用单相方法进行求解。该模型假设两相之间存在质量交换。相关研究表明，该模型通常低估了压降，特别是在中等压力范围内。尽管均质模型假设两相之间无滑移，但实际上，气相和液相之间必然存在相对运动。因此，为了更真实地模拟两相流，需要分别考虑两相的速度场。分离流模型考虑了两相之间的滑移。

分离流模型[12]认为每相都有独立的质量、动量和能量方程，该模型还考虑了两相之间的界面相互作用。分离流模型其固有的简单性造成其精度相对较低，它在管道流动分析中的应用仅限于预测摩擦压力损失。

漂移流模型[13]是分离流模型的一种特殊类型，该模型认为两相充分混合成单相，而不是两种不同的相或组分。它最初是为修正均相流模型而建立的。尽管该模型假设各相之间的滑动是恒定的，但它更关注各相的相对运动，而不是各相的单独运动。相之间的相对运动由动力学本构方程控制，而混合物由混合物动量方程表示。

双流体模型[14]将每一相或每一组分视为一种单独的流体，并认为各流体有一套完整的质量、动量和能量守恒方程。由于该模型还考虑了两相之间的界面相互作用，各相在界面上的质量和能量交换，因此各相的守恒方程都应包含相互作用项。双流体模型不仅能对各相进行单独模拟，而且能够作为互穿对进行模拟。这使得双流体模型成为最精确的模型之一，但求解难度较大。

三、煤层气井排采控制工艺

煤层气排采工艺技术[15-17]主要是为了制订合理的排采制度和进行精细的排采控制,井底流压充分反映了产气量的渗流压力特征,是制订合理排采制度和进行精细化排采控制的基础。目前煤层气的排采制度主要为定压排采,通过控制压降漏斗的扩展(即井底流压、临界解吸压力和储层压力的关系),以期获得最好的排采效果。

为有效缩短故障处理时间和减少人工巡井的次数,提高煤层气生产现场管理水平,煤层气开发控制逐渐趋于自动化控制。该技术以控制井底流压为核心,结合煤层气田的储层特性和地质情况,根据气井的产气产水规律和井底流压变化规律,人工预先设置井底流压的变化速度,监测系统采集井底流压变化情况,控制器自动计算并通过控制变频器调整抽油机冲次、电动机转速等,可实现煤层气生产过程长期、连续、精准控制,以实现自动化排采。该技术依赖于煤层气井气水产出机理的正确认识,并针对相应参数进行人工预设。

近年来亦有部分学者利用机器学习算法,根据实际生产状况自动优化排采策略,减少人工分析过程,提高排采制度优化速度。但目前训练样本有限,且煤层气井监测技术有待进一步完善,该技术仍处于萌芽阶段。

第2节 煤层压力传播与气体解吸规律

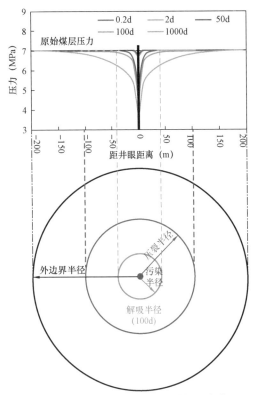

图 8-4 煤层 1 压力剖面随时间的变化

煤层气藏根据含气量和储层压力的关系可以分为过饱和气藏和欠饱和气藏,过饱和煤层气藏和欠饱和煤层气藏的压降漏斗扩展有较大差异。基于多煤层合采气水两相全过程流动模型,对过饱和多煤层气藏和欠饱和煤层气藏的压降漏斗分别进行了模拟分析。过饱和多煤层气藏煤层 1 模拟区域的划分和压力剖面随时间的变化如图 8-4 所示,解吸半径随着生产过程逐渐向外扩展,图中绿色圆圈代表排采 100d 时的解吸区域;随着生产进行,压降漏斗逐渐向外扩展,但是漏斗扩展速度变慢。

煤层 1 和煤层 2 压力剖面随时间的变化如图 8-5 所示,煤层 1 和煤层 2 的压降漏斗有差异,在井筒附近煤层 1 的压降漏斗要低于煤层 2,由于煤层 1 位置在煤层 2 之上,煤层 1 位置处的井底流压小于煤层 2 位置处的井底流压;远离井筒位置处,煤层 1 的压降漏斗要高于煤层 2,由于煤层 1 的渗透率低于煤层 2,压降漏斗在煤层 1 中扩展速度比煤层 2 慢。欠饱和多煤层气藏煤层 1 模拟区域的划分和压力剖面随时间的变化如图 8 – 6 所示,对于欠饱和煤层气藏,煤层原始孔隙压力大于煤层气的临界解吸压力,从 0.2d 到 1000d 解吸半径逐渐向外扩展,扩展速度逐渐变慢,在 50d 之内煤层 1 主要在排水阶段,50d 后逐渐有气体解吸。因为水的压缩性很小,在纯排水阶段压力梯度很快扩展到边界,所以 50d 的时候边界压力已经有明显下降,但是气—水共产阶段,压降漏斗扩展变慢。

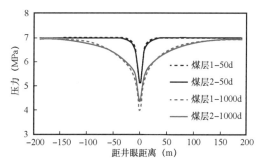

图 8 – 5 煤层 1 和煤层 2 压力剖面随时间的变化

煤层气排采是一个降压解吸过程,解吸动态直接决定着煤层气井的产能特征。煤层气解吸是一个非线性的动态变化过程,解吸速率和解吸量随着压力变化而变化,并呈现出一定的阶段性,不同阶段的解吸特征必定影响煤层气井的产出。

本章中气体解吸速度是通过简化局部密度吸附理论计算得到的,如式(8 – 1)所示:

$$q_{gmf}^{cm} = \frac{V_b^c \rho_b^c M_g \left[n^{Gibbs}(t+1) - n^{Gibbs}(t) \right]}{\rho_g^c \Delta t} \tag{8 – 1}$$

式中 q_{gmf}^{cm}——气体解吸速度,m³/s;

V_b^c——煤的体积,m³;

ρ_g^c——煤中气体的密度,kg/m³;

ρ_b^c——煤岩密度,kg/m³;

M_g——气体分子质量,kg/mol;

n^{Gibbs}——煤岩基质的饱和吸附气量, mol/kg;

Δt——时间步长,s。

理论上来说,实际排采过程中的煤层气产出与实验室的解吸过程相似,均为降压解吸,对解吸过程进行定量描述有利于认清储层条件下的煤层气开发动态。为定量表征不同压力下煤层气解吸量的差异及其对煤层气产出的贡献,定义解吸效率为单位压降的解吸量,其可以表征为解吸方程式的一阶导数:

$$v_{gmf}^{cm} = \frac{\mathrm{d}q_{gmf}^{cm}}{\mathrm{d}p} \tag{8 – 2}$$

对于一特定的煤层气藏,解吸效率随着压力的降低而逐渐上升,当压力为 0 时达到理论极限解吸效率,如图 8 – 7 所示。

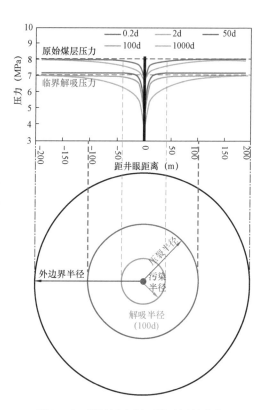

图 8 – 6 煤层压力剖面随时间的变化

煤储层压力较大时,煤层气解吸效率极低,对压降不敏感;当储层压力降低到一定程度时,煤层气的解吸量才具有实际意义。曲率可以定量表征曲线的弯曲程度,因此根据煤层气解吸曲线曲率的变化,可以对解吸阶段进行定量划分,如图8-8所示。

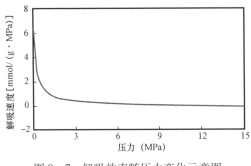

图8-7 解吸效率随压力变化示意图　　　　图8-8 解吸曲线曲率

$$K_{gmf}^{cm} = \left| \frac{d^2 q_{gmf}^{cm}}{dp^2} \right| \bigg/ \left[1 + \left(\frac{dq_{gmf}^{cm}}{dp} \right)^2 \right]^{1.5} \qquad (8-3)$$

式中　K_{gmf}^{cm}——解吸曲线曲率。

曲线上某点的斜率可以反映曲线在该点变化的快慢程度,则解吸曲线曲率斜率即可反映其变化情况,解吸曲线曲率斜率表达式为:

$$\alpha_{gmf}^{cm} = \frac{dK_{gmf}^{cm}}{dp} \qquad (8-4)$$

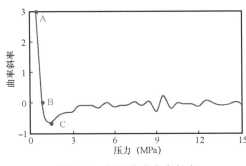

图8-9 解吸曲线曲率斜率

由图8-9可知,解吸曲线曲率斜率存在3个变化点,即为3个关键压力点。A点为解吸曲线曲率斜率的正极值点,该点所对应的解吸压力为敏感压力;B点为曲率斜率变化正值与负值的分界点,该点所对应的解吸压力为转折压力;C点为曲率斜率变化的负极值点,该点所对应的解吸压力为启动压力。

基于解吸曲线的定量描述方法,可以将解吸曲线划分为4个阶段:低效解吸阶段、缓慢解吸阶段、快速解吸阶段和敏感解吸阶段。低效解吸阶段为压力大于启动压力的阶段,此时煤层气解吸量对压力几乎不敏感,煤层气解吸比例很低;缓慢解吸阶段为压力介于转折压力和启动压力之间的阶段,煤层气解吸量对压力敏感程度较低,煤层气解吸比例较低;快速解吸阶段为压力介于转折压力和敏感压力之间的阶段,煤层气解吸量对压力敏感程度较高,煤层气解吸比例较高;当压力小于敏感压力时,解吸曲线进入敏感解吸阶段,煤层气解吸量对压力敏感程度很高,煤层气解吸比例很高。

从理论上来说,任一解吸曲线都存在启动压力、转折压力和敏感压力,且相应的解吸效率均为定值。但在实际生产过程中,由于煤层气储层大部分为欠饱和储层,且由于解吸滞后和压裂液的影响,煤层气井临界产气压力普遍较低,多数煤层气藏不会经历全部4个解吸阶段。郑庄区块气井排采过程划分为 3 个阶段,即初始排水阶段、快速产气阶段和敏感产气阶段。初始排水阶段的划分与基于流态的划分方案一致,其主要目的为排水降压,使吸附在煤储层中的气体得以解吸;快速产气阶段即为储层平均压力介于产气压力和敏感压力之间的阶段,该阶段产气量不断上升,煤储层解吸效率较高;敏感产气阶段即为储层平均压力小于敏感压力的阶段,该阶段处于煤层气井排采的中后期,产气量稳定,产水量极小甚至不产气。

煤层气井产能受解吸效率和渗透率共同控制,如果解吸效率小于裂缝的渗流能力,即使渗透率很大,煤层气产能仍然不佳,此时煤层气解吸效率就是控制产能的主要因素;如果煤层气解吸效率较高,但储层渗透率较低,解吸气体不能快速产出,也会制约煤层气井产能。因此,煤层气井排采效果好坏主要受控于储层解吸能力与渗流能力二者之间的匹配关系。

第3节 煤层气井井筒气液两相流动规律

一、煤层气井筒气液两相流井筒压降模型

在煤层气的排采过程中,井筒内气水混合物首先从井底混合处流向动液面处,随后在气锚作用下发生分离,水直接通过油管泵出,而气体则沿着套管与油管之间的环空流动,在此过程中,井筒内压力不断变化,并将影响气水混合物的流动形态和对应参数。同时,其他产层流体的产出将进一步影响气水混合物在井筒内的流量、流动形态和对应参数。煤层气垂直井筒气—水两相流如图 8 – 10 所示。

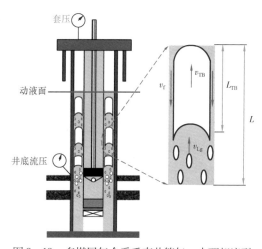

图 8 – 10 多煤层气合采垂直井筒气—水两相流型

若井筒内压力预测不准,将使排采方案设计出现偏差,导致合采井产能偏低,甚至使得流体倒灌流入某一储层中。由于环空内液相流速很低,可以认为井筒内气水两相流动压降主要为重力压降,如式(8 –5)所示。

$$\Delta p = \left[\alpha_L \rho_L + \alpha_G \rho_G\right] g \Delta h \tag{8 – 5}$$

式中 α_L ——井筒段平均持液率;

α_G ——井筒段平均含气率;

ρ_L ——井筒段液相密度,kg/m^3;

ρ_G ——井筒段气相密度,kg/m^3。

根据现场产量数据分析可知,气水在煤层气井筒内的流型主要为泡状流或段塞流,两种流型的平均含气率可由第 7 章第 2 节井筒气—水两相流动方程求得,求解流程如图 8 –11所示。

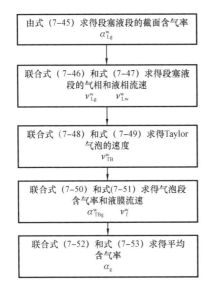

图 8 - 11　段塞流平均含气率的求解流程框图

二、模型验证与案例分析

夏国栋等[18]采用光导纤维探针和高速动态分析仪获取了垂直上升管内气液两相段塞流含气率分布。采用本模型计算得到的平均含气率与实验所得含气率的对比如图 8 - 12 所示,平均误差小于 12.5% ,满足工程要求。

基于所提气液两相流模型,考虑环空内气相的影响,可以计算得到不同产气量情况下,井内动液面高度的变化。经典模型在计算动液面高度时,认为环空内为纯液柱,而不考虑气相的影响。如图 8 - 13 所示,一口井在 140d 左右开始产气,经典模型计算得到的动液面高度相比于考虑气相影响之后的动液面高度要高。一般来说,动液面高度要保证高于最上层煤层的顶板,以防止煤层暴露,影响产气。依据经典模型计算的动液面去指导排采时,动液面降低幅度相对保守,不能最大程度降低井底流压和实现产能最大化。

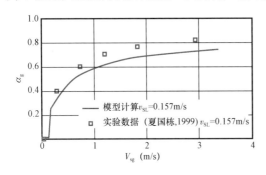

图 8 - 12　模型计算平均截面含气率与实验所得含气率对比图

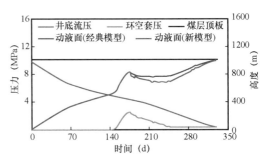

图 8 - 13　采用气液两相流模型计算得到的动液面高度与经典模型的对比图

第 4 节　煤层气井井底流压自动控制方法

一、多阶段多梯度井底流压控制排采方法

在实际的煤层气排采作业中,井底流压的持续稳定降低能够保证煤层孔隙压力稳步下降,有效降低储层伤害。通过调整井底流压的变化,加快压降漏斗在煤层中的扩展速度,增加压降漏斗的扩展面积,从而提升多煤层气藏合采井产能。根据多煤层气合采井的产气机理分析,提出了一种变井底流压梯度的排采控制方法,如图 8 - 14 所示,该方法将整个煤层气井排采分为:快速排水降压阶段、多梯度井底流压下降阶段和稳流压阶段。具体来说,在排水早期,快速

降低井底流压能够增加压降漏斗的扩展速度、扩展深度和扩展面积,促进煤层气解吸,从而保证较高的初始产气量;在多梯度井底流压下降阶段,依据实际生产情况,通过改变井底流压下降梯度,最大程度保护储层渗透率,稳定产气量。

图 8 – 15(a)给出了 4 种变梯度井底流压控制方案,基于本章多煤层气合采井产能预测数值模拟软件,计算在这 4 种变井底流压方案下的合采井产能,结果如图 8 – 15(b)所示。综合分析发现,井底流压下降先快后慢这种排采方案最优,即合采效果最好。

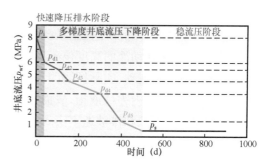

图 8 – 14 多阶段多梯度井底流压控制

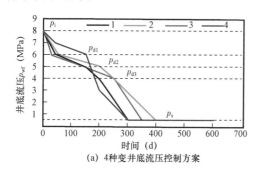

(a)4 种变井底流压控制方案

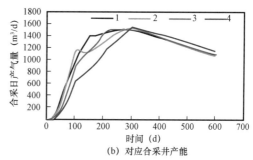

(b)对应合采井产能

图 8 – 15 4 种变梯度井底流压控制方案及其对合采井产能的影响

二、当前煤层气井井底流压控制系统存在的问题

如上所述,井底流压的精确控制对提升产能至关重要,因此如何实现井底流压的精准和及时控制是排采作业的关键。当前几乎所有的煤层气井都是通过排液泵排出井筒内的产出水,降低井筒动液面,进而实现井底流压的降低。在进入不稳定产气阶段后,由于产气量不稳定,导致套压波动剧烈,从而引起井底流压的不稳定。为了抑制井底流压的波动,当前煤层气井一般通过调整井筒动液面高度,进而平衡套压的波动,以实现井底流压的稳定。但这种方式,一方面,由于套压的波动剧烈且频繁,要想实现井底流压的稳定,动液面的调整就要能够满足及时反馈调整和利于高频次调整的要求;另一方面,动液面的调整是通过调整排液速度实现的,而排液速度是通过改变排液泵的相关参数(以游梁式抽油机为例,需要调整冲程、冲次和泵筒尺寸)实现的,但是这些参数并不适合过分高频次调整,且也不能实现及时反馈调整的要求,这是因为,一方面煤层气井排出液中一般都含有煤粉,过高的排量会引起煤粉大量进入泵筒,待所要求排量降低后,煤粉就会在泵筒内沉积,导致卡泵事故;另一方面,套压波动频次较高,而排水以实现动液面降低是一个过程,因此通过降低动液面来实现井底流压稳定总是会出现作用滞后的现象。

现有煤层气生产井井底流压控制系统主要由排液泵系统、套压表和回声测深器三部分构成,其对井底流压的控制是通过调整动液面高度来实现的。具体工作原理是:由回声测深器探测到动液面高度,通过液柱压力和套压数据,获得井底流压,再通过获取的井底流压与设定值之间的差值来调整排液泵的排采速率,以实现井底流压的稳定性控制。

煤层气生产井井底流压控制系统的缺点是:(1)回声测深器获取的井筒动液面高度精度不是很高,尤其是在动液面高度位于煤层顶板以上30m之内时,测量精度很低;(2)煤层气井井筒内为气液两相流动,实际探测的动液面是含气液柱的界面,而通过动液面高度计算液柱压力时,通常认为井筒内为纯液相,故而计算得到的井底流压不准确;(3)动液面高度的调整由改变排采泵相关参数和排液速率实现,但是动液面高度变化大,排采泵并不适于对工作参数进行频繁调整;(4)排水以实现动液面高度降低进而实现井底流压稳定具有很强的时滞性,不能对套压的变化做出及时反馈;(5)动液面降低的速率完全取决于排采泵的排水速率,但是排采泵的排水速率既不能设定得太高,也不能设定得过低,这是因为当排水速率过高时,大量煤粉进入泵筒,当井底流压稳定的时候,排水速率重新调低,进入井筒还没有排出的煤粉就会在泵筒内沉积,极易造成卡泵事故,此外排水速率过低也会引起细小煤粉在泵筒内沉积,造成卡泵事故,因此,排采泵的排水速率可调范围受限。

三、基于套压控制技术的煤层气井井底流压控制系统

现有的煤层气生产井井底流压控制系统通过控制排液泵排水来实现井底流压的调整,存在时效性差、准确性低、稳定性不高的技术问题,因此,汪志明等[19]发明了一种煤层气井井底流压自动控制系统,如图8-16所示。该系统包括:数据采集系统、数据存储系统、PID控制系统、阀路总成、套管压力补偿系统和井口装置等6部分。数据采集系统主要包括安装于煤层顶板处的电子压力计和传输电缆,负责实时测量井底流压并传输给PID控制系统,PID控制系统的核心是PID控制器,其工作原理是:根据系统实测值与设定值之间的差值,通过一定的算法,给控制装置发出控制信号,以达到将实测值稳定在设定值附近的目的。如图8-17所示,PID控制综合考虑比例作用、积分作用和微分作用,实现更精确和稳定的控制。阀路总成主要由套压控制管路、套压控制自动调节阀、压力补偿管路和压力补偿自动调节阀等组成,其中套压控制自动调节阀安装于套压控制管路上,其阀开度由PID控制器给定的指令控制,在井底流压高频波动时,能够有效稳定套管压力,从而将井底流压维持在设定井底流压附近。压力补偿自动调节阀安装于压力补偿管路上,同样由PID控制器控制,在井底流压下降幅度较大,地层产气不足以维持设定井底流压时,向环空内注气以稳定井底流压。套管压力补偿系统主要由气体压缩机和缓冲罐组成,为压力补偿提供高压气体。

该系统根据设定的井底流压值(即井底流压参考值)和测得的井底流压值(即井底流压实际值),得到两者差值,综合考虑比例作用、积分作用和微分作用,及时有效获取针对排气控制阀或注气控制阀的执行命令,从而实现井底流压的稳定性控制。

具体地,根据井底流压实际值和井底流压参考值,确定排气控制阀的开度值可以通过如下公式来计算:

$$u(t) = K\left[e(t) + \frac{1}{T_i}\int_0^t e(\tau)\,\mathrm{d}\tau + T_d \frac{\mathrm{d}e(t)}{\mathrm{d}t} \right] \qquad (8-6)$$

其中,

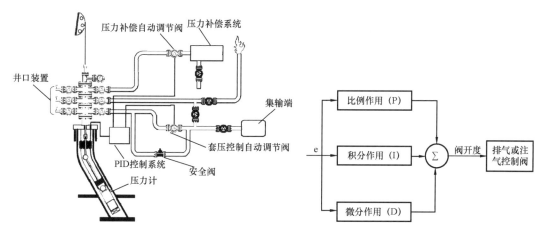

图 8 - 16 煤层气井井底流压自动控制系统示意图   图 8 - 17 PID 控制系统示意图

$$e(t) = p_{sp} - p(t) \qquad\qquad (8-7)$$

式中 u ——控制阀开度值,m;

        e ——控制误差,MPa;

        K ——比例系数,m/MPa;

        T_i ——积分时间,s;

        T_d ——微分时间,s;

        p_{sp} ——井底流压参考值,MPa;

        p ——井底流压实际值,MPa。

该系统可在绝大部分情况下取代传统的以调节动液面控制井底流压的技术,将泵从井底流压控制中解放出来,从根本上避免很多相关泵问题,进一步加强了对井底流压控制的能力和灵活性,能够及时有效、稳定可靠地对煤层气生产井井底流压进行控制。

针对煤层气生产不同阶段的特点,系统的具体操作流程如下。

（1）排水阶段:

① 保证注气管路和控制管路畅通,关闭生产管线,即关闭油管头阀门;

② 将 PID 控制系统设定值设置为临界解吸压力;

③ 启动排水系统,以定流速排水,至井底流压接近临界解吸压力时,启动注气系统,并向井筒环空内注气,通过 PID 系统,保证井底流压不低于临界解吸压力,即形成一定压力补偿;

④ 维持本状态一定时间,使得压降漏斗尽量向地层远处传播。

（2）产气阶段:

① 将 PID 控制系统的设定压力设置为本区块煤层气临界解吸压力以下 0.5MPa,此时开始产气,进入不稳定产气阶段;

② 产气量频繁波动,导致井底流压不稳定,PID 控制系统通过控制管路,增加或降低控制阀的阀开度,以实现环空套压的快速回升和下落,从而稳定井底流压;

③ 产气量短时间剧烈降低,套压回落明显,单纯地降低阀开度不足以使得压力快速恢复,PID 控制系统将开启注气系统,实现环空套压的快速提升,稳定井底流压;

④ 特殊情况下,产气量剧增,增加阀门开度不足以达到降低井底流压的目的时,依旧通过动液面调整,实现井底流压的稳定控制。

四、套压控制技术的可靠性研究

为了验证上述控制系统的可靠性,利用计算流体力学软件 FLUENT 和动网格技术对管道和阀门内的流场进行模拟,其中,利用 UDF 编程实现管道压力的实时读取,阀开度的计算和设定,以及关键参数的输出。

如图 8 - 18 所示,利用 DesignModeler 创建管道—阀门的二维模型,其中,管道宽度为 50mm,长度为 3000mm,阀门最大开度为 40mm。采用三角形网格对模型进行网格划分,如图 8 - 19 所示。

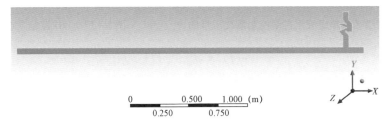

图 8 - 18　管道—阀门的二维几何模型

图 8 - 19　网格划分

煤层气井底流压的波动本质上是由于产气量波动引起的,所以边界条件设置为:质量流速入口边界条件和压力出口边界条件,其中,入口质量流速随时间变化,以 UDF 方式实现,出口压力设定为 7.360kPa。质量流速随时间的变化曲线如图 8 - 20 所示,以模拟井底气体产量波动。

如图 8 - 21 所示,因为管道入口处质量流速的波动,导致井内压力出现较大范围的波动,依据实时获取的井内平均压力作为输入参数,位置型 PID 算法给出了实时的设定阀门开度。可以看出,随着入口质量流速的突增,阀门的开度也会增加,并在较短的时间内达到了稳定,以实现井内压力释放的目的,而当入口质量流速突然降低时,为了保持井内的设定压力,阀门开度减小,并在较短的时间内达到稳定。由此可以看出,通过 PID 算法可以实现阀门开度的精准设定,以实现井内压力的合理释放,且具有高效稳定的特点。

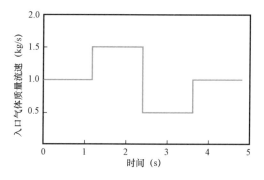

图8-20 入口质量流速随时间的变化曲线

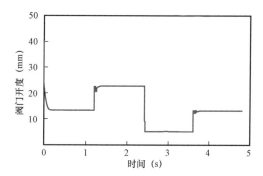

图8-21 通过PID算法计算得到的阀门
开度随时间的变化曲线

图8-22为井内实际压力随着时间的变化曲线,从图8-22中可以看出,在入口质量流速发生突变时,通过PID算法调节阀门开度,最终可以实现井内压力较快稳定到设定压力处,防止井底流压因产气量变化而出现剧烈波动,达到快速稳定井底流压的目的。

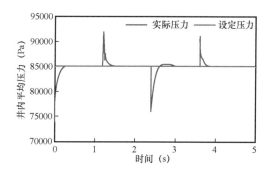

图8-22 井内压力随时间的变化曲线

参 考 文 献

[1] Ayoub J,Hinkel J,Johnston D,et al. Learning to produce coalbed methane[J]. Oilfield Review,1991,3(1):27-40.

[2] 张群.煤层气储层数值模拟模型及应用的研究[D].西安:煤炭科学研究总院,2002.

[3] 石军太.天然气藏相变渗流机理及其应用研究[D].北京:中国石油大学(北京),2012.

[4] 石军太,李相方,徐兵祥,等.煤层气解吸扩散渗流模型研究进展[J].中国科学:物理学 力学 天文学,2013,43(12):1548-1557.

[5] Kouba G. Horizontal slug flow modelling and metering[D]. Tulsa:The University of Tulsa,1986.

[6] Carey V P. Two-phase flow in small-scale ribbed and finned passages for compact evaporators and condensers[J]. Nuclear Engineering and Design. 1993,141(1):249-268.

[7] Thomas J E. Fundamentos de engenharia de petróleo[M]. Rio de Janeiro:Interciência,2004.

[8] Omebere-Iyari N K,Azzopardi B J. A study of flow patterns for gas/liquid flow in small diameter tubes[J]. Chemical Engineering Research and Design. 2007,85(2):180 - 192.

[9] Falcone G,Hewitt G F,Alimonti C. Multiphase Flow metering[M]. Amsterdam:Elsevier,2009.

[10] Rosa E S,Salgado R M,Ohishi T,Mastelari N. Performance comparison of artificial neural networks and expert

systems applied to flow pattern identification in vertical ascendant gas – liquid flows［J］. International Journal of Multiphase Flow. 2010,36(9):738 – 754.

［11］Ouyang L B,Aziz K. A homogeneous model for gas – liquid flow in horizontal wells［J］. Journal of Petroleum Science and Engineering. 2000,27(3):119 – 128.

［12］Ouyang L B,Aziz K. Solution Nonuniqueness for Separated Gas – Liquid Flow in Pipes and Wells. II. Analysis ［J］. Petroleum Science and Technology. 2002,20(1 – 2):173 – 190.

［13］Tang H W,Bailey W J,Stone T,Killough J. A Unified Gas∕Liquid Drift – Flux Model for All Wellbore Inclina- tions［J］. SPE Journal. 2019,24(6):2911 – 2928.

［14］Panicker N,Passalacqua A,Fox R O. On the hyperbolicity of the two – fluid model for gas – liquid bubbly flows ［J］. Applied Mathematical Modelling. 2018,57:432 – 447.

［15］Al – Jubori A,Boyer C,Bustos O A,et al. Coalbed methane:Clean energy for the world［J］. Oilfield Review, 2009,21(2):4 – 13.

［16］Anderson J,Simpson M,Basinski P,et al. Producing natural gas from coal［J］. Oilfield Review,2003,15(3): 8 – 31.

［17］Ayoub J,Hinkel J,Johnston D,et al. Learning to produce coalbed methane［J］. Oilfield Review,1991,3(1): 27 – 40.

［18］夏国栋,周芳德. 垂直上升气液弹状流中含气率分布的实验研究［J］. 高校化学工程学报,1999,13(5): 452 – 452.

［19］汪志明,王东营,曾泉树,等. 煤层气生产井井底流压控制系统及控制方法［P］. CN 201910629048. 1. 2019 – 11 – 01.